微积分教程

（上册·第2版）

主编 林 锰 于 涛

哈尔滨工程大学出版社

内 容 简 介

　　本书依据最新的"工科类本科数学基础课程教学基本要求",吸收国内外同类教材中的优点,并结合多年教学中积累的经验,注意教学过程中发现的问题,经由应用数学系多位教师的共同研究和推敲编写而成。

　　本《微积分教程》分上、下两册。上册主要内容有:函数与极限,导数与微分,中值定理及导数的应用,不定积分,定积分及定积分的应用;下册主要内容有:多元函数微分学,重积分,曲线积分与曲面积分,无穷级数及常微分方程。本书思路清晰、语言精练、讲解透彻、叙述详尽、例题丰富,内容适应面广,富有弹性,可作为高等院校工科本科生"微积分"课程的教材或教学参考书。

图书在版编目(CIP)数据

　　微积分教程. 上册 / 林锰,于涛主编. — 2 版.
—哈尔滨:哈尔滨工程大学出版社,2017.8(2024.8 重印)
　　ISBN 978 - 7 - 5661 - 1636 - 9

　　Ⅰ. ①微…　Ⅱ. ①林… ②于…　Ⅲ. ①微积分 -
高等学校 - 教材　Ⅳ. ①O172

　　中国版本图书馆 CIP 数据核字(2017)第 209723 号

选题策划　　石　岭
责任编辑　　张忠远　宗盼盼
封面设计　　博鑫设计

出版发行	哈尔滨工程大学出版社
社　　址	哈尔滨市南岗区南通大街 145 号
邮政编码	150001
发行电话	0451 - 82519328
传　　真	0451 - 82519699
经　　销	新华书店
印　　刷	哈尔滨午阳印刷有限公司
开　　本	787 mm ×960 mm　1/16
印　　张	15.25
字　　数	340 千字
版　　次	2017 年 8 月第 2 版
印　　次	2024 年 8 月第 8 次印刷
定　　价	32.00 元

http://www.hrbeupress.com
E-mail:heupress@ hrbeu.edu.cn

工科数学系列丛书编审委员会

（以姓氏笔画为序）

第 2 版前言

本次《微积分教程》的再版,从整体上说与上一版没有大的变化,仍以《高等教育面向 21 世纪教学内容和课程体系改革计划》和教育部非数学专业数学基础课教学指导委员会制定的新《高等学校工科本科基础课教学要求》(数学部分)为依据,以"必需、够用"为原则确定内容和深度,内容深广度符合"工科类本科数学基础课程教学基本要求",适合高等院校工科类各专业学生使用。

本次修订对全书的一些文字表达和符号的使用进行了推敲,并对个别内容的安排做了简单调整,对少量习题做了更换,所有这些修订都是为了使本书更加完善,更好地满足教学需要。本次修改所体现的特点是:

(1)更注重对重要概念引入时的几何意义与实际背景的关注,并保证基本概念的叙述准确,基本定理的证明简明易懂,基本方法的应用详细易学。

(2)更注重对微积分的基本思想和基本方法的阐述与运用,尽可能从多视角解释极限、导数与积分这些重要数学概念的内涵和它们之间的联系。

(3)更注重微积分的思想和方法在解决实际问题方面的应用,既培养学生抽象思维和逻辑思维能力,又培养学生综合利用所学知识分析和解决问题的能力。

(4)更注重本课程知识间的前后呼应,使其结构更严谨;在深入挖掘传统精髓内容的同时,力争做到与后续课程内容的结合,使内容具有近代数学的气息。

本《微积分教程》分上、下两册,并配有相应的辅导书,也分为上、下两册。

本书为上册,分别由姚红梅、柴艳有(第一章),李斌(第二章),李强(第三章),李明(第四章),王晓莺(第五章),张文颖(第六章)几位老师编写、校对和再版改编。

全书由林锰、于涛担任主编,另外,王淑娟也参与了统稿工作。

本次再版,我们还采纳了一些教师的建议,参考了众多专家学者编著的微积分教材与大学数学教材,在此谨向他们表示衷心的感谢。

限于编者水平有限,书中存在不妥之处与错误之处在所难免,欢迎广大专家、同行及读者批评指正。

编　者

2017 年 7 月

第1版前言

随着科学技术的发展与教学改革的深入,近年来哈尔滨工程大学微积分课程的教学思想与内容要求发生了很大变化,为了使这一教育理念与培养目标贯穿于微积分教学并得以实现,编者结合多年教学研究和改革实践,参照最新的本科数学课程教学要求,借鉴当前国内外相关教材的优点,编写了这本适合培养应用型人才的高校工学类本、专科教学使用的《微积分教程》。

本教材不仅是在高等数学课程建设和教学改革的基础上形成的,同时也是对原有教材《微积分》多年使用实践的总结和提高。其主要特点是:特别注重对微积分的基本思想和基本方法的阐述,尽可能突出极限、导数和积分等重要概念,努力从多种视角解释这些数学概念的背景、内涵以及它们之间的有机联系。本书为上册,分别由姚红梅、柴艳有(第一章),李斌(第二章),李强(第三章),李明(第四章),王晓莺(第五章),张文颖(第六章)等同志编写。

全书由林锰、于涛担任主编,另外,王淑娟也参与了统稿工作。

在本书的编写过程中,得到了哈尔滨工程大学理学院应用数学系广大教师的支持和帮助,也得到学校各级有关领导的鼓励和指导,在此表示衷心的感谢。

编　者

2011 年 6 月

目　　录

第一章　函数与极限 ……………………………………………………………… 1

　　第一节　集合与映射 …………………………………………………………… 1

　　习题 1 – 1 ……………………………………………………………………… 16

　　第二节　数列的极限 …………………………………………………………… 18

　　习题 1 – 2 ……………………………………………………………………… 23

　　第三节　函数的极限 …………………………………………………………… 23

　　习题 1 – 3 ……………………………………………………………………… 29

　　第四节　无穷小与无穷大 ……………………………………………………… 29

　　习题 1 – 4 ……………………………………………………………………… 33

　　第五节　极限的四则运算 ……………………………………………………… 33

　　习题 1 – 5 ……………………………………………………………………… 36

　　第六节　极限存在准则和两个重要极限 ……………………………………… 37

　　习题 1 – 6 ……………………………………………………………………… 42

　　第七节　无穷小的比较 ………………………………………………………… 42

　　习题 1 – 7 ……………………………………………………………………… 44

　　第八节　函数的连续性与一致连续性 ………………………………………… 45

　　习题 1 – 8 ……………………………………………………………………… 50

　　第九节　连续函数的运算与初等函数的连续性 ……………………………… 51

　　习题 1 – 9 ……………………………………………………………………… 53

　　第十节　闭区间上连续函数的性质 …………………………………………… 53

　　习题　1 – 10 …………………………………………………………………… 56

第二章　导数与微分 ……………………………………………………………… 57

　　第一节　导数 …………………………………………………………………… 57

　　习题 2 – 1 ……………………………………………………………………… 62

　　第二节　导数的四则运算与复合函数求导 …………………………………… 63

　　习题 2 – 2 ……………………………………………………………………… 68

　　第三节　高阶导数 ……………………………………………………………… 70

　　习题 2 – 3 ……………………………………………………………………… 72

　　第四节　特殊求导法 …………………………………………………………… 73

习题 2－4 ……………………………………………………………………… 79
　第五节　函数的微分 …………………………………………………………… 80
　习题 2－5 ……………………………………………………………………… 85
第三章　中值定理及导数的应用 ………………………………………………… 86
　第一节　中值定理 ……………………………………………………………… 86
　习题 3－1 ……………………………………………………………………… 90
　第二节　洛必达法则 …………………………………………………………… 90
　习题 3－2 ……………………………………………………………………… 95
　第三节　泰勒公式 ……………………………………………………………… 96
　习题 3－3 ……………………………………………………………………… 100
　第四节　函数的单调性和极值 ………………………………………………… 101
　习题 3－4 ……………………………………………………………………… 107
　第五节　曲线的凹凸与函数的作图 …………………………………………… 108
　习题 3－5 ……………………………………………………………………… 112
　第六节　曲率 …………………………………………………………………… 113
　习题 3－6 ……………………………………………………………………… 117
第四章　不定积分 ………………………………………………………………… 118
　第一节　不定积分的概念与性质 ……………………………………………… 118
　习题 4－1 ……………………………………………………………………… 124
　第二节　换元积分法 …………………………………………………………… 125
　习题 4－2 ……………………………………………………………………… 132
　第三节　分部积分法 …………………………………………………………… 134
　习题 4－3 ……………………………………………………………………… 139
　第四节　几种特殊类型函数的积分 …………………………………………… 140
　习题 4－4 ……………………………………………………………………… 149
第五章　定积分 …………………………………………………………………… 151
　第一节　定积分的概念与性质 ………………………………………………… 151
　习题 5－1 ……………………………………………………………………… 159
　第二节　微积分的基本定理 …………………………………………………… 160
　习题 5－2 ……………………………………………………………………… 165
　第三节　定积分的换元法 ……………………………………………………… 166
　习题 5－3 ……………………………………………………………………… 171
　第四节　定积分的分部积分法 ………………………………………………… 172
　习题 5－4 ……………………………………………………………………… 174

第五节　反常积分 ··· 174

习题 5 - 5 ··· 179

第六章　定积分的应用 ··· 181

第一节　定积分的微元法 ······································· 181

第二节　定积分在几何中的应用 ································· 183

习题 6 - 2 ··· 192

第三节　定积分在物理中的应用 ································· 193

习题 6 - 3 ··· 196

习题答案与提示 ·· 198

附录 I　几种常用的曲线 ······································· 217

附录 II　积分公式 ··· 220

第一章 函数与极限

函数是客观世界中变量与变量之间相互依赖关系的一种数学抽象,是微积分的主要研究对象。极限概念是研究微积分的理论基础,极限方法则是微积分的基本分析方法。因此,掌握、运用好极限方法是学好微积分的关键。本章将介绍函数、极限与连续的基本知识和有关的基本方法,为今后的学习打下必要的基础。

第一节 集合与映射

一、集合

1. 集合

在日常生活中,常常会遇到集合这个概念。下面给出集合的一个描述性定义。

定义 1 具有某种特定性质的事物总体称为集合,简称集。组成这个集合的事物称为该集合的元素,简称元。

表示集合的方法通常有以下两种:一种是列举法,就是把集合的全体元素一一列举出来表示。例如,由元素 $a_1, a_2, \cdots, a_n$ 组成的集合 A,可表示成

$$A = \{a_1, a_2, \cdots, a_n\}$$

另一种是描述法,若集合 B 是由具有某种性质 P 的元素 x 的全体所组成的,就可以表示成

$$B = \{x \mid x \text{ 具有性质 } P\}$$

例如,集合 C 是方程 $x^2 - 1 = 0$ 的解集,可表示成

$$C = \{x \mid x^2 - 1 = 0\}$$

通常用大写拉丁字母 $A, B, C, \cdots$ 表示集合,用小写拉丁字母 $a, b, c, \cdots$ 表示集合的元素。如果 a 是集合 A 的元素,就说 a 属于 A,记作 $a \in A$;如果 a 不是集合 A 的元素,就说 a 不属于 A,记作 $a \notin A$ 或 $a \bar{\in} A$。一个集合,若它只含有限个元素,则称为有限集;不是有限集的集合称为无限集。

习惯上,全体非负整数即自然数的集合记作 $\mathbf{N}$,即

$$\mathbf{N} = \{0, 1, 2, \cdots, n, \cdots\}$$

全体正整数的集合记作 $\mathbf{N}^+$,即

$$\mathbf{N}^+ = \{1, 2, \cdots, n, \cdots\}$$

全体整数的集合记作 $\mathbf{Z}$,即

$$\mathbf{Z} = \{\cdots, -n, \cdots, -2, -1, 0, 1, 2, \cdots, n, \cdots\}$$

全体有理数的集合记作 $\mathbf{Q}$，即

$$\mathbf{Q} = \left\{\frac{p}{q} \,\middle|\, p \in \mathbf{Z}, q \in \mathbf{N}^+ \text{ 且 } p \text{ 与 } q \text{ 互质}\right\}$$

全体实数的集合记作 $\mathbf{R}$，排除数 0 的实数集合记作 $\mathbf{R}^*$，全体正实数的集合记作 $\mathbf{R}^+$。

设 A, B 是两个集合，如果集合 A 的元素都是集合 B 的元素，则称 A 是 B 的子集，记作 $A \subset B$（读作 A 包含于 B）或 $B \supset A$（读作 B 包含 A）。

如果集合 A 与 B 互为子集，即 $A \subset B$ 且 $B \subset A$，则称集合 A 与集合 B 相等，记作 $A = B$。例如，设

$$A = \{1, 2\}, \quad B = \{x \mid x^2 - 3x + 2 = 0\}$$

则 $A = B$。

若 $A \subset B$ 且 $A \neq B$，则称 A 是 B 的真子集，记作 $A \subsetneqq B$，例如 $\mathbf{N} \subsetneqq \mathbf{Z} \subsetneqq \mathbf{Q} \subsetneqq \mathbf{R}$。

不含任何元素的集合称为空集，记作 $\varnothing$。例如

$$\{x \mid x \in \mathbf{R} \text{ 且 } x^2 + 1 = 0\}$$

是空集。

规定空集 $\varnothing$ 是任何集合 A 的子集，即 $\varnothing \subset A$。

集合的基本运算有：并、交、差。

设 A, B 是两个集合，由所有属于 A 或者属于 B 的元素组成的集合，称为 A 与 B 的并集（简称并），记作 $A \cup B$，即

$$A \cup B = \{x \mid x \in A \text{ 或 } x \in B\}$$

由所有既属于 A 又属于 B 的元素组成的集合，称为 A 与 B 的交集（简称交），记作 $A \cap B$，即

$$A \cap B = \{x \mid x \in A \text{ 且 } x \in B\}$$

由所有属于 A 而不属于 B 的元素组成的集合，称为 A 与 B 的差集（简称差），记作 $A \backslash B$，即

$$A \backslash B = \{x \mid x \in A \text{ 且 } x \notin B\}$$

有时，研究某个问题限定在一个大集合 X 中进行，所研究的其他集合 A 都是 X 的子集。此时，称集合 X 为全集或基本集，称 $X \backslash A$ 为 A 的余集或补集，记作 A^c。例如在全集 $\mathbf{R}$ 中，集合 $A = \{x \mid 0 < x \leqslant 1\}$ 的余集是

$$A^c = \{x \mid x \leqslant 0 \text{ 或 } x > 1\}$$

设 A, B, C 为任意三个集合，则有下列法则成立：

(1) 交换律 $A \cup B = B \cup A, A \cap B = B \cap A$

(2) 结合律 $(A \cup B) \cup C = A \cup (B \cup C)$

$\qquad\qquad (A \cap B) \cap C = A \cap (B \cap C)$

(3) 分配律 $(A \cup B) \cap C = (A \cap C) \cup (B \cap C)$

$\qquad\qquad (A \cap B) \cup C = (A \cup C) \cap (B \cup C)$

(4)对偶律 $(A \cup B)^C = A^C \cap B^C$

$\qquad\qquad (A \cap B)^C = A^C \cup B^C$

以上这些法则都可根据集合相等的定义进行验证。

设 A, B 是两个集合,任取 A 中元素 x 和 B 中元素 y,定义集合

$$A \times B = \{(x, y) \mid x \in A, y \in B\}$$

则称 $A \times B$ 为 A 与 B 的笛卡尔(Descartes)乘积或直积。

例如,$\mathbf{R} \times \mathbf{R} = \{(x, y) \mid x \in \mathbf{R}, y \in \mathbf{R}\}$ 为 xOy 平面上全体点的集合,$\mathbf{R} \times \mathbf{R}$ 常记作 $\mathbf{R}^2$。

2. 区间与邻域

设 a 和 b 是实数,且 $a < b$。实数集

$$\{x \mid a < x < b\}$$

称为开区间,记作 (a, b),即

$$(a, b) = \{x \mid a < x < b\}$$

a 和 b 称为开区间 (a, b) 的端点,这里 $a \notin (a, b)$,$b \notin (a, b)$。实数集

$$\{x \mid a \leqslant x \leqslant b\}$$

称为闭区间,记作 $[a, b]$,即

$$[a, b] = \{x \mid a \leqslant x \leqslant b\}$$

a 和 b 称为闭区间 $[a, b]$ 的端点,这里 $a \in [a, b]$,$b \in [a, b]$。

类似地可定义:

$$[a, b) = \{x \mid a \leqslant x < b\}$$

$$(a, b] = \{x \mid a < x \leqslant b\}$$

$[a, b)$ 和 $(a, b]$ 都称为半开区间。

以上这些区间都称为有限区间,$b - a$ 称为区间的长度。从数轴上看,这些有限区间是长度为有限的线段。将闭区间 $[a, b]$ 与开区间 (a, b) 在数轴上表示出来,分别如图 $1-1$(a)与图 $1-1$(b)所示。此外还有无限区间,引进记号 $+\infty$(读作正无穷大)及 $-\infty$(读作负无穷大),则可类似地表示无限区间,例如

$$[a, +\infty) = \{x \mid x \geqslant a\}$$

$$(-\infty, b) = \{x \mid x < b\}$$

这两个无限区间在数轴上如图 $1-1$(c)和图 $1-1$(d)所示。

实数集 $\mathbf{R}$ 也可记作 $(-\infty, +\infty)$,它也是无限区间。

两个闭区间的直积表示 xOy 平面上的矩形区域。例如

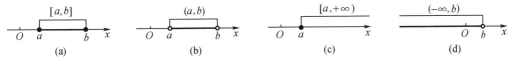

图 1-1

$$[a,b] \times [c,d] = \{(x,y) \mid x \in [a,b], y \in [c,d]\}$$

即为 xOy 平面上的一个矩形区域,这个区域在 x 轴与 y 轴上的投影分别为闭区间 $[a,b]$ 和闭区间 $[c,d]$。

邻域是一个经常用到的概念。以点 a 为中心的任何开区间称为点 a 的邻域,记作 $U(a)$。

设 δ 是任一正数,则称开区间 $(a-\delta, a+\delta)$ 为点 a 的 δ 邻域,记作 $U(a,\delta)$,即

$$U(a,\delta) = \{x \mid a-\delta < x < a+\delta\}$$

点 a 称为邻域的中心,δ 称为邻域的半径(见图1-2)。

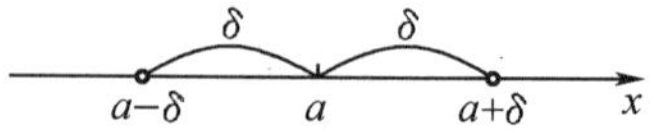

点 a 的 δ 邻域也可记作

$$U(a,\delta) = \{x \mid |x-a| < \delta\}$$

因为 $|x-a|$ 表示点 x 与点 a 间的距离,所以 $U(a,\delta)$ 表示与点 a 的距离小于 δ 的一切点 x 的全体。

图1-2

称集合

$$\overset{\circ}{U}(a,\delta) = \{x \mid 0 < |x-a| < \delta\}$$

为点 a 的去心 δ 邻域,这里 $0 < |x-a|$ 表示 $x \neq a$。

另外,开区间 $(a-\delta, a)$ 称为 a 的左 δ 邻域,开区间 $(a, a+\delta)$ 称为 a 的右 δ 邻域。

3. 确界

定义2 设 E 是一个实数集,如果存在一个实数 M,使得对一切的 $x \in E$,有 $x \leq M$(或 $x \geq M$),则称实数集 E 有上界(或有下界)。如果实数集 E 既有上界又有下界,则称实数集 E 有界;否则称实数集 E 无界。

显然,实数集 E 如果有上界,则它有无数个上界;实数集 E 如果有下界,则它有无数个下界。

定义3 设 E 是一个非空实数集,如果存在实数 β,满足下列条件:

(1)β 为 E 的上界;

(2)任意给定的 $\varepsilon > 0$,至少存在 $x_0 \in E$,使得

$$x_0 > \beta - \varepsilon$$

则称实数 β 为非空实数集 E 的上确界,记作

$$\beta = \sup E \text{ 或 } \beta = \sup_{x \in E}\{x\}$$

定义4 设 E 是一个非空实数集,如果存在实数 α,满足下列条件:

(1)α 为 E 的下界;

(2)任意给定的 $\varepsilon > 0$,至少存在 $x_0 \in E$,使得

$$x_0 < \alpha + \varepsilon$$

则称实数 α 为非空实数集 E 的下确界,记作

$$\alpha = \inf E \text{ 或 } \alpha = \inf_{x \in E}\{x\}$$

例1 求实数集 $E = \left\{ \dfrac{1}{n} \middle| n \text{ 是正整数} \right\}$ 的上确界及下确界。

解 E 中的任一元素 $\dfrac{1}{n} \leqslant 1$；并且对任意给定的 $\varepsilon > 0$，E 中存在元素 $\dfrac{1}{n_0}$，使得 $\dfrac{1}{n_0} > 1 - \varepsilon$（这里只要取自然数 $n_0 = 1$ 即可），按上确界的定义，$\sup E = 1$。同时，易知 $\inf E = 0$，这是因为，E 中的任一元素 $\dfrac{1}{n} > 0$，对任意给定的 $\varepsilon > 0$，E 中存在元素 $\dfrac{1}{n_0}$，使得 $\dfrac{1}{n_0} < 0 + \varepsilon$（这里只要取自然数 $n_0 > \dfrac{1}{\varepsilon}$ 即可）。

例2 求实数集 $F = \left\{ \dfrac{2n}{n+1} \middle| n \text{ 是正整数} \right\}$ 的上确界及下确界。

解 F 中的任一元素 $\dfrac{2n}{n+1} = 2 - \dfrac{2}{n+1} < 2$；又对任意给定的 $\varepsilon > 0$，只要取 $n > \left[\dfrac{2}{\varepsilon}\right]$，就有 $\dfrac{2n}{n+1} = 2 - \dfrac{2}{n+1} > 2 - \varepsilon$，故 $\sup F = 2$。另外，又易证 $\inf E = 1$。

对于有限实数集，总是存在最大的元素和最小的元素，故有限实数集必有上、下确界。

实数集确界的性质：有上界的非空实数集必有唯一的上确界，有下界的非空实数集必有唯一的下确界。

二、映射

1. 映射

定义5 设 X, Y 是两个非空集合，如果存在一个法则 f，使得对 X 中每个元素 x，按法则 f，在 Y 中有唯一确定的元素 y 与之对应，则称 f 为从 X 到 Y 的映射，记作

$$f : X \to Y$$

其中 y 称为元素 x（在映射 f 下）的像，并记作 $f(x)$，即

$$y = f(x)$$

而元素 x 称为元素 y（在映射 f 下）的一个原像；集合 X 称为映射 f 的定义域，记作 D_f，即 $D_f = X$；X 中所有元素的像组成的集合称为映射 f 的值域，记作 R_f 或 $f(X)$，即

$$R_f = f(X) = \{f(x) \mid x \in X\}$$

在上述映射的定义中，需要注意的是：

（1）构成一个映射必须具备以下三个要素：集合 X，即定义域 $D_f = X$；集合 Y，即值域的范围 $R_f \subset Y$；对应法则 f，使对每个 $x \in X$，有唯一确定的 $y = f(x)$ 与之对应。

（2）对每个 $x \in X$，元素 x 的像 y 是唯一的；而对每个 $y \in R_f$，元素 y 的原像未必是唯一的。

例3 设 $f : \mathbf{R} \to \mathbf{R}$，对每个 $x \in \mathbf{R}$，$f(x) = x^2$。显然，f 是一个映射，f 的定义域 $D_f = \mathbf{R}$，值域 $R_f = \{y \mid y \geqslant 0\}$，它是 $\mathbf{R}$ 的一个真子集。对于 R_f 中的元素 y，除 $y = 0$ 外，它的原像不是唯一的，

如 $y = 4$ 的原像就有 $x = 2$ 和 $x = -2$ 两个。

例 4 设 $X = \{(x,y) | x^2 + y^2 = 1\}$，$Y = \{(x,0) | |x| \leq 1\}$，$f: X \rightarrow Y$，对每个 $(x,y) \in X$ 有唯一确定的 $(x,0) \in Y$ 与之对应。显然，f 是一个映射，f 的定义域 $D_f = X$，值域 $R_f = Y$。在几何上，这个映射表示将平面上一个圆心在原点的单位圆周上的点投影到 x 轴的区间 $[-1,1]$ 上。

例 5 设 $f: \left[-\dfrac{\pi}{2}, \dfrac{\pi}{2} \right] \rightarrow [-1,1]$，对每个 $x \in \left[-\dfrac{\pi}{2}, \dfrac{\pi}{2} \right]$，$f(x) = \sin x$。$f$ 是一个映射，其定义域 $D_f = \left[-\dfrac{\pi}{2}, \dfrac{\pi}{2} \right]$，值域 $R_f = [-1,1]$。

设 f 是从集合 X 到集合 Y 的映射，若 $R_f = Y$，即 Y 中任一元素 y 都是 X 中某元素的像，则称 f 为 X 到 Y 的满射；若对 X 中任意两个元素 $x_1 \neq x_2$，它们的像 $f(x_1) \neq f(x_2)$，则称 f 为 X 到 Y 的单射；若映射 f 既是单射，又是满射，则称 f 为一一映射（或双射）。

例 3 中的映射，既非单射，又非满射；例 4 中的映射不是单射，是满射；例 5 中的映射，既是单射，又是满射，因此是一一映射。

2. 逆映射与复合映射

定义 6 设 f 是从 X 到 Y 的单射，则由定义，对每个 $y \in R_f$，有唯一的 $x \in X$，适合 $f(x) = y$。于是，可定义一个从 R_f 到 X 的新映射 g，即

$$g: R_f \rightarrow X$$

对每个 $y \in R_f$，规定 $g(y) = x$，x 满足 $f(x) = y$。这个映射 g 称为 f 的逆映射，记作 f^{-1}，其定义域 $D_{f^{-1}} = R_f$，值域 $R_{f^{-1}} = X$。

按上述定义，只有单射才存在逆映射。所以，在例 3、例 4、例 5 中，只有例 5 中的映射 f 存在逆映射 f^{-1}，这个 f^{-1} 就是反正弦函数的主值

$$f^{-1}(x) = \arcsin x, \quad x \in [-1,1]$$

其定义域 $D_{f^{-1}} = [-1,1]$，值域 $R_{f^{-1}} = \left[-\dfrac{\pi}{2}, \dfrac{\pi}{2} \right]$。

定义 7 设有两个映射

$$g: X \rightarrow Y_1, \quad f: Y_2 \rightarrow Z$$

其中 $Y_1 \subset Y_2$，则由映射 g 和 f 可以定义出一个从 X 到 Z 的对应法则，它将每个 $x \in X$ 映射成 $f[g(x)] \in Z$。显然，这个对应法则确定了一个从 X 到 Z 的映射，这个映射称为映射 g 和 f 构成的复合映射，记作 $f \circ g$，即

$$f \circ g: X \rightarrow Z$$
$$f \circ g(x) = f[g(x)], \quad x \in X$$

由复合映射的定义可知，映射 g 和 f 构成复合映射的条件是：g 的值域 R_g 必须包含在 f 的定义域内，即 $R_g \subset D_f$。否则，不能构成复合映射。由此可以知道，映射 g 和 f 的复合是有顺序的，$f \circ g$ 有意义并不表示 $g \circ f$ 也有意义。即使 $f \circ g$ 与 $g \circ f$ 都有意义，复合映射 $f \circ g$ 与 $g \circ f$ 也未必

相同。

例6 设映射 $g:\mathbf{R}\to[-1,1]$，对每个 $x\in\mathbf{R}$，$g(x)=\sin x$；映射 $f:[-1,1]\to[0,1]$，对每个 $u\in[-1,1]$，$f(u)=\sqrt{1-u^2}$。则映射 g 和 f 构成的复合映射 $f\circ g(x):\mathbf{R}\to[0,1]$，对每个 $x\in\mathbf{R}$，有

$$f\circ g(x)=f[g(x)]=f(\sin x)=\sqrt{1-\sin^2 x}=|\cos x|$$

三、函数

1. 函数

定义8 设数集 $D\subset\mathbf{R}$，则称映射 $f:D\to\mathbf{R}$ 为定义在 D 上的函数，通常记作

$$y=f(x),\ x\in D$$

其中 x 称为自变量，D 称为函数 f 的定义域，记作 D_f，即 $D_f=D$；y 称为因变量，即函数 f 在 x 处的函数值，记作 $f(x)$，函数值 $f(x)$ 的全体所构成的集合称为函数 f 的值域，记作 R_f 或 $f(D)$，即

$$R_f=f(D)=\{y\mid y=f(x),x\in D\}$$

在上述函数的定义中，需要注意的是：

（1）记号 f 和 $f(x)$ 的含义是有区别的：前者表示自变量 x 和因变量 y 之间的对应法则，而后者表示与自变量 x 对应的函数值。但为了叙述方便，习惯上常用记号"$f(x),x\in D$"或"$y=f(x),x\in D$"表示定义在 D 上的函数，这时应理解为由它所确定的函数 f。

（2）函数 $y=f(x)$ 中表示对应关系的符号"f"也可用其他字母，如"F""φ"等，这时函数就应记作 $y=F(x)$，$y=\varphi(x)$ 等。有时还可直接用因变量的记号来表示函数，即把函数记作 $y=y(x)$。

（3）两个函数相等当且仅当两个函数的定义域相同，对应法则也相同。

（4）函数的定义域通常按以下两种情形来确定：一种是对有实际背景的函数，根据实际背景中自变量的实际意义确定；另一种是对抽象地用算式表达的函数，通常约定其定义域是使得算式有意义的一切实数组成的集合。

（5）在函数的定义中，对每个 $x\in D$，对应的函数值 y 总是唯一的，因此可以称为单值函数。如果给定一个对应法则，按这个法则，对每个 $x\in D$，总有确定的 y 值与之对应，但这个 y 不是唯一的，那么这个对应法则并不符合函数的定义，通常称这种法则确定了一个多值函数。

函数 $y=f(x)$ 可以用各种不同方式表达，例如 $y=x^2$，$y=\sin x$ 等，这种函数表达方式的特点是：等式左端是因变量的符号，而右端是含有自变量的式子，用这种方式表达的函数称作显函数。有些函数的表达方式却不是这样，例如方程 $x+y^3-1=0$，当 x 在 $(-\infty,+\infty)$ 内取值时，y 有唯一确定的值与之对应，故此方程表示一个函数，这种函数表达方式的特点是：用方程 $F(x,y)=0$ 表示 x 与 y 的对应关系，即在一定条件下，当 x 取某区间内的任意值时，相应地总

有满足这方程的唯一的 y 值存在,用这种方式表达的函数称作隐函数。值得注意的是,有些隐函数是可以化成显函数的,例如从方程 $x + y^3 - 1 = 0$ 解出 $y = \sqrt[3]{1-x}$,就把隐函数化成了显函数。但有些隐函数想化成显函数是困难的,例如方程 $y = \dfrac{1}{2}\sin(x+y)$ 在区间 $\left(-\dfrac{\pi-1}{2}, \dfrac{\pi-1}{2}\right)$ 上定义了一个以 x 为自变量,y 为因变量的隐函数,但由此方程解出 y 是困难的。

2. 函数的几种特性

（1）单调性

设 $y = f(x)$ 的定义域为 D,区间 $I \subset D$,如果对于区间 I 上任意两点 x_1 及 x_2,当 $x_1 < x_2$ 时,恒有 $f(x_1) \leqslant f(x_2)$（$f(x_1) < f(x_2)$）,则称函数 $f(x)$ 在区间 I 上是单调增加的（严格单调增加的）,如图 1-3 所示;如果对于区间 I 上任意两点 x_1 及 x_2,当 $x_1 < x_2$ 时,恒有 $f(x_1) \geqslant f(x_2)$（$f(x_1) > f(x_2)$）,则称函数 $f(x)$ 在区间 I 上是单调减少的（严格单调减少的）,如图 1-4 所示。单调增加或单调减少的函数统称为单调函数。

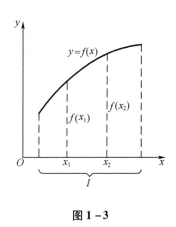

图 1-3

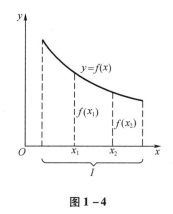

图 1-4

例如,函数 $y = x^2$ 在区间 $[0, +\infty)$ 上是单调增加的,在区间 $(-\infty, 0)$ 上是单调减少的,而在区间 $(-\infty, +\infty)$ 上函数 $y = x^2$ 不是单调的,如图 1-5 所示。

（2）有界性

设函数 $f(x)$ 的定义域为 D,$X \subset D$。如果存在实数 K_1,使得

$$f(x) \leqslant K_1$$

对一切 $x \in X$ 都成立,则称函数 $f(x)$ 在 X 上有上界,K_1 称为函数 $f(x)$ 在 X 上的一个上界。如果存在实数 K_2,使得

$$f(x) \geqslant K_2$$

对一切 $x \in X$ 都成立,则称函数 $f(x)$ 在 X 上有下界,K_2 称为函数 $f(x)$ 在 X 上的一个下界。如

果在 X 上,$f(x)$ 既有上界又有下界,即存在正数 M,使得

$$| f(x) | \leqslant M$$

对任一 $x \in X$ 都成立,则称函数 $f(x)$ 在 X 上有界。如果这样的 M 不存在,就称函数 $f(x)$ 在 X 上无界,即如果对任意正数 M,总存在 $x_1 \in X$,使 $|f(x_1)| > M$,那么函数 $f(x)$ 在 X 上无界。

例如,函数 $y = \sin x$ 在区间 $(-\infty, +\infty)$ 上 1 是它的一个上界,-1 是它的一个下界(当然,大于 1 的任何数也是它的上界,小于 -1 的任何数也是它的下界)。又

$$| \sin x | \leqslant 1$$

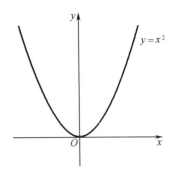

图 1 - 5

对任意实数 x 都成立,故函数 $y = \sin x$ 在区间 $(-\infty, +\infty)$ 上是有界的,这里 $M = 1$(当然也可取大于 1 的任何数作为 M,使 $|\sin x| \leqslant M$ 对任一实数 x 都成立)。

又如函数 $y = \dfrac{1}{x}$ 在开区间 $(0,1)$ 内无上界,但有下界,例如 1 就是它的一个下界。函数 $y = \dfrac{1}{x}$ 在开区间 $(0,1)$ 内无界,因为不存在这样的正数 M,使 $\left| \dfrac{1}{x} \right| \leqslant M$ 对于 $(0,1)$ 内的一切 x 都成立(x 接近 0 时,不存在确定的正数 K_1,使 $\dfrac{1}{x} \leqslant K_1$ 成立)。但是,$y = \dfrac{1}{x}$ 在区间 $(1,2)$ 内有界,例如可取 $M = 1$ 使 $\dfrac{1}{x} \leqslant 1$ 对于一切 $x \in (1,2)$ 都成立。

(3)奇偶性

设函数 $f(x)$ 的定义域 D 关于原点对称。如果对于任一 $x \in D$,有

$$f(-x) = f(x)$$

恒成立,则称 $f(x)$ 是偶函数;如果对于任一 $x \in D$,有

$$f(-x) = -f(x)$$

恒成立,则称 $f(x)$ 是奇函数。

例如,$f(x) = x^2$ 在区间 $(-\infty, +\infty)$ 上是偶函数,因为 $f(-x) = (-x)^2 = x^2 = f(x)$。偶函数的图像关于 y 轴对称,如图 1 - 6 所示。$f(x) = x^3$ 在区间 $(-\infty, +\infty)$ 上是奇函数,因为 $f(-x) = -x^3 = -f(x)$。奇函数的图像关于原点对称,如图1 - 7 所示。

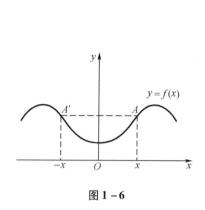

图 1-6

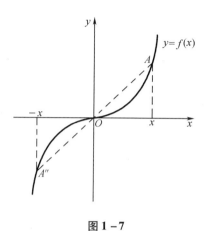

图 1-7

值得注意的是,有些函数既非奇函数,又非偶函数,例如 $f(x) = \sin x + \cos x$。

(4)周期性

设函数 $f(x)$ 的定义域为 D,如果存在一个正数 l,使得对任一 $x \in D$ 有 $(x \pm l) \in D$,且

$$f(x \pm l) = f(x)$$

恒成立,则称 $f(x)$ 为周期函数,l 称为 $f(x)$ 的周期。通常,周期函数的周期是指最小正周期,例如,$y = \sin x$ 是以 2π 为周期的周期函数。

并非每个周期函数都有最小正周期。例如狄利克雷(Dirichlet)函数

$$D(x) = \begin{cases} 1, & x \in \mathbf{Q} \\ 0, & x \in \mathbf{Q}^c \end{cases}$$

其中 $\mathbf{Q}^c$ 代表无理数集。$D(x)$ 是一个周期函数,任何正有理数 r 都是它的周期。因为不存在最小的正有理数,所以它没有最小正周期。

3. 反函数

作为逆映射的特例,有以下反函数的定义。

定义 9 设函数 $f: D \to f(D)$ 是单射,则它存在逆映射 $f^{-1}: f(D) \to D$,称此映射 f^{-1} 为函数 f 的反函数。

按此定义,对每个 $y \in f(D)$,有唯一的 $x \in D$,使得 $f(x) = y$,于是有

$$f^{-1}(y) = x$$

这就是说,反函数 f^{-1} 的对应法则是完全由函数 f 的对应法则所确定的。

例如,函数 $y = x^3, x \in \mathbf{R}$ 是单射,所以它的反函数存在,其反函数为 $x = y^{\frac{1}{3}}, y \in \mathbf{R}$。

由于习惯上自变量用 x 表示,因变量用 y 表示,于是 $y = x^3, x \in \mathbf{R}$ 的反函数通常写作 $y = x^{\frac{1}{3}}, x \in \mathbf{R}$。

一般地，$y = f(x)$，$x \in D$ 的反函数记作 $y = f^{-1}(x)$，$x \in f(D)$。

若 f 是定义在 D 上的单调函数，则 $f:D \to f(D)$ 是单射，于是 f 的反函数 f^{-1} 必定存在，而且容易证明 f^{-1} 也是 $f(D)$ 上的单调函数。事实上，不妨设 f 在 D 上单调增加，现在证明 f^{-1} 在 $f(D)$ 上也是单调增加的。

任取 $y_1, y_2 \in f(D)$，且 $y_1 < y_2$，按照函数 f 的定义，y_1 在 D 内存在唯一的原像 x_1，使得 $f(x_1) = y_1$，于是 $f^{-1}(y_1) = x_1$；y_2 在 D 内存在唯一的原像 x_2，使得 $f(x_2) = y_2$，于是 $f^{-1}(y_2) = x_2$。如果 $x_1 > x_2$，则由 $f(x)$ 单调增加，必有 $y_1 > y_2$；如果 $x_1 = x_2$，则 $y_1 = y_2$。这两种情形都与假设 $y_1 < y_2$ 不符，故必有 $x_1 < x_2$，即 $f^{-1}(y_1) < f^{-1}(y_2)$，因此，$f^{-1}$ 在 $f(D)$ 上是单调增加的。

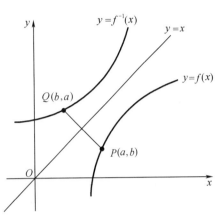

图 1 – 8

相对于反函数 $y = f^{-1}(x)$ 来说，原来的函数 $y = f(x)$ 称为直接函数。把直接函数 $y = f(x)$ 和它的反函数 $y = f^{-1}(x)$ 的图形画在同一坐标平面上，这两个图形关于直线 $y = x$ 是对称的（见图 1 – 8）。这是因为如果 $P(a, b)$ 是 $y = f(x)$ 图形上的点，则有 $b = f(a)$。按反函数的定义，有 $a = f^{-1}(b)$，故 $Q(b, a)$ 是 $y = f^{-1}(x)$ 图形上的点；反之，若 $Q(b, a)$ 是 $y = f^{-1}(x)$ 图形上的点，则 $P(a, b)$ 是 $y = f(x)$ 图形上的点。而 $P(a, b)$ 与 $Q(b, a)$ 是关于直线 $y = x$ 对称的。

4. 复合函数与初等函数

（1）基本初等函数

以下几种函数称为基本初等函数。

①幂函数：$y = x^a$（a 为常数）。

②指数函数：$y = a^x$（a 为常数，且 $a > 0$，$a \neq 1$）。特别地，以常数 $e = 2.718\,281\,8\cdots$ 为底的指数函数 $y = e^x$ 是常用的指数函数。

③对数函数：$y = \log_a x$（a 为常数，且 $a > 0$，$a \neq 1$）。当 $a = e$ 时，记作 $y = \ln x$。

④三角函数：$y = \sin x$（正弦函数），$y = \cos x$（余弦函数），$y = \tan x$（正切函数），$y = \cot x$（余切函数），$y = \sec x = \dfrac{1}{\cos x}$（正割函数），$y = \csc x = \dfrac{1}{\sin x}$（余割函数）。

⑤反三角函数：三角函数的反函数称为反三角函数，由于三角函数 $y = \sin x$，$y = \cos x$，$y = \tan x$，$y = \cot x$ 不是单调的，为了得到它们的反函数，将这些函数限定在某个单调区间内讨论。一般地，取三角函数的"主值"。常用的反三角函数有：

反正弦函数 $y = \arcsin x$，定义域为 $[-1, 1]$，值域为 $\left[-\dfrac{\pi}{2}, \dfrac{\pi}{2} \right]$；

反余弦函数 $y = \arccos x$，定义域为 $[-1,1]$，值域为 $[0,\pi]$；

反正切函数 $y = \arctan x$，定义域为 $(-\infty, +\infty)$，值域为 $\left(-\dfrac{\pi}{2}, \dfrac{\pi}{2}\right)$；

反余切函数 $y = \text{arccot}\, x$，定义域为 $(-\infty, +\infty)$，值域为 $(0, \pi)$。

反三角函数的图形如图 1-9 所示。

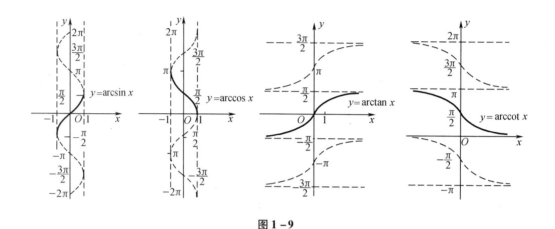

图 1-9

以上介绍的幂函数、指数函数、对数函数、三角函数和反三角函数统称为基本初等函数。

（2）复合函数

复合函数的定义如下：

设函数 $y = f(u)$ 的定义域为 D_f，函数 $u = g(x)$ 的定义域为 D_g，其值域 $R_g \subset D_f$，则函数
$$y = f[g(x)], x \in D_g$$
称为由函数 $u = g(x)$ 和 $y = f(u)$ 复合而成的复合函数，它的定义域为 D_g，称 u 为中间变量。

例如，函数 $y = \arctan x^2$ 可看作是由 $y = \arctan u$ 及 $u = x^2$ 复合而成的，这个函数的定义域为 $(-\infty, +\infty)$，它也是 $u = x^2$ 的定义域。

又例如，$y = \arcsin u$ 及 $u = x^2 + 2$ 是不能复合成一个复合函数的。因为对于 $u = x^2 + 2$ 的定义域 $(-\infty, +\infty)$ 内任何 x 值所对应的 u 值（都不小于2）都不能使 $y = \arcsin u$ 有意义。

复合函数也可以由两个以上的函数经过复合构成。例如，设 $y = \sqrt{u}$，$u = \text{arccot}\, v$，$v = \dfrac{x}{2}$，则得复合函数 $y = \sqrt{\text{arccot}\, \dfrac{x}{2}}$，这里 u 和 v 都是中间变量。

（3）初等函数

由常数和基本初等函数经过有限次四则运算和有限次的函数复合步骤所构成的、可用一个式子表示的函数，称为初等函数。例如

$$y = \sqrt{1 - x^2}, y = \ln\left(\sin^2 x\right) + 2x\tan\sqrt{x}$$

都是初等函数。不是初等函数的函数称为非初等函数。

下面举几个非初等函数的例子。

例 7 符号函数

$$y = \operatorname{sgn} x = \begin{cases} 1, & x > 0 \\ 0, & x = 0 \\ -1, & x < 0 \end{cases}$$

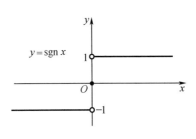

它的定义域是 $(-\infty, +\infty)$，值域是 $\{-1, 0, 1\}$（见图 1-10）。

图 1-10

例 8 取整函数

$$y = [x]$$

其中 x 为任一实数，$[x]$ 表示取不超过 x 的最大整数，它的定义域为 $(-\infty, +\infty)$，值域为全体整数（见图 1-11）。

例 9 函数

$$f(x) = \begin{cases} \sin x, & x \leqslant 0 \\ x, & x > 0 \end{cases}$$

它的定义域是 $(-\infty, +\infty)$，值域是 $[-1, +\infty)$。

以上三个例子有一个共同的特征，即在不同的定义域上有不同的对应法则，称具有这样特征的函数为分段函数。分段函数的定义域是各段函数定义域的并集，值域也是各段函数值域的并集。

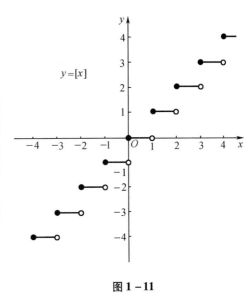

下面补充工科较常用的初等函数，即双曲函数与反双曲函数。

图 1-11

双曲正弦　$\operatorname{sh} x = \dfrac{e^x - e^{-x}}{2}$；

双曲余弦　$\operatorname{ch} x = \dfrac{e^x + e^{-x}}{2}$；

双曲正切　$\operatorname{th} x = \dfrac{\operatorname{sh} x}{\operatorname{ch} x} = \dfrac{e^x - e^{-x}}{e^x + e^{-x}}$。

这三个双曲函数的简单性质如下：

双曲正弦：定义域为 $(-\infty, +\infty)$，它是奇函数，它的图形通过原点且关于原点对称。在区间 $(-\infty, +\infty)$ 上它是单调增加的。当 x 的绝对值很大时，它的图形在第一象限内接近于曲线 y

$= \dfrac{1}{2} \mathrm{e}^x$，在第三象限内接近于曲线 $y = -\dfrac{1}{2} \mathrm{e}^{-x}$（见图 1 – 12）。

双曲余弦：定义域为 $(-\infty, +\infty)$，它是偶函数，它的图形通过点 $(0,1)$ 且关于 y 轴对称。在区间 $(-\infty, 0)$ 上它是单调减少的；在区间 $(0, +\infty)$ 上它是单调增加的。ch $0 = 1$ 是这个函数的最小值。当 x 的绝对值很大时，它的图形在第一象限内接近于曲线 $y = \dfrac{1}{2} \mathrm{e}^x$，在第二象限内接近于曲线 $y = \dfrac{1}{2} \mathrm{e}^{-x}$（见图 1 – 12）。

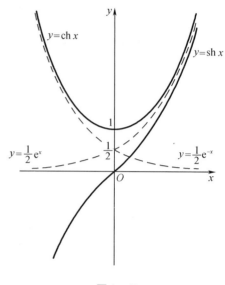

图 1 – 12

双曲正切：定义域为 $(-\infty, +\infty)$，它是奇函数，它的图形通过原点且关于原点对称。在区间 $(-\infty, +\infty)$ 上它是单调增加的。它的图形夹在水平直线 $y = 1$ 及 $y = -1$ 之间；且当 x 的绝对值很大时，它的图形在第一象限内接近于直线 $y = 1$，而在第三象限内接近于直线 $y = -1$（见图 1 – 13）。

根据双曲函数的定义，可证下列四个公式：

$$\mathrm{sh}\,(x + y) = \mathrm{sh}\,x \cdot \mathrm{ch}\,y + \mathrm{ch}\,x \cdot \mathrm{sh}\,y$$
$$\mathrm{sh}\,(x - y) = \mathrm{sh}\,x \cdot \mathrm{ch}\,y - \mathrm{ch}\,x \cdot \mathrm{sh}\,y$$
$$\mathrm{ch}\,(x + y) = \mathrm{ch}\,x \cdot \mathrm{ch}\,y + \mathrm{sh}\,x \cdot \mathrm{sh}\,y$$
$$\mathrm{ch}\,(x - y) = \mathrm{ch}\,x \cdot \mathrm{ch}\,y - \mathrm{sh}\,x \cdot \mathrm{sh}\,y$$

利用以上几个公式可以导出其他一些公式，例如：

$$\mathrm{ch}^2 x - \mathrm{sh}^2 x = 1$$
$$\mathrm{sh}\,2x = 2\mathrm{sh}\,x\mathrm{ch}\,x$$
$$\mathrm{ch}\,2x = \mathrm{ch}^2 x + \mathrm{sh}^2 x$$

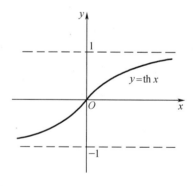

图 1 – 13

双曲函数 $y = \mathrm{sh}\,x$，$y = \mathrm{ch}\,x (x \geqslant 0)$，$y = \mathrm{th}\,x$ 的反函数依次记作：

反双曲正弦　$y = \mathrm{arsh}\,x$；

反双曲余弦　$y = \mathrm{arch}\,x$；

反双曲正切　$y = \mathrm{arth}\,x$。

反双曲函数都可以通过自然对数函数来表示，分别讨论如下：

$y = \mathrm{arsh}\,x$ 是 $x = \mathrm{sh}\,y$ 的反函数，因此

$$x = \frac{e^y - e^{-y}}{2}$$

令 $u = e^y$，则由上式有

$$u^2 - 2xu - 1 = 0$$

这是关于 u 的一个二次方程，它的根为

$$u = x \pm \sqrt{x^2 + 1}$$

因 $u = e^y > 0$，故上式根号前应取正号，于是

$$u = x + \sqrt{x^2 + 1}$$

由于 $y = \ln u$，故得反双曲正弦

$$y = \text{arsh}\, x = \ln\left(x + \sqrt{x^2 + 1}\right)$$

　　函数 $y = \text{arsh}\, x$ 的定义域为 $(-\infty, +\infty)$，它是奇函数，在区间 $(-\infty, +\infty)$ 上单调增加。由 $y = \text{sh}\, x$ 的图形，根据反函数的作图法，可得 $y = \text{arsh}\, x$ 的图形如图 $1-14$ 所示。

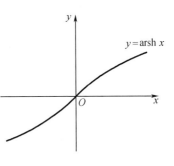

　　下面讨论双曲余弦 $y = \text{ch}\, x\,(x \geqslant 0)$ 的反函数。由 $x = \text{ch}\, y\,(y \geqslant 0)$，有

$$x = \frac{e^y + e^{-y}}{2}\,(y \geqslant 0)$$

由此得 $e^y = x \pm \sqrt{x^2 - 1}$，故

图 $1-14$

$$y = \ln\left(x \pm \sqrt{x^2 - 1}\right)$$

上式中 x 的值必须满足条件 $x \geqslant 1$，而其中平方根前的符号由于 $y \geqslant 0$ 应取正，故

$$y = \ln\left(x + \sqrt{x^2 - 1}\right)$$

上述双曲余弦 $y = \text{ch}\, x\,(x \geqslant 0)$ 的反函数称为反双曲余弦的主值，记作 $y = \text{arch}\, x$，即

$$y = \text{arch}\, x = \ln\left(x + \sqrt{x^2 - 1}\right)$$

这样规定的函数 $y = \text{arch}\, x$ 的定义域为 $[1, +\infty)$，它在区间 $[1, +\infty)$ 上是单调增加的（见图 $1-15$）。

　　类似地，可得反双曲正切

$$y = \text{arth}\, x = \frac{1}{2}\ln\frac{1+x}{1-x}$$

这个函数的定义域为开区间 $(-1, 1)$，它在开区间 $(-1, 1)$ 上是单调增加的奇函数（见图 $1-16$）。

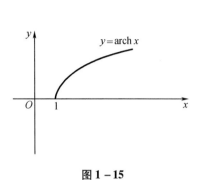

图 1 − 15

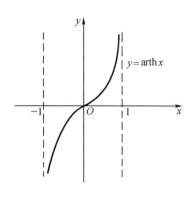

图 1 − 16

习 题 1 −1

1. 设 A, B 是任意两个集合，证明对偶律：$(A \cap B)^C = A^C \cup B^C$。

2. 设实数集 $\{-x\}$ 是由实数集 $\{x\}$ 中元素 x 的相反数组成的，试证明：

(1) $\inf\{-x\} = -\sup\{x\}$；

(2) $\sup\{-x\} = -\inf\{x\}$。

3. 设映射 $f : X \to Y, A \subset X, B \subset X$。证明：

(1) $f(A \cup B) = f(A) \cup f(B)$；

(2) $f(A \cap B) \subset f(A) \cap f(B)$。

4. 求下列函数的定义域：

(1) $y = \sin \sqrt{x}$ (2) $y = \tan(x+1)$ (3) $y = \arcsin(x-3)$

(4) $y = \sqrt{3-x} + \arctan\dfrac{1}{x}$ (5) $y = \ln(x+1)$ (6) $y = e^{\frac{1}{x}}$

5. 设

$$\varphi(x) = \begin{cases} |\sin x|, & |x| < \dfrac{\pi}{3} \\[2mm] 0, & |x| \geqslant \dfrac{\pi}{3} \end{cases}$$

求 $\varphi\left(\dfrac{\pi}{6}\right), \varphi\left(\dfrac{\pi}{4}\right), \varphi\left(-\dfrac{\pi}{4}\right), \varphi(-2)$，并作出函数 $y = \varphi(x)$ 的图形。

6. 试判断下列函数在指定区间内的单调性：

(1) $y = \dfrac{x}{1-x}$　$(-\infty, 1)$；　(2) $y = x + \ln x$　$(0, +\infty)$。

7. 设下面所考虑的函数都是定义在区间 $(-l, l)$ 上的，证明：

(1) 两个偶函数的和是偶函数，两个奇函数的和是奇函数；

(2) 两个偶函数的乘积是偶函数，两个奇函数的乘积是偶函数，偶函数与奇函数的乘积是奇函数。

8. 下列函数中哪些是偶函数，哪些是奇函数，哪些既非偶函数又非奇函数？

(1) $y = 3x^2 - x^3$　　　　　(2) $y = x(x-1)(x+1)$

(3) $y = \sin x - \cos x + 1$　　(4) $y = \dfrac{a^x + a^{-x}}{2}$

9. 下列函数中哪些是周期函数？对于周期函数，指出其周期。

(1) $y = \cos(x-2)$　　(2) $y = \cos 4x$　　　　(3) $y = 1 + \sin \pi x$

(4) $y = x\cos x$　　　　(5) $y = \sin^2 x$

10. 求下列函数的反函数：

(1) $y = 2\sin 3x$　　　　(2) $y = 1 + \ln(x+2)$　　(3) $y = \dfrac{2^x}{2^x + 1}$

11. 设函数 $f(x)$ 在实数集 X 上有定义，试证：函数 $f(x)$ 在 X 上有界的充分必要条件是它在 X 上既有上界又有下界。

12. 在下列各题中，求由所给函数复合而成的函数，并求该函数分别对应于给定自变量值 x_1 和 x_2 的函数值：

(1) $y = \sin u, u = 2x, x_1 = \dfrac{\pi}{8}, x_2 = \dfrac{\pi}{4}$；

(2) $y = e^u, u = x^2, x_1 = 0, x_2 = 1$。

13. 设 $f(x)$ 的定义域是 $[0,1]$，问：(1) $f(x^2)$；(2) $f(\sin x)$；(3) $f(x+a)(a>0)$；(4) $f(x+a) + f(x-a)(a>0)$ 的定义域各是什么？

14. 设 $f(x) = \begin{cases} 1, & |x| < 1 \\ 0, & |x| = 1 \\ -1, & |x| > 1 \end{cases}$，$g(x) = e^x$，求 $f[g(x)]$ 和 $g[f(x)]$，并作出这两个函数的图形。

15. 已知水渠的横断面为等腰梯形，斜角 $\varphi = 40°$（见图 $1-17$）。当过水断面 $ABCD$ 的面积为定值 S_0 时，求周长 L（$L = AB + BC + CD$）与水深 h 之间的函数关系式，并说明定义域。

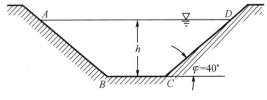

图 $1-17$

16. 收音机每台售价为 90 元,成本为 60 元。厂方为鼓励销售商大量采购,决定凡订购超过 100 台以上的,每多订购一台,售价就降低 1 分,但最低价格为 75 元。

（1）将每台的实际售价 p 表示为订购量 x 的函数;

（2）将厂方所获的利润 P 表示成订购量 x 的函数;

（3）某一销售商订购了 1 000 台,厂方可获利润多少?

第二节　数列的极限

极限的概念是由寻求某些实际问题的精确解答而产生的。例如,我国古代数学家刘徽（公元 3 世纪）利用圆内接正多边形的面积推算圆面积的方法——割圆术,就是极限思想在几何学上的应用。

设有一圆,首先作圆内接正六边形,其面积记作 A_1;再作圆内接正十二边形,其面积记作 A_2;再作圆内接正二十四边形,其面积记作 A_3;循此下去,一般地把圆内接正 $6 \times 2^{n-1}$ 边形的面积记作 $A_n(n \in \mathbf{N}^+)$。这样,就得到一系列圆内接正多边形的面积:

$$A_1, A_2, A_3, \cdots, A_n, \cdots$$

它们构成一列有次序的数。当 n 越大,圆内接正多边形与圆的差别就越小,从而 A_n 就越接近圆面积的精确值。但是,无论 n 取得如何大,A_n 终究只是多边形的面积,而不是圆的面积。因此,假设 n 无限增大（记作 $n \to \infty$,读作 n 趋于无穷大）,即圆内接正多边形的边数无限增加,圆内接正多边形的面积无限接近于圆的面积,即 A_n 无限接近于某一确定的数值 A,A 即为圆的面积。

在求圆面积的问题中,$A_1, A_2, A_3, \cdots, A_n, \cdots$ 称为数列,A 称为当 $n \to \infty$ 时这个数列的极限。

一、数列极限的定义

1. 数列

如果按照某一对应法则,对每个 $n \in \mathbf{N}^+$,对应着一个确定的实数 x_n,这些实数 x_n 按下标 n 从小到大排列得到的一个序列

$$x_1, x_2, x_3, \cdots, x_n, \cdots$$

称为数列,记作 $\{x_n\}$。

数列中的每一个数叫作数列的项,第 n 项 x_n 称为数列的一般项。下面给出几个数列的例子:

$$\frac{1}{2}, \frac{2}{3}, \frac{3}{4}, \cdots, \frac{n}{n+1}, \cdots$$

$$1, -1, 1, \cdots, (-1)^{n+1}, \cdots$$

$$2, \frac{1}{2}, \frac{4}{3}, \cdots, \frac{n + (-1)^{n-1}}{n}, \cdots$$

根据函数的定义,数列 $\{x_n\}$ 可看作自变量为正整数 n 的函数,即

$$x_n = f(n), n \in \mathbf{N}^+$$

2. 数列极限

对于数列 $\{x_n\}$,要讨论的问题是:当 n 无限增大时,对应的 x_n 是否能无限接近于某个确定的数值? 如果能的话,这个数值是多少?

分析数列

$$2, \frac{1}{2}, \frac{4}{3}, \cdots, \frac{n + (-1)^{n-1}}{n}, \cdots$$

$$x_n = \frac{n + (-1)^{n-1}}{n} = 1 + (-1)^{n-1} \frac{1}{n}$$

因为

$$|x_n - 1| = \left| (-1)^{n-1} \frac{1}{n} \right| = \frac{1}{n}$$

所以,当 n 越来越大时,$\frac{1}{n}$ 越来越小,从而 x_n 就越来越接近于 1。只要 n 充分大,$|x_n - 1|$ 就可以小于任意给定的正数,所以,当 n 无限增大时,x_n 无限接近于 1。

例如,给定 $\frac{1}{100}$,欲使 $\frac{1}{n} < \frac{1}{100}$,只要 $n > 100$,即从 101 项起,都能使不等式

$$|x_n - 1| < \frac{1}{100}$$

成立。同样地,如果给定 $\frac{1}{10\,000}$,则从第 10 001 项起,都能使不等式

$$|x_n - 1| < \frac{1}{10\,000}$$

成立。一般地,不论给定的正数 ε 多么小,总存在着一个正整数 N,使得当 $n > N$ 时,不等式

$$|x_n - 1| < \varepsilon$$

成立。数列 $x_n = \frac{n + (-1)^{n-1}}{n}$,当 $n \to \infty$ 时无限接近于 1。1 称作数列 $x_n = \frac{n + (-1)^{n-1}}{n}$($n = 1$, $2, \cdots$)当 $n \to \infty$ 时的极限。

由以上可知,给定了一个数列 $\{x_n\}$,如果当 n 无限增大时,x_n 趋于某一常数 a,就称数列 $\{x_n\}$ 当 $n \to \infty$ 时,以 a 为极限。

定义 1 设 $\{x_n\}$ 为一数列,a 为一个常数,如果对于任意给定的 $\varepsilon > 0$,总存在正整数 N,使得当 $n > N$ 时,不等式

$$|x_n - a| < \varepsilon$$

成立,则称当 $n \to \infty$ 时数列 $\{x_n\}$ 以 a 为极限,或者称数列 $\{x_n\}$ 收敛于 a。记作

$$\lim_{n \to \infty} x_n = a$$

或

$$x_n \to a (n \to \infty)$$

如果不存在这样的常数 a,则称数列 $\{x_n\}$ 极限不存在,或称数列 $\{x_n\}$ 是发散的。

例如,数列 $\left\{\dfrac{1}{n^2+1}\right\}$ 当 n 趋于无穷大时是收敛的,数列 $\{(-1)^{n+1}\}$,$\{\ln n\}$ 当 n 趋于无穷大时是发散的。

关于极限定义的两点说明:

(1)数列极限定义中的正数 ε 可以任意小;

(2)数列极限定义中的正整数 N 与任意给定的正数 ε 有关,它随着 ε 的给定而选定。

3. 几何意义

由数列极限定义知,对于任意给定的 $\varepsilon > 0$,总存在 N,使得当 $n > N$ 时,$|x_n - a| < \varepsilon$,即

$$a - \varepsilon < x_n < a + \varepsilon$$

所以当 $n > N$ 时,$x_{N+1}, x_{N+2}, \cdots, x_n, \cdots$ 均落在 $(a-\varepsilon, a+\varepsilon)$ 之内,而只有有限个(至多只有 N 个)落在这区间以外(见图 $1-18$)。

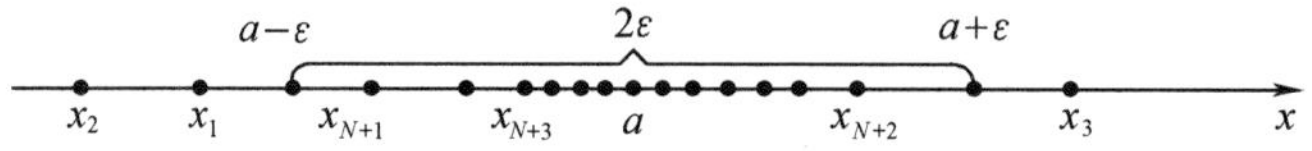

图 $1-18$

为了表达方便,引入记号"$\forall$"表示"对于任意给定的"或"对于每一个",记号"$\exists$"表示"存在"。于是数列极限 $\lim\limits_{n \to \infty} x_n = a$ 的定义可表达为:

$\lim\limits_{n \to \infty} x_n = a \Leftrightarrow \forall \varepsilon > 0$,$\exists$ 正整数 N,当 $n > N$ 时,有 $|x_n - a| < \varepsilon$ 成立。

例1 证明:$\lim\limits_{n \to \infty} \dfrac{n + (-1)^{n+1}}{n} = 1$。

证明 由于 $\left| \dfrac{n + (-1)^{n+1}}{n} - 1 \right| = \left| \dfrac{(-1)^{n+1}}{n} \right| = \dfrac{1}{n}$,故为使 $\left| \dfrac{n + (-1)^{n+1}}{n} - 1 \right| < \varepsilon$ 成立,只需 $\dfrac{1}{n} < \varepsilon$ 成立,即 $n > \dfrac{1}{\varepsilon}$ 成立,取 $N = \left[\dfrac{1}{\varepsilon} \right]$。

综上,$\forall \varepsilon > 0$,$\exists N = \left[\dfrac{1}{\varepsilon} \right]$,使当 $n > N$ 时,$\left| \dfrac{n + (-1)^{n+1}}{n} - 1 \right| < \varepsilon$ 成立,即

$$\lim_{n \to \infty} \frac{n + (-1)^{n+1}}{n} = 1$$

利用数列极限的定义证明某个数 a 为数列 $\{x_n\}$ 的极限时，重要的是对于任意给定的正数 ε，只需指出定义中所说的正整数 N 确实存在，没有必要去求最小的 N，因此 N 的选取并不唯一。

例 2　证明：$\lim\limits_{n\to\infty}\dfrac{(-1)^n}{(n+1)^2}=0$。

证明　由于 $\left|\dfrac{(-1)^n}{(n+1)^2}-0\right|=\dfrac{1}{(n+1)^2}<\dfrac{1}{n+1}$，故为使 $\left|\dfrac{(-1)^n}{(n+1)^2}-0\right|<\varepsilon$ 成立，只需

$\dfrac{1}{n+1}<\varepsilon$ 成立，即 $n>\dfrac{1}{\varepsilon}-1$ 成立，取 $N=\left[\dfrac{1}{\varepsilon}-1\right]$。

综上，$\forall\varepsilon>0$，$\exists N=\left[\dfrac{1}{\varepsilon}-1\right]$，使当 $n>N$ 时，$\left|\dfrac{(-1)^n}{(n+1)^2}-0\right|<\varepsilon$ 成立，即

$$\lim_{n\to\infty}\frac{(-1)^n}{(n+1)^2}=0$$

例 3　设 $|q|<1$，证明：$\lim\limits_{n\to\infty}q^{n-1}=0$。

证明　由于 $|q^{n-1}-0|=|q|^{n-1}$，故为使 $|q^{n-1}-0|<\varepsilon$ 成立，只需 $|q|^{n-1}<\varepsilon$ 成立。取自然对数，得 $(n-1)\ln|q|<\ln\varepsilon$。因 $|q|<1$，$\ln|q|<0$，即 $n>1+\dfrac{\ln\varepsilon}{\ln|q|}$ 成立，取 $N=\left[1+\dfrac{\ln\varepsilon}{\ln|q|}\right]$。

综上，$\forall\varepsilon>0$，$\exists N=\left[1+\dfrac{\ln\varepsilon}{\ln|q|}\right]$，使当 $n>N$ 时，$|q^{n-1}-0|<\varepsilon$ 成立，即

$$\lim_{n\to\infty}q^{n-1}=0$$

二、收敛数列的性质

定理 1（唯一性）　若数列 $\{x_n\}$ 收敛，则其极限唯一。

证明　用反证法进行证明。假设当 $n\to\infty$ 时，同时有 $x_n\to a$ 及 $x_n\to b$ 成立，且 $a<b$，取 $\varepsilon_0=\dfrac{b-a}{2}$。由 $\lim\limits_{n\to\infty}x_n=a$，故存在正整数 N_1，使得对于 $n>N_1$ 的一切 x_n，不等式

$$|x_n-a|<\varepsilon_0=\frac{b-a}{2} \tag{1-1}$$

成立。同理，因为 $\lim\limits_{n\to\infty}x_n=b$，故存在正整数 N_2，使得对于 $n>N_2$ 的一切 x_n，不等式

$$|x_n-b|<\varepsilon_0=\frac{b-a}{2} \tag{1-2}$$

成立。取 $N=\max\{N_1,N_2\}$，当 $n>N$ 时，式（1-1）及式（1-2）同时成立。

由式（1-1）有 $x_n<\dfrac{a+b}{2}$，由式（1-2）有 $x_n>\dfrac{a+b}{2}$，矛盾。由此本定理得证。

对于数列 $\{x_n\}$，若存在正数 M，使得对一切 x_n 都满足不等式

$$|x_n| \leqslant M$$

则称数列 $\{x_n\}$ 有界；如果这样的正数 M 不存在，称数列 $\{x_n\}$ 无界。

例如，数列 $\left\{\dfrac{1}{n}\right\}$，$\left\{\dfrac{1}{n+1}\right\}$ 均为有界的，数列 $\{2^n\}$ 是无界的。

定理 2（有界性） 若数列 $\{x_n\}$ 收敛，则数列 $\{x_n\}$ 必有界。

证明 设 $\lim\limits_{n\to\infty} x_n = a$，根据数列极限的定义，对于 $\varepsilon_0 = \dfrac{1}{2}$，存在 N_0，当 $n > N_0$ 时有

$$|x_n - a| < \varepsilon_0 = \frac{1}{2}$$

于是当 $n > N_0$ 时，有

$$|x_n| = |(x_n - a) + a| \leqslant |x_n - a| + |a| < \frac{1}{2} + |a|$$

取 $M = \max\left\{|x_1|, |x_2|, \cdots, |x_{N_0}|, \dfrac{1}{2} + |a|\right\}$，则对所有的 n，有 $|x_n| \leqslant M$ 成立，即收敛数列 $\{x_n\}$ 有界。

根据上述定理，如果数列 $\{x_n\}$ 无界，则数列 $\{x_n\}$ 必发散。但数列 $\{x_n\}$ 有界，却不能断定数列 $\{x_n\}$ 一定收敛。

例如，数列 $\{(-1)^n\}$ 有界，但它是发散的。

在数列 $\{x_n\}$ 中任意抽取无限多项并保持这些项在原数列 $\{x_n\}$ 中的先后次序，这样得到的一个数列 $\{x_{n_k}\}$ 称为原数列 $\{x_n\}$ 的子数列（或子列）。

定理 3 如果数列 $\{x_n\}$ 收敛于 a，则它的任一子数列也收敛，且极限也为 a。

证明 设数列 $\{x_{n_k}\}$ 是数列 $\{x_n\}$ 的任一子数列。

因为数列 $\{x_n\}$ 收敛于 a，则 $\forall \varepsilon > 0$，$\exists$ 正整数 N，当 $n > N$ 时，$|x_n - a| < \varepsilon$ 成立。取 $K = N$，则当 $k > K$ 时，$n_k > n_K = n_N \geqslant N$，于是 $|x_{n_k} - a| < \varepsilon$，即 $\lim\limits_{k\to\infty} x_{n_k} = a$。

由定理 3 可知，如果数列 $\{x_n\}$ 有两个子列收敛于不同的极限，则数列 $\{x_n\}$ 是发散的。例如，数列

$$1, -1, 1, \cdots, (-1)^{n+1}, \cdots$$

的子列 $\{x_{2k-1}\}$ 收敛于 1，而子列 $\{x_{2k}\}$ 收敛于 -1，因此这个数列是发散的。同时这个例子也说明：一个发散的数列也可能有收敛的子数列。

习题 1-2

1. 观察数列 $\{x_n\}$ 的一般项 x_n 的变化趋势,如果收敛,写出它们的极限:

(1) $x_n = \dfrac{1}{2^n}$ 　　　　　　　　(2) $x_n = (-1)^n \dfrac{1}{n}$

(3) $x_n = 2 + \dfrac{1}{n^2}$ 　　　　　　　(4) $x_n = \dfrac{n-1}{n+1}$

(5) $x_n = n(-1)^n$

2. 根据数列极限的定义证明:

(1) $\lim\limits_{n\to\infty} \dfrac{1}{n^2} = 0$ 　　　　　　(2) $\lim\limits_{n\to\infty} \dfrac{3n+1}{2n+1} = \dfrac{3}{2}$

(3) $\lim\limits_{n\to\infty} \dfrac{\sqrt{n^2+a^2}}{n} = 1$ 　　　　(4) $\lim\limits_{n\to\infty} 0.\overbrace{999\cdots9}^{n\text{个}} = 1$

(5) $\lim\limits_{n\to\infty} \dfrac{n^2+1}{2n^2-7n} = \dfrac{1}{2}$

3. 设数列 $\{x_n\}$ 的一般项 $x_n = \dfrac{1}{n}\cos\dfrac{n\pi}{2}$:(1)试求 $\lim\limits_{n\to\infty} x_n$;(2)当 $\varepsilon = 0.001$ 时,求出 N。

4. 若 $\lim\limits_{n\to\infty} u_n = a$,证明 $\lim\limits_{n\to\infty} |u_n| = |a|$。并举例说明反之未必成立。

5. 设数列 $\{x_n\}$ 有界,$\lim\limits_{n\to\infty} y_n = 0$,证明:$\lim\limits_{n\to\infty} x_n y_n = 0$。

6. 设数列 $\{x_n\}$ 有界,若 $x_{2k-1} \to a\,(k\to\infty)$,$x_{2k} \to a\,(k\to\infty)$,证明:$\lim\limits_{n\to\infty} x_n = a$。

7. 证明:数列 $\left\{\sin\dfrac{n\pi}{2}\right\}$ 的极限不存在。

第三节　函数的极限

上一节讨论了以自然数集为定义域的函数(即数列)的极限理论,本节将讨论以实数集为定义域的函数极限理论。

一、自变量趋于有限值时函数的极限

1. 自变量趋于有限值时函数极限的定义

考虑自变量 x 的变化过程为 $x \to x_0$。如果在 $x \to x_0$ 的过程中,对应的函数值 $f(x)$ 无限接近于确定的数值 A,则称 A 是函数 $f(x)$ 当 $x \to x_0$ 时的极限。

在 $x \to x_0$ 的过程中,函数值 $f(x)$ 无限接近于 A,即 $|f(x) - A|$ 可以任意小。如数列极限定

义所述，"$|f(x)-A|$ 能任意小"可以用 $|f(x)-A|<\varepsilon$ 表达，其中 ε 是任意给定的正数。

定义 1　设函数 $f(x)$ 在 x_0 的某一去心邻域内有定义，A 是一个常数。如果对于任意给定的 $\varepsilon>0$，存在 $\delta>0$，当 x 满足不等式 $0<|x-x_0|<\delta$ 时，函数 $f(x)$ 满足不等式

$$|f(x)-A|<\varepsilon$$

则称常数 A 为函数 $f(x)$ 当 $x\to x_0$ 时的极限，记作

$$\lim_{x\to x_0}f(x)=A \text{ 或 } f(x)\to A(x\to x_0)$$

定义中的 $0<|x-x_0|$ 表示 $x\neq x_0$，所以 $x\to x_0$ 时 $f(x)$ 有没有极限，与 $f(x)$ 在点 x_0 是否有定义并无关系。

2. 几何意义

$\lim\limits_{x\to x_0}f(x)=A$ 的几何解释如下：在 xOy 平面上看，满足不等式 $0<|x-x_0|<\delta$ 的点的全体构成 xOy 平面上的以直线 $x=x_0$ 为中线，宽为 2δ 的一条竖带，但要去掉 $x=x_0$ 本身。而满足不等式 $|f(x)-A|<\varepsilon$ 的点的全体，则构成以直线 $y=A$ 为中线，宽为 2ε 的长方形。当 $0<|x-x_0|<\delta$ 时，$|f(x)-A|<\varepsilon$ 成立，表示曲线 $y=f(x)$ 在对应 $0<|x-x_0|<\delta$ 的那一段位于这个长方形内（见图 1－19）。

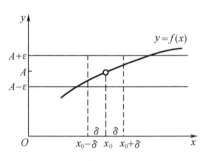

图 1－19

类似于数列极限的简写方法，定义 1 可以简单地表述为 $\lim\limits_{x\to x_0}f(x)=A\Leftrightarrow\forall\varepsilon>0,\exists\delta>0$，当 $0<|x-x_0|<\delta$ 时，有 $|f(x)-A|<\varepsilon$ 成立。

例 1　证明：$\lim\limits_{x\to 1}(2x-1)=1$。

证明　由于 $|(2x-1)-1|=2|x-1|$，故为使 $|(2x-1)-1|<\varepsilon$ 成立，只需 $2|x-1|<\varepsilon$ 成立，即 $|x-1|<\dfrac{\varepsilon}{2}$ 成立，取 $\delta=\dfrac{\varepsilon}{2}$。

综上，$\forall\varepsilon>0$，$\exists\delta=\dfrac{\varepsilon}{2}$，当 $0<|x-1|<\delta$ 时，$|(2x-1)-1|<\varepsilon$ 成立，即

$$\lim_{x\to 1}(2x-1)=1$$

例 2　证明：$\lim\limits_{x\to 1}\dfrac{x^2+4x-3}{x^2+1}=1$。

证明　由于 $\left|\dfrac{x^2+4x-3}{x^2+1}-1\right|=\left|\dfrac{x^2+4x-3-x^2-1}{x^2+1}\right|=4\,\dfrac{|x-1|}{|x^2+1|}\leqslant 4|x-1|$，故为使 $\left|\dfrac{x^2+4x-3}{x^2+1}-1\right|<\varepsilon$ 成立，只需 $4|x-1|<\varepsilon$，即 $|x-1|<\dfrac{\varepsilon}{4}$ 成立，取 $\delta=\dfrac{\varepsilon}{4}$。

综上，$\forall\varepsilon>0$，$\exists\delta=\dfrac{\varepsilon}{4}$，当 $0<|x-1|<\delta$ 时，$\left|\dfrac{x^2+4x-3}{x^2+1}-1\right|<\varepsilon$ 成立，即

$$\lim_{x \to 1} \frac{x^2 + 4x - 3}{x^2 + 1} = 1$$

例3 证明：$\lim\limits_{x \to 1} \dfrac{x^3 - 1}{x - 1} = 3$。

证明 由于 $\left| \dfrac{x^3 - 1}{x - 1} - 3 \right| = |x^2 + x - 2| = |x + 2||x - 1|$ 且 $x \to 1$，不妨设 $0 < x < 2(x \neq 1)$，则

$2 < x + 2 < 4$，于是 $|x + 2||x - 1| < 4|x - 1|$，故为使 $\left| \dfrac{x^3 - 1}{x - 1} - 3 \right| < \varepsilon$ 成立，只需 $4|x - 1| < \varepsilon$ 成

立，即 $|x - 1| < \dfrac{\varepsilon}{4}$，取 $\delta = \min\left\{1, \dfrac{\varepsilon}{4}\right\}$。

综上，$\forall \varepsilon > 0$，$\exists \delta = \min\left\{1, \dfrac{\varepsilon}{4}\right\}$，当 $0 < |x - 1| < \delta$ 时，$\left| \dfrac{x^3 - 1}{x - 1} - 3 \right| < \varepsilon$ 成立，即

$$\lim_{x \to 1} \frac{x^3 - 1}{x - 1} = 3$$

例4 证明：$\lim\limits_{x \to 0} e^x = 1$。

证明 $\forall \varepsilon > 0 (\varepsilon < 1)$，若使 $|e^x - 1| < \varepsilon$，只需 $1 - \varepsilon < e^x < 1 + \varepsilon$，即 $\ln(1 - \varepsilon) < x < \ln(1 + \varepsilon)$

成立，取 $\delta = \min\{|\ln(1 - \varepsilon)|, |\ln(1 + \varepsilon)|\}$，当 $0 < |x - 0| < \delta$ 时，$|e^x - 1| < \varepsilon$ 成立，即

$$\lim_{x \to 0} e^x = 1$$

3. 左、右极限

在上述"$x \to x_0$ 时函数 $f(x)$ 的极限"定义中，x 既从 x_0 的左侧又从 x_0 的右侧趋于 x_0。但有时只能或只需考虑 x 仅从 x_0 的左侧趋于 x_0（记作 $x \to x_0^-$）的情形中，或 x 仅从 x_0 的右侧趋于 x_0（记作 $x \to x_0^+$）的情形。

在 $x \to x_0^-$ 的情形中，x 在 x_0 的左侧，$x < x_0$。在 $\lim\limits_{x \to x_0} f(x) = A$ 的定义中，把 $0 < |x - x_0| < \delta$ 改为 $x_0 - \delta < x < x_0$，则称 A 为函数 $f(x)$ 在点 x_0 处的左极限，记作

$$\lim_{x \to x_0^-} f(x) = A \text{ 或 } f(x_0^-) = A$$

类似地，在 $\lim\limits_{x \to x_0} f(x) = A$ 的定义中，把 $0 < |x - x_0| < \delta$ 改为 $x_0 < x < x_0 + \delta$，则称 A 为函数 $f(x)$ 在点 x_0 处的右极限，记作

$$\lim_{x \to x_0^+} f(x) = A \text{ 或 } f(x_0^+) = A$$

根据"$x \to x_0$ 时函数 $f(x)$ 极限"的定义以及左极限和右极限的定义，容易证明：函数 $f(x)$ 当 $x \to x_0$ 时极限存在的充分必要条件是左极限及右极限各自存在并且相等，即

$$\lim_{x \to x_0} f(x) = A \Leftrightarrow \lim_{x \to x_0^+} f(x) = \lim_{x \to x_0^-} f(x) = A$$

因此，即使 $f(x_0^-)$ 和 $f(x_0^+)$ 都存在，若不相等，则 $\lim\limits_{x \to x_0} f(x)$ 不存在。

例5 函数

$$f(x) = \begin{cases} x - 1, & x < 0 \\ 0, & x = 0 \\ x + 1, & x > 0 \end{cases}$$

证明：当 $x \to 0$ 时 $f(x)$ 的极限不存在。

证明 当 $x \to 0$ 时 $f(x)$ 的左极限 $\lim\limits_{x \to 0^-} f(x) = \lim\limits_{x \to 0^-} (x - 1) = -1$，而右极限 $\lim\limits_{x \to 0^+} f(x) = \lim\limits_{x \to 0^+} (x + 1) = 1$，虽然左极限和右极限存在但不相等，所以 $\lim\limits_{x \to 0} f(x)$ 不存在（见图 1-20）。

例6 求函数 $f(x) = \dfrac{1 - a^{\frac{1}{x}}}{1 + a^{\frac{1}{x}}}$ $(a > 1)$，当 $x \to 0$ 时的左、右极限，并说明 $x \to 0$ 时极限是否存在。

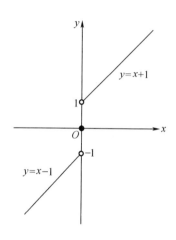

图 1-20

解 $\lim\limits_{x \to 0^+} f(x) = \lim\limits_{x \to 0^+} \dfrac{1 - a^{\frac{1}{x}}}{1 + a^{\frac{1}{x}}} = \lim\limits_{x \to 0^+} \dfrac{a^{-\frac{1}{x}} - 1}{a^{-\frac{1}{x}} + 1} = -1$

$\lim\limits_{x \to 0^-} f(x) = \lim\limits_{x \to 0^-} \dfrac{1 - a^{\frac{1}{x}}}{1 + a^{\frac{1}{x}}} = 1$

所以 $\lim\limits_{x \to 0} f(x)$ 不存在。

二、自变量趋于无穷大时函数的极限

1. 自变量趋于无穷大时函数极限的定义

考虑自变量 x 的变化过程为 $x \to \infty$。当 $x \to \infty$ 时，函数 $f(x)$ 无限接近于常数 A，A 称作函数 $f(x)$ 当 $x \to \infty$ 时的极限。

定义 2 设函数 $f(x)$ 当 $|x|$ 大于某一正数时有定义，A 为一个常数，若对于任意给定的 $\varepsilon > 0$，总存在正数 X，使得当 $|x| > X$ 时，函数值 $f(x)$ 满足不等式

$$|f(x) - A| < \varepsilon$$

则称常数 A 为函数 $f(x)$ 当 $x \to \infty$ 时的极限，记作

$$\lim\limits_{x \to \infty} f(x) = A \ \text{或} \ f(x) \to A (x \to \infty)$$

2. 几何意义

对给定的 $\varepsilon > 0$，作直线 $y = A - \varepsilon$ 和 $y = A + \varepsilon$，则总有一个正数 X 存在，使得当 $|x| > X$ 时，函数 $y = f(x)$ 的图形位于这两条直线之间（见图 1-21）。

定义 2 可简单地表达为：

$\lim\limits_{x \to \infty} f(x) = A \Leftrightarrow \forall \varepsilon > 0, \exists X > 0$，当 $|x| > X$ 时，有 $|f(x) - A| < \varepsilon$ 成立。

例7　证明：$\lim\limits_{x \to \infty} \dfrac{1}{x} = 0$。

证明　$\forall \varepsilon > 0$，为使 $\left| \dfrac{1}{x} - 0 \right| < \varepsilon$，只需

$\left| \dfrac{1}{x} - 0 \right| = \left| \dfrac{1}{x} \right| < \varepsilon$，即 $|x| > \dfrac{1}{\varepsilon}$ 成立，取 $X = \dfrac{1}{\varepsilon}$，

当 $|x| > X$ 时，$\left| \dfrac{1}{x} - 0 \right| < \varepsilon$ 成立，即

$$\lim_{x \to \infty} \frac{1}{x} = 0$$

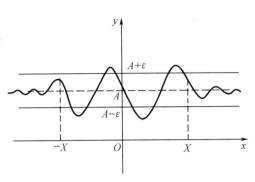

图 1-21

3. 自变量 $x \to +\infty$ 及 $x \to -\infty$ 时函数的极限

如果 $x > 0$ 且无限增大（记作 $x \to +\infty$），只

要把定义 2 中的 $|x| > X$ 改为 $x > X$，就可得 $\lim\limits_{x \to +\infty} f(x) = A$ 的定义。

如果 $x < 0$ 而 $|x|$ 无限增大（记作 $x \to -\infty$），只要把定义 2 中的 $|x| > X$ 改为 $x < -X$，就可

得 $\lim\limits_{x \to -\infty} f(x) = A$ 的定义。

根据自变量 $x \to \infty$，$x \to +\infty$ 及 $x \to -\infty$ 时函数极限的定义，容易证明：

$$\lim_{x \to \infty} f(x) = A \Leftrightarrow \lim_{x \to +\infty} f(x) = \lim_{x \to -\infty} f(x) = A$$

例8　证明：$\lim\limits_{x \to \infty} \arctan x$ 不存在。

证明　由于 $\lim\limits_{x \to -\infty} \arctan x = -\dfrac{\pi}{2}$，$\lim\limits_{x \to +\infty} \arctan x = \dfrac{\pi}{2}$，故 $\lim\limits_{x \to \infty} \arctan x$ 不存在。

三、函数极限的性质

由于函数极限的定义按自变量的变化过程不同有各种形式，因此在此我们仅以"$\lim\limits_{x \to x_0} f(x)$"

为代表给出关于函数极限性质的一些定理，其中与收敛数列性质相同的定理证明过程省略。

定理 1（唯一性）　如果 $\lim\limits_{x \to x_0} f(x)$ 存在，则其极限唯一。

定理 2（局部有界性）　如果 $\lim\limits_{x \to x_0} f(x) = A$，则存在常数 $M > 0$ 和 $\delta > 0$，当 $0 < |x - x_0| < \delta$ 时，有

$|f(x)| \leqslant M$。

定理 3（局部保号性）　如果 $\lim\limits_{x \to x_0} f(x) = A$，且 $A > 0$（或 $A < 0$），则存在常数 $\delta > 0$，当 $0 <$

$|x - x_0| < \delta$ 时，有 $f(x) > 0$（或 $f(x) < 0$）。

证明　设 $A > 0$，由于 $\lim\limits_{x \to x_0} f(x) = A$，取 $\varepsilon = \dfrac{A}{2} > 0$，则 $\exists \delta > 0$，当 $0 < |x - x_0| < \delta$ 时，有

$$|f(x) - A| < \frac{A}{2} \Rightarrow f(x) > A - \frac{A}{2} = \frac{A}{2} > 0$$

同理可证 $A<0$ 的情形。

推论 若在 x_0 的某去心邻域内有 $f(x)\geqslant0$（或 $f(x)\leqslant0$），且 $\lim\limits_{x\to x_0}f(x)=A$，则 $A\geqslant0$（或 $A\leqslant0$）。

证明 设 $f(x)\geqslant0$。用反证法，假设结论不成立，即设 $A<0$，则由定理3，存在 δ_A，当 $0<|x-x_0|<\delta_A$ 时，有 $f(x)<0$，这与题设 $f(x)\geqslant0$ 矛盾，所以 $A\geqslant0$ 成立。

$f(x)\leqslant0$ 的情形同理可证。

定理4 极限 $\lim\limits_{x\to x_0}f(x)=A$ 的充分必要条件：对任意一个以 x_0 为极限的数列 $\{x_n\}$（$x_n\neq x_0$，$n=1,2,\cdots$），其对应的函数值数列 $\{f(x_n)\}$ 的极限都存在，且都等于 A。

证明 **必要性** 因为 $\lim\limits_{x\to x_0}f(x)=A$，故 $\forall\varepsilon>0$，$\exists\delta>0$，当 $0<|x-x_0|<\delta$ 时，有

$$|f(x)-A|<\varepsilon \qquad (1-3)$$

成立。设 $\{x_n\}$ 为任一以 x_0 为极限的数列且 $x_n\neq x_0$（$n=1,2,\cdots$），则对于上述正数 δ，存在正整数 N，当 $n>N$ 时，恒有 $|x_n-x_0|<\delta$，由式（1-3）可知

$$|f(x_n)-A|<\varepsilon$$

故数列 $\{f(x_n)\}$ 以 A 为极限。

充分性 用反证法。假设当 $x\to x_0$ 时，$f(x)$ 不收敛于 A，这就是指：对于 A，总存在一个相应的正数 ε_0 和一个以 x_0 为极限的数列 $\{x_n\}$，$x_n\neq x_0$（$n=1,2,\cdots$），使得

$$|f(x_n)-A|\geqslant\varepsilon_0\ (n=1,2,\cdots)$$

而这与假设矛盾，故当 $x\to x_0$ 时，$f(x)$ 收敛于 A。

例9 证明：函数 $f(x)=\sin\dfrac{1}{x}$（$x\neq0$）在 $x\to0$ 的过程中极限不存在。

证明 考虑两个数列

$$x_n^{(1)}=\frac{1}{2n\pi}(n=1,2,\cdots)$$

$$x_n^{(2)}=\frac{1}{2n\pi+\dfrac{\pi}{2}}(n=1,2,\cdots)$$

易知这两个数列都以零为极限。此外

$$f(x_n^{(1)})=\sin 2n\pi=0(n=1,2,\cdots)$$

$$f(x_n^{(2)})=\sin\left(2n\pi+\frac{\pi}{2}\right)=1(n=1,2,\cdots)$$

故数列 $\{f(x_n^{(1)})\}$ 收敛于0，而数列 $\{f(x_n^{(2)})\}$ 收敛于1。根据定理4可知，函数 $f(x)=\sin\dfrac{1}{x}$（$x\neq0$）在 $x\to0$ 过程中极限不存在。

习 题 1－3

1. 根据函数极限的定义证明：

（1）$\lim\limits_{x \to 3}(3x-1)=8$

（2）$\lim\limits_{x \to 2}(5x+2)=12$

（3）$\lim\limits_{x \to -2}\dfrac{x^2-4}{x+2}=-4$

（4）$\lim\limits_{x \to -\frac{1}{2}}\dfrac{1-4x^2}{2x+1}=2$

2. 根据函数极限的定义证明：

（1）$\lim\limits_{x \to \infty}\dfrac{1+x^3}{2x^3}=\dfrac{1}{2}$

（2）$\lim\limits_{x \to +\infty}\dfrac{\sin x}{\sqrt{x}}=0$

3. 当 $x \to 2$ 时，$y=x^2 \to 4$。试求正数 δ，使得当 $|x-2|<\delta$ 时，$|y-4|<0.001$？

4. 设函数 $f(x)=\begin{cases} -x+1, & x \leqslant 1 \\ 2x+3, & x>1 \end{cases}$，试问 $\lim\limits_{x \to 1^+}f(x)$，$\lim\limits_{x \to 1^-}f(x)$ 及 $\lim\limits_{x \to 1}f(x)$ 是否存在？

5. 证明：函数 $f(x)=|x|$，当 $x \to 0$ 时极限为零。

6. 求函数 $f(x)=\dfrac{x}{x}$ 和 $\varphi(x)=\dfrac{|x|}{x}$ 当 $x \to 0$ 时的左、右极限，并说明它们在 $x \to 0$ 时的极限是否存在。

7. 证明：如果函数 $f(x)$ 当 $x \to x_0$ 时的极限存在，则函数 $f(x)$ 在 x_0 的某个去心邻域内有界。

8. 证明：若 $x \to +\infty$ 及 $x \to -\infty$ 时，函数 $f(x)$ 的极限都存在且都等于 A，则 $\lim\limits_{x \to \infty}f(x)=A$。

9. 证明：极限 $\lim\limits_{x \to \infty}\cos x$ 不存在。

第四节　无穷小与无穷大

一、无穷小

1. 无穷小的定义

如果函数 $y=f(x)$ 当 $x \to x_0$（或 $x \to \infty$）时以零为极限，则称函数 $f(x)$ 是 $x \to x_0$（$x \to \infty$）时的无穷小。

定义 1　设函数 $f(x)$ 在 x_0 的某一去心邻域内有定义（或 $|x|$ 大于某一正数时有定义），若对于 $\forall \varepsilon>0$，$\exists \delta>0$（或 $X>0$）使得对于适合 $0<|x-x_0|<\delta$（或 $|x|>X$）的一切 x 所对应的函数值 $f(x)$ 都满足不等式

$$|f(x)|<\varepsilon$$

则称函数 $f(x)$ 当 $x \to x_0$（或 $x \to \infty$）时为无穷小。

关于无穷小定义的几点说明：

（1）不能把无穷小与很小的数混为一谈。因为无穷小是在 $x \to x_0$（或 $x \to \infty$）的过程中，绝对值小于任意小的正数 ε 的函数，但零是可以作为无穷小的唯一常数。

（2）说函数 $f(x)$ 为无穷小时一定要讲明是自变量 x 何种变化过程时的无穷小。

例如，因为 $\lim\limits_{x \to 1}(x-1) = 0$，所以函数 $x-1$ 为当 $x \to 1$ 时的无穷小。因为 $\lim\limits_{x \to \infty}\dfrac{1}{x} = 0$，所以函数 $\dfrac{1}{x}$ 为当 $x \to \infty$ 时的无穷小。

2. 无穷小的性质

定理1 在自变量的同一变化过程 $x \to x_0$（或 $x \to \infty$）中，函数 $f(x)$ 以常数 A 为极限的充分必要条件是函数 $f(x) = A + \alpha$，其中 α 是 $x \to x_0$（或 $x \to \infty$）时的无穷小。

证明 必要性 设 $\lim\limits_{x \to x_0}f(x) = A$，则 $\forall \varepsilon > 0$，$\exists \delta > 0$，使得当 $0 < |x - x_0| < \delta$ 时，有 $|f(x) - A| < \varepsilon$。

令 $\alpha = f(x) - A$，则 α 是 $x \to x_0$ 时的无穷小，且
$$f(x) = A + \alpha$$

充分性 设 $f(x) = A + \alpha$，其中 A 是常数，α 是 $x \to x_0$ 时的无穷小，于是
$$|f(x) - A| = |\alpha|$$

因为 α 是 $x \to x_0$ 时的无穷小，所以 $\lim\limits_{x \to x_0}\alpha = 0$，则 $\forall \varepsilon > 0$，$\exists \delta > 0$，使得当 $0 < |x - x_0| < \delta$ 时，有
$$|\alpha| < \varepsilon$$
即
$$|f(x) - A| < \varepsilon$$
则
$$\lim\limits_{x \to x_0}f(x) = A$$

类似地，可以证明 $x \to \infty$ 时的情况。

在下面定理的证明中，只考虑 $x \to x_0$ 时，函数为无穷小的情形。至于 $x \to \infty$ 等其他情形，证明方法类似。

定理2 有限个无穷小的和（代数和）仍为无穷小。

证明 设 $\alpha_1, \alpha_2, \cdots, \alpha_k$ 是当 $x \to x_0$ 时的无穷小，$\gamma = \alpha_1 + \alpha_2 + \cdots + \alpha_k$。

$\forall \varepsilon > 0$，$\exists \delta_i > 0 (i = 1, 2, \cdots, k)$，使得当 $0 < |x - x_0| < \delta_i (i = 1, 2, \cdots, k)$ 时，有
$$|\alpha_i| < \frac{\varepsilon}{k}(i = 1, 2, \cdots, k)$$
成立。

取 $\delta = \min\limits_{1 \leqslant i \leqslant k}\{\delta_i\}$，则当 $0 < |x - x_0| < \delta$ 时，有
$$|\alpha_i| < \frac{\varepsilon}{k}$$

对所有的 $i = 1, 2, \cdots, k$ 都成立，从而
$$|\gamma| = |\alpha_1 + \alpha_2 + \cdots + \alpha_k| \leqslant |\alpha_1| + |\alpha_2| + \cdots + |\alpha_k| < \frac{\varepsilon}{k} + \frac{\varepsilon}{k} + \cdots + \frac{\varepsilon}{k} = \varepsilon$$

这就证明了 γ 也是当 $x \to x_0$ 时的无穷小。

定理 3　有界函数与无穷小的乘积仍为无穷小。

证明　设函数 $f(x)$ 在 x_0 某一去心邻域 $\overset{\circ}{U}(x_0, \delta_1)$ 内有界，即存在 $M > 0$，使得只要 $x \in \overset{\circ}{U}(x_0, \delta_1)$，就有 $|f(x)| \le M$。设 α 为 $x \to x_0$ 时的无穷小，即 $\lim\limits_{x \to x_0} \alpha = 0$，也就是 $\forall \varepsilon > 0, \exists \delta_2 > 0$，当 $0 < |x - x_0| < \delta_2$ 时，有 $|\alpha| < \dfrac{\varepsilon}{M}$，取 $\delta = \min\{\delta_1, \delta_2\}$，当 $0 < |x - x_0| < \delta$ 时，就有

$$|f(x) \cdot \alpha| = |f(x)| \cdot |\alpha| < M \cdot \frac{\varepsilon}{M} = \varepsilon$$

推论 1　常数与无穷小的乘积仍为无穷小。

推论 2　有限个无穷小的乘积仍为无穷小。

例 1　求 $\lim\limits_{x \to 0}(\mathrm{e}^{-\frac{1}{x^2}}\cos x + \sqrt{x\sin x})$。

解　当 $x \to 0$ 时，$\mathrm{e}^{-\frac{1}{x^2}}, \sqrt{x}, \sqrt{\sin x}$ 均为无穷小，且 $\cos x$ 为有界函数，所以得

$$\lim_{x \to 0}(\mathrm{e}^{-\frac{1}{x^2}}\cos x + \sqrt{x\sin x}) = 0$$

二、无穷大

1. 无穷大的定义

如果当 $x \to x_0$（或 $x \to \infty$）时，对应函数值的绝对值 $|f(x)|$ 无限增大，则称函数 $f(x)$ 为当 $x \to x_0$（或 $x \to \infty$）时的无穷大。

定义 2　设函数 $f(x)$ 在 x_0 的某一去心邻域内有定义（或 $|x|$ 大于某一正数时有定义），若对任意给定充分大的正数 M，$\exists \delta > 0$（或 $X > 0$），使得对于适合不等式 $0 < |x - x_0| < \delta$（或 $|x| > X$）的一切 x 所对应的函数值 $f(x)$ 都满足不等式

$$|f(x)| > M$$

则称函数 $f(x)$ 为当 $x \to x_0$（或 $x \to \infty$）时的无穷大。

关于无穷大的几点说明：

(1) 当 $x \to x_0$（或 $x \to \infty$）时的无穷大的函数 $f(x)$，按函数极限的定义来说，极限是不存在的。但为了便于描述函数的这一趋向，也说"函数的极限是无穷大"，记作

$$\lim_{x \to x_0} f(x) = \infty \quad (\text{或} \lim_{x \to \infty} f(x) = \infty)$$

(2) 将定义中的 $|f(x)| > M$ 具体变为 $f(x) > M$（或 $f(x) < -M$），记作

$$\lim_{\substack{x \to x_0 \\ (x \to \infty)}} f(x) = +\infty \quad (\text{或} \lim_{\substack{x \to x_0 \\ (x \to \infty)}} f(x) = -\infty)$$

(3) 无穷大（∞）不是数，不可与很大的数混为一谈。

(4) 当 $x \to x_0$（或 $x \to \infty$）时的无穷大必为同一过程中的无界函数，但反过来未必成立。

例 2 证明：$\lim\limits_{x \to +\infty} \dfrac{2x^3 - 5x + 1}{5x^2 - 4x - 4} = \infty$。

证明 由于当 $x > 100$ 时，总有 $\left| \dfrac{2x^3 - 5x + 1}{5x^2 - 4x - 4} \right| \geqslant \dfrac{x^3}{6x^2} = \dfrac{x}{6}$ 成立，故为使 $\left| \dfrac{2x^3 - 5x + 1}{5x^2 - 4x - 4} \right| > M$ 成

立，只需 $\dfrac{x}{6} > M$，即 $x > 6M$，取 $X = \max\{100, 6M\}$。

综上，$\forall M > 0$，$\exists X = \max\{100, 6M\}$，当 $x > X$ 时，有 $\left| \dfrac{2x^3 - 5x + 1}{5x^2 - 4x - 4} \right| > M$ 成立，即

$$\lim_{x \to +\infty} \dfrac{2x^3 - 5x + 1}{5x^2 - 4x - 4} = \infty$$

2. 无穷大的性质

定理 4 函数 $f(x)$ 在 $x \to x_0$ 过程中为无穷大的充分必要条件是：对于任意一个以 x_0 为极限的数列 $\{x_n\}$（$x_n \neq x_0$，$n = 1, 2, \cdots$），对应的函数值所构成的数列 $\{f(x_n)\}$ 均为无穷大数列。

此定理的证明留给读者作为练习。

例 3 证明：函数 $f(x) = \dfrac{1}{x}\sin\dfrac{1}{x}$ 在区间 $(0, 1]$ 上无界，但当 $x \to 0^+$ 时，这函数不是无穷大。

证明 $\forall M > 0$，在区间 $(0, 1]$ 内可找到点 x_0，使 $f(x_0) > M$，例如取

$$x_0 = \dfrac{1}{2k\pi + \dfrac{\pi}{2}}; \; k = 0, 1, 2, \cdots$$

则

$$f(x_0) = 2k\pi + \dfrac{\pi}{2}$$

当 k 充分大时，有 $f(x_0) > M$，故函数 $f(x) = \dfrac{1}{x}\sin\dfrac{1}{x}$ 在区间 $(0, 1]$ 上无界。

取数列

$$x_k = \dfrac{1}{2k\pi}; \; k = 1, 2, \cdots$$

显然满足 $\lim\limits_{k \to \infty} x_k = 0$，则对应的函数值数列为

$$f(x_k) = 2k\pi\sin(2k\pi) = 0; \; k = 1, 2, \cdots$$

且 $\lim\limits_{k \to \infty} f(x_k) = 0$，故由定理 4 可知当 $x \to 0^+$ 时，函数 $f(x) = \dfrac{1}{x}\sin\dfrac{1}{x}$ 不是无穷大。

定理 5 在自变量的同一变化过程中，如果 $f(x)$ 为无穷大，则 $\dfrac{1}{f(x)}$ 为无穷小；反之，如果 $f(x)$ 为无穷小，且 $f(x) \neq 0$，则 $\dfrac{1}{f(x)}$ 为无穷大。

证明 设 $\lim\limits_{x \to x_0} f(x) = \infty$，$\forall \varepsilon > 0$，根据无穷大定义，对于 $M = \dfrac{1}{\varepsilon}$，$\exists \delta > 0$，当 $0 < |x - x_0| < \delta$

时,有

$$|f(x)| > M = \frac{1}{\varepsilon}$$

即

$$\left|\frac{1}{f(x)}\right| < \varepsilon$$

所以 $\frac{1}{f(x)}$ 为当 $x \to x_0$ 时的无穷小。

类似地,可以证明 $x \to \infty$ 时的情形。

定理的后半部分请读者自行证明。

习 题 1-4

1. 根据定义证明:

(1) $y = \dfrac{x^2 - 9}{x + 3}$ 为当 $x \to 3$ 时的无穷小;

(2) $y = x\sin\dfrac{1}{x}$ 为当 $x \to 0$ 时的无穷小。

2. 用定义证明下列各式:

(1) $\lim\limits_{n \to \infty} 3^n = +\infty$　　　　　　　　(2) $\lim\limits_{n \to +\infty}(2n + 1) = +\infty$

(3) $\lim\limits_{x \to 0}\dfrac{1 + x^2}{x} = \infty$

3. 根据定义证明:函数 $y = \dfrac{1 + 2x}{x}$ 为当 $x \to 0$ 时的无穷大。问 x 应满足什么条件,能使 $|y| > 10^4$?

4. 函数 $y = x\cos x$ 在区间 $(-\infty, +\infty)$ 内是否有界? 当 $x \to +\infty$ 时,这个函数是否为无穷大,为什么?

第五节　极限的四则运算

已经熟知了关于极限的定义,这一节讨论有关极限的求法,主要是建立极限的四则运算法则和复合函数极限的运算法则。

不论是数列的极限,还是函数的极限;不论是 $x \to x_0$ 时的极限,还是 $x \to \infty$ 时的极限,在下面讨论中都以"lim"表示。当然,在同一问题中,记号"lim"应表示同一种类型的极限。

定理 1　如果 $\lim f(x) = A$,$\lim g(x) = B$,则:

(1) $\lim[f(x) \pm g(x)] = \lim f(x) \pm \lim g(x) = A \pm B$;　　　　　　　　(1-4)

(2) $\lim[f(x) \cdot g(x)] = \lim f(x) \cdot \lim g(x) = AB$;　　　　　　　　(1-5)

(3) 若 $B \neq 0$,则 $\lim\dfrac{f(x)}{g(x)} = \dfrac{\lim f(x)}{\lim g(x)} = \dfrac{A}{B}$。　　　　　　　　(1-6)

证明　因 $\lim f(x) = A, \lim g(x) = B$，则
$$f(x) = A + \alpha, g(x) = B + \beta$$
其中 α 及 β 为无穷小。于是：

（1）$f(x) \pm g(x) = (A + \alpha) \pm (B + \beta) = (A \pm B) + (\alpha \pm \beta)$，而 $\alpha \pm \beta$ 是无穷小，故
$$\lim[f(x) \pm g(x)] = A \pm B = \lim f(x) \pm \lim g(x)$$

（2）请读者自己证明。

（3）$\dfrac{f(x)}{g(x)} = \dfrac{A + \alpha}{B + \beta} = \dfrac{A}{B} + \dfrac{A + \alpha}{B + \beta} - \dfrac{A}{B} = \dfrac{A}{B} + \dfrac{1}{B(B + \beta)}(B\alpha - A\beta)$，其中 $\dfrac{1}{B(B + \beta)}$ 为有界函数，

而 $B\alpha - A\beta$ 为无穷小，故 $\dfrac{1}{B(B + \beta)}(B\alpha - A\beta)$ 为无穷小，所以
$$\lim \frac{f(x)}{g(x)} = \frac{A}{B} = \frac{\lim f(x)}{\lim g(x)}$$

定理 1 中的式（1-4）、式（1-5）可推广到有限个函数的情形，即如果 $\lim f_1(x)$，$\lim f_2(x), \cdots, \lim f_k(x)$ 都存在，则
$$\lim[f_1(x) \pm f_2(x) \pm \cdots \pm f_k(x)] = \lim f_1(x) \pm \lim f_2(x) \pm \cdots \pm \lim f_k(x)$$
$$\lim[f_1(x)f_2(x)\cdots f_k(x)] = \lim f_1(x)\lim f_2(x)\cdots \lim f_k(x)$$

定理 1 中的式（1-5），有如下推论：

推论 1　若 $\lim f(x)$ 存在，c 为常数，则
$$\lim[cf(x)] = c\lim f(x)$$

推论 2　若 $\lim f(x)$ 存在，n 为正整数，则
$$\lim[f(x)]^n = [\lim f(x)]^n$$

定理 2　设 $\varphi(x)$ 与 $\phi(x)$ 为两个函数，且 $\varphi(x) \leqslant \phi(x)$。若 $\lim \varphi(x) = A, \lim \phi(x) = B$，则 $A \leqslant B$。

证明　令 $f(x) = \varphi(x) - \phi(x)$，则 $f(x) \leqslant 0$，有
$$\lim f(x) = \lim[\varphi(x) - \phi(x)] = \lim \varphi(x) - \lim \phi(x) = A - B$$
由 $f(x) \leqslant 0$，故 $\lim f(x) = A - B \leqslant 0$，即 $A \leqslant B$。

例 1　设多项式 $P(x) = a_0 x^n + a_1 x^{n-1} + \cdots + a_{n-1}x + a_n$，求 $\lim\limits_{x \to x_0} P(x)$。

解
$$\lim_{x \to x_0} P(x) = \lim_{x \to x_0}(a_0 x^n) + \lim_{x \to x_0}(a_1 x^{n-1}) + \cdots + \lim_{x \to x_0}(a_{n-1}x) + \lim_{x \to x_0} a_n$$
$$= a_0 \lim_{x \to x_0}(x^n) + a_1 \lim_{x \to x_0}(x^{n-1}) + \cdots + a_{n-1}\lim_{x \to x_0} x + \lim_{x \to x_0} a_n$$
$$= a_0 (\lim_{x \to x_0} x)^n + a_1 (\lim_{x \to x_0} x)^{n-1} + \cdots + a_n$$
$$= a_0 x_0^n + a_1 x_0^{n-1} + \cdots + a_n = P(x_0)$$

例2 求 $\lim\limits_{x \to 2} \dfrac{x^3 - 1}{x^2 - 5x + 3}$。

解 $\lim\limits_{x \to 2} \dfrac{x^3 - 1}{x^2 - 5x + 3} = \dfrac{\lim\limits_{x \to 2}(x^3 - 1)}{\lim\limits_{x \to 2}(x^2 - 5x + 3)}$

$= \dfrac{\lim\limits_{x \to 2} x^3 - \lim\limits_{x \to 2} 1}{\lim\limits_{x \to 2} x^2 - 5\lim\limits_{x \to 2} x + \lim\limits_{x \to 2} 3} = \dfrac{(\lim\limits_{x \to 2} x)^3 - 1}{(\lim\limits_{x \to 2} x)^2 - 5 \cdot 2 + 3}$

$= \dfrac{2^3 - 1}{2^2 - 10 + 3} = -\dfrac{7}{3}$。

例3 求 $\lim\limits_{x \to 2} \dfrac{x - 2}{x^2 - 4}$。

解 $\lim\limits_{x \to 2} \dfrac{x - 2}{x^2 - 4} = \lim\limits_{x \to 2} \dfrac{1}{x + 2} = \dfrac{1}{4}$。

例4 求 $\lim\limits_{x \to 1} \dfrac{2x - 3}{x^2 - 5x + 4}$。

解 由于 $\lim\limits_{x \to 1} \dfrac{x^2 - 5x + 4}{2x - 3} = 0$，所以 $\lim\limits_{x \to 1} \dfrac{2x - 3}{x^2 - 5x + 4} = \infty$。

由例2、例3及例4可得计算有理分式函数极限的一般规律如下：

设有理分式函数 $F(x) = \dfrac{P(x)}{Q(x)}$，其中 $P(x), Q(x)$ 都是多项式，于是：

当 $Q(x_0) \neq 0$ 时，$\lim\limits_{x \to x_0} \dfrac{P(x)}{Q(x)} = \dfrac{P(x_0)}{Q(x_0)}$；

当 $Q(x_0) = 0$ 且 $P(x_0) \neq 0$ 时，$\lim\limits_{x \to x_0} \dfrac{P(x)}{Q(x)} = \infty$；

当 $Q(x_0) = P(x_0) = 0$ 时，先约掉分子分母的公因式。

例5 求 $\lim\limits_{x \to 0} \dfrac{x}{\sqrt{x + 4} - 2}$。

解 分母有理化，原式 $= \lim\limits_{x \to 0} \dfrac{x(\sqrt{x + 4} + 2)}{x + 4 - 4} = \sqrt{4} + 2 = 4$。

例6 求 $\lim\limits_{x \to \infty} \dfrac{3x^2 + x - 7}{2x^2 - x + 4}$。

解 $\lim\limits_{x \to \infty} \dfrac{3x^2 + x - 7}{2x^2 - x + 4} = \lim\limits_{x \to \infty} \dfrac{3 + \dfrac{1}{x} - \dfrac{7}{x^2}}{2 - \dfrac{1}{x} + \dfrac{4}{x^2}} = \dfrac{3}{2}$。

根据例6，给出一类更一般情形的极限：即当 $a_0 \neq 0, b_0 \neq 0, m$ 和 n 为非负整数时，有

$$\lim_{x \to \infty} \frac{a_0 x^m + a_1 x^{m-1} + \cdots + a_m}{b_0 x^n + b_1 x^{n-1} + \cdots + b_n} = \begin{cases} \dfrac{a_0}{b_0}, & n = m \\ 0, & n > m \\ \infty, & n < m \end{cases}$$

例 7 求 $\lim\limits_{x \to \infty} \dfrac{\sin x}{x}$。

解 由于 $\dfrac{1}{x}$ 为当 $x \to \infty$ 时的无穷小，而 $\sin x$ 是有界函数，所以

$$\lim_{x \to \infty} \frac{\sin x}{x} = 0$$

定理 3（复合函数的极限运算法则） 设函数 $y = f[\varphi(x)]$ 是由 $y = f(u)$ 和 $u = \varphi(x)$ 复合而成，$f[\varphi(x)]$ 在 $\mathring{U}(x_0)$ 内有定义，且 $\lim\limits_{x \to x_0} \varphi(x) = a$，但在点 x_0 的某去心邻域内 $\varphi(x) \neq a$，$\lim\limits_{u \to a} f(u) = A$，则复合函数 $y = f[\varphi(x)]$ 当 $x \to x_0$ 时的极限也存在，且

$$\lim_{x \to x_0} f[\varphi(x)] = \lim_{u \to a} f(u) = A$$

此定理的证明留给读者作为练习。

关于定理 3 的说明：

（1）把定理中的 $\lim\limits_{x \to x_0} \varphi(x) = a$ 换成 $\lim\limits_{x \to x_0} \varphi(x) = \infty$ 或 $\lim\limits_{x \to \infty} \varphi(x) = \infty$，而把 $\lim\limits_{u \to a} f(u) = A$ 换成 $\lim\limits_{u \to \infty} f(u) = A$，可得类似的定理。

（2）如果函数 $\varphi(x)$ 和 $f(u)$ 满足该定理的条件，作代换 $u = \varphi(x)$ 可把求 $\lim\limits_{x \to x_0} f[\varphi(x)]$ 化为求 $\lim\limits_{u \to a} f(u)$，这里 $\lim\limits_{x \to x_0} \varphi(x) = a$。

例 8 求 $\lim\limits_{x \to 0} 2^{\sin x}$。

解 函数 $y = 2^{\sin x}$ 由 $y = 2^u$ 及 $u = \sin x$ 复合而成，且 $\lim\limits_{x \to 0} \sin x = 0$，$\lim\limits_{u \to 0} 2^u = 1$，又 $\exists \delta < \pi$，当 $0 < |x| < \delta$ 时，$\sin x \neq 0$，故由定理 3 可得

$$\lim_{x \to 0} 2^{\sin x} = \lim_{u \to 0} 2^u = 1$$

习 题 1-5

1. 计算下列极限：

（1）$\lim\limits_{x \to 2} \dfrac{x^2 + 5}{x - 3}$

（2）$\lim\limits_{x \to \sqrt{3}} \dfrac{x^2 - 3}{x^2 + 1}$

（3）$\lim\limits_{x \to 1} \dfrac{x^2 - 2x + 1}{x^2 - 1}$

（4）$\lim\limits_{x \to 0} \dfrac{\sqrt{1 + x} - \sqrt{1 - x}}{2x}$

$(5)\lim\limits_{h\to0}\dfrac{(x+h)^2-x^2}{h}$

$(6)\lim\limits_{x\to\infty}\left(2-\dfrac{1}{x}+\dfrac{1}{x^2}\right)$

$(7)\lim\limits_{x\to\infty}\dfrac{x^2-1}{2x^2-x-1}$

$(8)\lim\limits_{x\to\infty}\dfrac{x^2+x}{x^4-3x^2+1}$

$(9)\lim\limits_{x\to4}\dfrac{x^2-6x+8}{x^2-5x+4}$

$(10)\lim\limits_{x\to\infty}\left(1+\dfrac{1}{x}\right)\left(2-\dfrac{1}{x^2}\right)$

$(11)\lim\limits_{n\to\infty}\left(1+\dfrac{1}{2}+\dfrac{1}{4}+\cdots+\dfrac{1}{2^n}\right)$

$(12)\lim\limits_{n\to\infty}\dfrac{1+2+3+\cdots+(n-1)}{n^2}$

$(13)\lim\limits_{n\to\infty}\dfrac{(n+1)(n+2)(n+3)}{5n^3}$

$(14)\lim\limits_{x\to1}\left(\dfrac{1}{1-x}-\dfrac{3}{1-x^3}\right)$

2. 计算下列极限：

$(1)\lim\limits_{x\to2}\dfrac{x^3+2x^2}{(x-2)^2}$

$(2)\lim\limits_{x\to\infty}\dfrac{x^2}{2x+1}$

$(3)\lim\limits_{x\to\infty}(2x^3-x+1)$

$(4)\lim\limits_{x\to+\infty}\dfrac{\sqrt{1+\sqrt{x}}}{\sqrt{x+2}}$

$(5)\lim\limits_{n\to\infty}\dfrac{2^n-5^n}{3^n+5^n}$

3. 计算下列极限：

$(1)\lim\limits_{x\to0}\left(x^2\sin\dfrac{1}{x}\right)$

$(2)\lim\limits_{x\to\infty}\dfrac{\arctan x}{x}$

$(3)\lim\limits_{x\to\infty}\dfrac{x\arctan(x+1)}{3x^2+x+1}$

第六节　极限存在准则和两个重要极限

我们在给出极限的定义、性质和四则运算法则之后,在本节向读者介绍极限存在的准则及两个重要极限。

一、极限存在的准则 I（夹逼准则）

1. 准则 I

设$\{x_n\}$,$\{y_n\}$,$\{z_n\}$为三个数列$(n=1,2,3,\cdots)$,如果满足下列条件:

（1）存在$N_0\in\mathbf{N}^+$,使得当$n>N_0$时,有$y_n\leqslant x_n\leqslant z_n$;

（2）$\lim\limits_{n\to\infty}y_n=\lim\limits_{n\to\infty}z_n=a$。

则数列$\{x_n\}$的极限存在,且$\lim\limits_{n\to\infty}x_n=a$。

证明 由条件(2)知，$\forall \varepsilon > 0$，$\exists N_1, N_2 \in \mathbf{N}^+$，使得当 $n > N_1$ 时，$|y_n - a| < \varepsilon$；当 $n > N_2$ 时，$|z_n - a| < \varepsilon$。

取 $N = \max\{N_1, N_2, N_0\}$，则当 $n > N$ 时，有

$$y_n \leqslant x_n \leqslant z_n, \ |y_n - a| < \varepsilon, \ |z_n - a| < \varepsilon$$

同时成立。所以有

$$a - \varepsilon < y_n \leqslant x_n \leqslant z_n < a + \varepsilon$$

从而当 $n > N$ 时，有 $|x_n - a| < \varepsilon$ 成立，即

$$\lim_{n \to \infty} x_n = a$$

上述数列极限存在准则可以推广到函数极限的情形。

准则 I′ 设 $f(x), g(x), h(x)$ 为三个函数，如果满足下列条件：

(1) 当 $x \in \overset{\circ}{U}(x_0, \delta)$（或 $|x| > M$）时，$g(x) \leqslant f(x) \leqslant h(x)$；

(2) $\lim\limits_{\substack{x \to x_0 \\ (x \to \infty)}} g(x) = A$，$\lim\limits_{\substack{x \to x_0 \\ (x \to \infty)}} h(x) = A$。

那么 $\lim\limits_{\substack{x \to x_0 \\ (x \to \infty)}} f(x) = A$。

例1 求极限 $\lim\limits_{n \to \infty} \left(\dfrac{1}{\sqrt{n^2 + 1}} + \dfrac{1}{\sqrt{n^2 + 2}} + \cdots + \dfrac{1}{\sqrt{n^2 + n}} \right)$。

解 令
$$x_n = \frac{1}{\sqrt{n^2 + 1}} + \frac{1}{\sqrt{n^2 + 2}} + \cdots + \frac{1}{\sqrt{n^2 + n}}$$

则
$$\frac{n}{\sqrt{n^2 + n}} \leqslant x_n \leqslant \frac{n}{\sqrt{n^2 + 1}}$$

而
$$\lim_{n \to \infty} \frac{n}{\sqrt{n^2 + n}} = 1, \ \lim_{n \to \infty} \frac{n}{\sqrt{n^2 + 1}} = 1$$

由夹逼准则知

$$\lim_{n \to \infty} \left(\frac{1}{\sqrt{n^2 + 1}} + \frac{1}{\sqrt{n^2 + 2}} + \cdots + \frac{1}{\sqrt{n^2 + n}} \right) = 1$$

2. 第一个重要极限

$$\lim_{x \to 0} \frac{\sin x}{x} = 1$$

首先注意到，函数 $f(x) = \dfrac{\sin x}{x}$ 对于一切 $x \neq 0$ 都有定义。

在图 1-22 所示的单位圆中，设圆心角 $\angle AOB = x \left(0 < x < \dfrac{\pi}{2} \right)$，点 A 处的切线与 OB 的延长线相交于 D，又 $BC \perp OA$，则

$$\sin x = BC, \; x = \overset{\frown}{AB}, \; \tan x = AD$$

因为 $\triangle AOB$ 的面积 $<$ 扇形 AOB 的面积 $<\triangle AOD$ 的面积,
所以

$$\frac{1}{2}\sin x < \frac{1}{2}x < \frac{1}{2}\tan x$$

即

$$\sin x < x < \tan x$$

不等号各边都除以 $\sin x$,就有

$$1 < \frac{x}{\sin x} < \frac{1}{\cos x}$$

或

$$\cos x < \frac{\sin x}{x} < 1$$

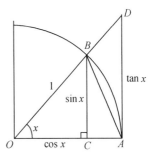

图 1 – 22

因为当用 $-x$ 代替 x 时,$\cos x$ 与 $\dfrac{\sin x}{x}$ 都不变,所以上面的不等式对于开区间 $\left(-\dfrac{\pi}{2}, 0\right)$ 内的

一切 x 也成立。

由于 $\lim\limits_{x\to 0}\cos x = 1$,故由准则 I′ 知

$$\lim_{x\to 0}\frac{\sin x}{x} = 1$$

例 2 求 $\lim\limits_{x\to 1}\dfrac{1-x}{\cos\dfrac{\pi x}{2}}$。

解 设 $y = 1 - x$,则

$$原式 = \lim_{y\to 0}\frac{y}{\cos\dfrac{\pi}{2}(1-y)} = \lim_{y\to 0}\frac{y}{\sin\dfrac{\pi}{2}y} = \frac{2}{\pi}\lim_{y\to 0}\frac{\dfrac{\pi}{2}y}{\sin\dfrac{\pi}{2}y} = \frac{2}{\pi}$$

例 3 求 $\lim\limits_{x\to 0}\dfrac{\tan x}{x}$。

解

$$\lim_{x\to 0}\frac{\tan x}{x} = \lim_{x\to 0}\left(\frac{\sin x}{x}\cdot\frac{1}{\cos x}\right) = 1$$

二、极限存在的准则 Ⅱ(单调有界原理)

1. 准则 Ⅱ

单调有界数列必有极限,即设 $\{x_n\}$ 为一数列,且满足:

(1) 存在 $N_0 \in \mathbf{N}^+$,使得当 $n > N_0$ 时,有 $x_n \leqslant (\geqslant) x_{n+1}$(单调);

(2) $|x_n| \leqslant M$($n = 1, 2, \cdots$)(有界)。

则 $\{x_n\}$ 收敛。

此准则的证明略。

2. 第二个重要极限

应用准则Ⅱ，讨论另一个重要极限：

$$\lim_{x \to \infty}\left(1 + \frac{1}{x}\right)^x$$

首先讨论数列 $x_n = \left(1 + \frac{1}{n}\right)^n$ 当 $n \to \infty$ 时的极限，根据二项式展开定理知

$$x_n = \left(1 + \frac{1}{n}\right)^n = 1 + \frac{n}{1!}\frac{1}{n} + \frac{n(n-1)}{2!}\left(\frac{1}{n}\right)^2 + \frac{n(n-1)(n-2)}{3!}\frac{1}{n^3} + \cdots +$$

$$\frac{n(n-1)\cdots(n-n+1)}{n!}\frac{1}{n^n}$$

$$= 1 + 1 + \frac{1}{2!}\left(1 - \frac{1}{n}\right) + \frac{1}{3!}\left(1 - \frac{1}{n}\right)\left(1 - \frac{2}{n}\right) + \cdots +$$

$$\frac{1}{n!}\left(1 - \frac{1}{n}\right)\left(1 - \frac{2}{n}\right)\cdots\left(1 - \frac{n-1}{n}\right)$$

类似地，有

$$x_{n+1} = \left(1 + \frac{1}{n+1}\right)^{n+1} = 1 + 1 + \frac{1}{2!}\left(1 - \frac{1}{n+1}\right) + \frac{1}{3!}\left(1 - \frac{1}{n+1}\right)\left(1 - \frac{2}{n+1}\right) + \cdots +$$

$$\frac{1}{n!}\left(1 - \frac{1}{n+1}\right)\left(1 - \frac{2}{n+1}\right)\cdots\left(1 - \frac{n-1}{n+1}\right) + \frac{1}{(n+1)!}\left(1 - \frac{1}{n+1}\right)\left(1 - \frac{2}{n+1}\right)\cdots$$

$$\left(1 - \frac{n}{n+1}\right)$$

比较 x_n 与 x_{n+1} 的展开式，可以看出，除前两项外，x_n 的每一项都小于 x_{n+1} 的对应项，并且 x_{n+1} 还多了最后一项，其值大于 0，所以数列 $\{x_n\}$ 是单调增加的。

又由于

$$x_n = 1 + 1 + \frac{1}{2!}\left(1 - \frac{1}{n}\right) + \frac{1}{3!}\left(1 - \frac{1}{n}\right)\left(1 - \frac{2}{n}\right) + \cdots + \frac{1}{n!}\left(1 - \frac{1}{n}\right)\left(1 - \frac{2}{n}\right)\cdots\left(1 - \frac{n-1}{n}\right)$$

$$< 1 + 1 + \frac{1}{2!} + \frac{1}{3!} + \cdots + \frac{1}{n!} < 1 + 1 + \frac{1}{2} + \frac{1}{2^2} + \cdots + \frac{1}{2^{n-1}}$$

$$= 1 + \frac{1 - \frac{1}{2^n}}{1 - \frac{1}{2}} = 3 - \frac{1}{2^{n-1}} < 3$$

所以数列 $\{x_n\}$ 是有界的。根据准则Ⅱ知数列 $\{x_n\}$ 极限存在，通常用字母 e 表示，即

$$\lim_{n \to \infty}\left(1 + \frac{1}{n}\right)^n = e$$

e 是无理数,它的值是 e = 2.718 281 828 459 045…

可以证明,当 x 取实数时,有

$$\lim_{x \to \infty} \left(1 + \frac{1}{x}\right)^x = e$$

若令 $z = \frac{1}{x}$,当 $x \to \infty$ 时,$z \to 0$,又有 $\lim_{z \to 0}(1 + z)^{\frac{1}{z}} = e$。

例 4 求 $\lim_{x \to \infty}\left(1 + \frac{1}{x}\right)^{2x}$。

解 原式 $= \lim_{x \to \infty}\left(1 + \frac{1}{x}\right)^x \cdot \lim_{x \to \infty}\left(1 + \frac{1}{x}\right)^x = e^2$。

例 5 求 $\lim_{x \to 0}(1 + 2x)^{\frac{1}{x}}$。

解 原式 $= \lim_{x \to 0}(1 + 2x)^{\frac{1}{2x} \cdot 2} = (\lim_{x \to 0}(1 + 2x)^{\frac{1}{2x}})^2 = e^2$。

例 6 求 $\lim_{x \to \infty}\left(\frac{2x + 3}{2x + 1}\right)^{x+1}$。

解 　　　　　原式 $= \lim_{x \to \infty}\left(\frac{2x + 1 + 2}{2x + 1}\right)^{x+1} = \lim_{x \to \infty}\left(1 + \frac{2}{2x + 1}\right)^{x+1}$

令 $y = \frac{2}{2x + 1}$,当 $x \to \infty$ 时,有 $y \to 0$,$x + 1 = \frac{1}{y} + \frac{1}{2}$,则

$$原式 = \lim_{y \to 0}(1 + y)^{\frac{1}{y}} \cdot \lim_{y \to 0}(1 + y)^{\frac{1}{2}} = e$$

三、柯西(Cauchy)极限存在准则

定理 1(柯西收敛准则) 数列 $\{x_n\}$ 收敛的充分必要条件是对于任意给定的 $\varepsilon > 0$,总存在自然数 N,当 $n > N$ 及 $m > N$ 时,恒有

$$|x_n - x_m| < \varepsilon$$

证明略。

例 7 证明:数列 $x_n = 1 + \frac{1}{2^2} + \frac{1}{3^2} + \cdots + \frac{1}{n^2}(n = 1, 2, \cdots)$ 是收敛的。

证明 不妨设 $n > m$,则有

$$|x_n - x_m| = \frac{1}{(m+1)^2} + \frac{1}{(m+2)^2} + \cdots + \frac{1}{n^2} \leqslant \frac{1}{m(m+1)} + \cdots + \frac{1}{(n-1)n} = \frac{1}{m} - \frac{1}{n} < \frac{1}{m}$$

$\forall \varepsilon > 0$,取 $N = \left[\frac{1}{\varepsilon}\right]$,则对一切 $n > m > N$ 有

$$|x_n - x_m| < \varepsilon$$

由柯西收敛准则,此数列收敛。

习 题 1 - 6

1. 计算下列极限：

$(1) \lim\limits_{x \to 0} \dfrac{\sin \omega x}{x}$

$(2) \lim\limits_{x \to 0} \dfrac{\tan 3x}{x}$

$(3) \lim\limits_{x \to 0} \dfrac{\sin 2x}{\sin 5x}$

$(4) \lim\limits_{x \to 0} x(\cot x)$

$(5) \lim\limits_{x \to 0} \dfrac{1 - \cos 2x}{x \sin x}$

$(6) \lim\limits_{n \to \infty} \left(2^n \sin \dfrac{x}{2^n} \right)$

2. 计算下列极限：

$(1) \lim\limits_{x \to 0} (1 - x)^{\frac{1}{x}}$

$(2) \lim\limits_{x \to 0} (\cos x)^{\frac{1}{x^2}}$

$(3) \lim\limits_{x \to \infty} \left(\dfrac{1 + x}{x} \right)^{3x}$

$(4) \lim\limits_{x \to \infty} \left(1 - \dfrac{1}{x} \right)^{kx}$（$k$ 为正整数）

3. 利用极限存在准则证明：

$(1) \lim\limits_{n \to \infty} \sqrt{1 + \dfrac{1}{n}} = 1$；

$(2) \lim\limits_{n \to \infty} n \left(\dfrac{1}{n^2 + \pi} + \dfrac{1}{n^2 + 2\pi} + \cdots + \dfrac{1}{n^2 + n\pi} \right) = 1$；

(3) 数列 $\sqrt{2}$，$\sqrt{2 + \sqrt{2}}$，$\sqrt{2 + \sqrt{2 + \sqrt{2}}}$，$\cdots$ 的极限存在。

4. 利用柯西收敛准则证明：数列 $x_n = 1 - \dfrac{1}{2} + \dfrac{1}{3} - \cdots + (-1)^{n+1} \dfrac{1}{n}$ 是收敛的。

第七节　无穷小的比较

由无穷小的性质可知，两个无穷小的和、差及乘积仍然为无穷小。但是，关于两个无穷小的商，却会出现不同的情况。例如，当 $x \to 0$ 时，$3x, x^2, \sin x$ 都是无穷小，而

$$\lim\limits_{x \to 0} \dfrac{x^2}{3x} = 0, \lim\limits_{x \to 0} \dfrac{3x}{x^2} = \infty, \lim\limits_{x \to 0} \dfrac{\sin x}{x} = 1$$

两个无穷小的商的极限的各种不同情况，反映了不同的无穷小趋于零的"快慢"程度。因此，应该通过无穷小的商的极限存在或为无穷大来进行两个无穷小之间的比较。这在理论分析和计算中都是很重要的。

定义 1　设 α, β 为在同一自变量的变化过程中的无穷小，且 $\alpha \neq 0$，$\lim \dfrac{\beta}{\alpha}$ 是在这个变化过

程中的极限。则：

(1) 如果 $\lim \dfrac{\beta}{\alpha} = 0$，称 β 是比 α 高阶的无穷小，记作 $\beta = o(\alpha)$；

(2) 如果 $\lim \dfrac{\beta}{\alpha} = \infty$，称 β 是比 α 低阶的无穷小；

(3) 如果 $\lim \dfrac{\beta}{\alpha} = c \neq 0$，称 β 与 α 是同阶无穷小；特别地 $\lim \dfrac{\beta}{\alpha} = 1$，称 β 与 α 为等价无穷小，记作 $\beta \sim \alpha$；

(4) 如果 $\lim \dfrac{\beta}{\alpha^k} = c \neq 0 (k > 0)$，称 β 是关于 α 的 k 阶无穷小。

例如：当 $x \to 0$ 时，$3x^2$ 与 x 皆为无穷小，而 $\lim\limits_{x \to 0} \dfrac{3x^2}{x} = 0$，则 $3x^2 = o(x)$；

因为 $\lim\limits_{n \to \infty} \dfrac{\frac{1}{n}}{\frac{1}{n^2}} = \infty$，所以 $\dfrac{1}{n}$ 是比 $\dfrac{1}{n^2}$ 低阶的无穷小；

因为 $\lim\limits_{x \to 3} \dfrac{x^2 - 9}{x - 3} = 6$，所以，当 $x \to 3$ 时，$x^2 - 9$ 与 $x - 3$ 是同阶无穷小；

因为 $\lim\limits_{x \to 0} \dfrac{\sin x}{x} = 1$，所以 $\sin x \sim x$。

例 1 证明：当 $x \to 1$ 时，$\sin[\sin(x-1)] \sim \ln x$。

证明 令 $x - 1 = t$，则 $x \to 1$ 时 $t \to 0$，于是

$$\lim_{x \to 1} \frac{\sin[\sin(x-1)]}{\ln x} = \lim_{t \to 0} \frac{\sin(\sin t)}{\ln(1+t)} = \lim_{t \to 0} \left[\frac{\sin(\sin t)}{\sin t} \cdot \frac{\sin t}{t} \cdot \frac{t}{\ln(1+t)} \right]$$

$$= \lim_{t \to 0} \frac{t}{\ln(1+t)} = \lim_{t \to 0} \frac{1}{\ln(1+t)^{\frac{1}{t}}} = 1$$

所以，当 $x \to 1$ 时，$\sin[\sin(x-1)] \sim \ln x$。

定理 1 设 $\alpha \sim \alpha'$，$\beta \sim \beta'$，且 $\lim \dfrac{\beta'}{\alpha'}$ 存在，则

$$\lim \frac{\beta}{\alpha} = \lim \frac{\beta'}{\alpha'}$$

证明 $\lim \dfrac{\beta}{\alpha} = \lim\left(\dfrac{\beta}{\beta'} \cdot \dfrac{\beta'}{\alpha'} \cdot \dfrac{\alpha'}{\alpha}\right) = \lim \dfrac{\beta}{\beta'} \lim \dfrac{\beta'}{\alpha'} \lim \dfrac{\alpha'}{\alpha} = \lim \dfrac{\beta'}{\alpha'}$。

定理 1 表明，求两个无穷小商的极限时，分子及分母都可用等价无穷小来代替。因此，如果用来代替的无穷小选得适当，可以使计算简化。

例 2 求 $\lim\limits_{x \to 0} \dfrac{\tan 2x}{\sin 5x}$。

解 由于 $x \to 0$ 时，$\tan 2x \sim 2x$，$\sin 5x \sim 5x$，故原式 $= \lim\limits_{x \to 0} \dfrac{2x}{5x} = \dfrac{2}{5}$。

例 3 求 $\lim\limits_{x \to 0} \dfrac{\sin x}{x^3 + 3x}$。

解 由于 $x \to 0$ 时，$\sin x \sim x$，因此原式 $= \lim\limits_{x \to 0} \dfrac{x}{x(x^2 + 3)} = \dfrac{1}{3}$。

例 4 求 $\lim\limits_{x \to 0} \dfrac{\tan x - \sin x}{\sin^3 x}$。

解 由于 $x \to 0$ 时，$\tan x \sim x$，$(1 - \cos x) \sim \dfrac{1}{2} x^2$，因此，原式 $= \lim\limits_{x \to 0} \dfrac{\tan x \cdot (1 - \cos x)}{x^3} =$

$\lim\limits_{x \to 0} \dfrac{x \cdot \dfrac{1}{2} x^2}{x^3} = \dfrac{1}{2}$。

习 题 1-7

1. 当 $x \to 0$ 时，$2x - x^2$ 与 $x^2 - x^3$ 相比，哪一个是高阶无穷小？

2. 当 $x \to 1$ 时，无穷小 $1 - x$ 和（1）$1 - x^3$，（2）$\dfrac{1}{2}(1 - x^2)$ 是否同阶，是否等价？

3. 证明：当 $x \to 0$ 时，有：

（1）$\arctan x \sim x$；　　　　　　　　　（2）$(\sec x - 1) \sim \dfrac{x^2}{2}$。

4. 证明无穷小的等价关系具有下列性质：

（1）$\alpha \sim \alpha$（自反性）；

（2）若 $\alpha \sim \beta$，则 $\beta \sim \alpha$（对称性）；

（3）若 $\alpha \sim \beta$，$\beta \sim \gamma$，则 $\alpha \sim \gamma$（传递性）。

5. 利用等价无穷小的性质，求下列极限：

（1）$\lim\limits_{x \to 0} \dfrac{\tan 3x}{2x}$　　　　　　　　　（2）$\lim\limits_{x \to 0} \dfrac{\sin(x^n)}{(\sin x)^m}$

（3）$\lim\limits_{x \to 0} \dfrac{e^{x^2} - 1}{1 - \cos[\ln(1 + \sin x)]}$　　　　（4）$\lim\limits_{x \to 0} \dfrac{\sin x - \tan x}{[\sqrt[3]{1 + x^2} - 1)(\sqrt{1 + \sin x} - 1]}$

第八节　函数的连续性与一致连续性

在微分学所研究的各种函数中,连续函数是其中一类重要的函数。本节将学习和研究一个与极限概念密切联系的基本概念——连续。

一、连续函数

什么是连续?在日常生活中,所谓的连续,就是不间断。例如,每天的气温随时间的变化而连续地变化。在数学上,连续与间断正是客观事物变化过程中渐变与突变的一种描述。为此,首先分析一下,反映渐变的连续点与反映突变的间断点的最本质的数量特征。

假设函数 $f(x)$ 的图形如图 1-23 所示。从图中可以清楚地看到函数 $f(x)$ 是由两段连续不间断的曲线描出的,亦即在点 x_1 处函数 $f(x)$ 的图像有一个跳跃变化。而在其他各点处,对应的函数值 $f(x)$ 都是连续变化。在数学上,前者称为"间断",后者称为"连续"。

设变量 u 从它的一个初值 u_1 变到终值 u_2,终值与初值之差 $u_2 - u_1$ 称为变量 u 的增量,记作 $\Delta u = u_2 - u_1$。显然,当 $\Delta u > 0$ 时,变量 u 从 u_1 变到 u_2 是增大的,反之则是减少的。

现在假定函数 $f(x)$ 在点 x_0 的某一邻域内有定义,当自变量 x 在这个邻域内从初值 x_0 变到终值 $x_0 + \Delta x$ 时,即当 x 在点 x_0 处有一个增量时,函数 $y = f(x)$ 对应的函数值增量为

$$\Delta y = f(x_0 + \Delta x) - f(x_0)$$

假如保持 x_0 不变,让 Δx 变动,显然对应函数值的增量 Δy 也会随着变动。如果当自变量 $\Delta x \to 0$ 时,函数值的增量 $\Delta y \to 0$,即体现了函数 $y = f(x)$ 在点 x_0 处是连续变化的,如图 1-24 所示。

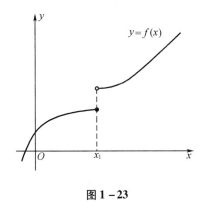

图 1-23

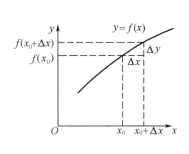

图 1-24

下面,给出函数 $f(x)$ 在一点连续的定义。

定义 1 设函数 $y = f(x)$ 在点 x_0 的某一邻域内有定义,如果

$$\lim_{\Delta x \to 0} \Delta y = \lim_{\Delta x \to 0} [f(x_0 + \Delta x) - f(x_0)] = 0 \qquad (1-7)$$

则称函数 $y = f(x)$ 在点 x_0 处是连续的。

设 $x = x_0 + \Delta x$，当 $\Delta x \to 0$ 时，$x \to x_0$。由于

$$\Delta y = f(x_0 + \Delta x) - f(x_0) = f(x) - f(x_0)$$

即

$$f(x) = f(x_0) + \Delta y$$

可见 $\Delta y \to 0$ 即为 $f(x) \to f(x_0)$，因此式 $(1-7)$ 可改写为

$$\lim_{x \to x_0} f(x) = f(x_0)$$

所以，函数 $y = f(x)$ 在点 x_0 处连续的定义又可叙述如下。

定义 2 设函数 $f(x)$ 在点 x_0 的某一邻域内有定义，如果

$$\lim_{x \to x_0} f(x) = f(x_0)$$

则称函数 $y = f(x)$ 在点 x_0 处是连续的。

根据 $\varepsilon - \delta$ 语言，定义 2 可以简述为：$f(x)$ 在点 x_0 处连续 $\Leftrightarrow \forall \varepsilon > 0, \exists \delta > 0$，当 $|x - x_0| < \delta$ 时，有 $|f(x) - f(x_0)| < \varepsilon$。

如果 $\lim_{x \to x_0^-} f(x) = f(x_0)$，则称函数 $f(x)$ 在点 x_0 处左连续。

如果 $\lim_{x \to x_0^+} f(x) = f(x_0)$，则称函数 $f(x)$ 在点 x_0 处右连续。

在区间 I 上每一点都连续的函数 $f(x)$，称为区间 I 上的连续函数，或称函数 $f(x)$ 在区间 I 上连续。如果函数 $f(x)$ 在 (a,b) 内连续，在点 a 处右连续且在点 b 处左连续，则称 $f(x)$ 为闭区间 $[a,b]$ 上的连续函数。

例 1 证明：函数 $y = \sin x$ 在区间 $(-\infty, +\infty)$ 内连续。

证明 设 x 是区间 $(-\infty, +\infty)$ 内任意取定的一点，当 x 有增量 Δx 时，对应的函数值增量为

$$\Delta y = \sin(x + \Delta x) - \sin x = 2\sin\frac{\Delta x}{2}\cos\left(x + \frac{\Delta x}{2}\right)$$

再利用不等式 $|\sin x| \le |x|$ 可得

$$0 \le |\Delta y| = |\sin(x + \Delta x) - \sin x| \le |\Delta x|$$

由夹逼准则知，当 $\Delta x \to 0$ 时，$|\Delta y| \to 0$，由 x 的任意性，证明了函数 $y = \sin x$ 在 $(-\infty, +\infty)$ 内连续。

例 2 有理分式 $\dfrac{P(x)}{Q(x)}$，若 $Q(x_0) \ne 0$，则 $\lim_{x \to x_0}\dfrac{P(x)}{Q(x)} = \dfrac{P(x_0)}{Q(x_0)}$，故有理分式在其定义域内连续。

二、间断点

定义 3 设函数 $f(x)$ 在点 x_0 的某个去心邻域内有定义，如果函数有下列三种情形之一：

（1）在 $x = x_0$ 处没有定义；

（2）在 $x = x_0$ 处有定义，但 $\lim\limits_{x \to x_0} f(x)$ 不存在。

（3）在 $x = x_0$ 处有定义，且 $\lim\limits_{x \to x_0} f(x)$ 存在，但 $\lim\limits_{x \to x_0} f(x) \neq f(x_0)$。

则称函数 $f(x)$ 在点 x_0 处间断或不连续，称这样的点 x_0 为函数 $f(x)$ 的间断或不连续点。下面通过例题来介绍几种间断点的常见类型。

例3 设 $y = \dfrac{x^2 - 1}{x - 1}$，显然函数在 $x = 1$ 处无定义，$x = 1$ 为其间断点，但 $\lim\limits_{x \to 1} \dfrac{x^2 - 1}{x - 1} = 2$。若补充定义：当 $x = 1$ 时，$y = 2$，即

$$F(x) = \begin{cases} \dfrac{x^2 - 1}{x - 1}, & x \neq 1 \\ 2, & x = 1 \end{cases}$$

则 $F(x)$ 在 $x = 1$ 处是连续的。可见，对于 $y = \dfrac{x^2 - 1}{x - 1}$ 而言，$x = 1$ 是间断点；而对于 $F(x)$ 而言，$x = 1$ 是连续点。所以称这种间断点为 $y = \dfrac{x^2 - 1}{x - 1}$ 的可去间断点（见图 1-25）。

例4 设 $y = \begin{cases} x, & x \neq 2 \\ 1, & x = 2 \end{cases}$，此函数在 $x = 2$ 处有定义，且 $\lim\limits_{x \to 2^-} f(x) = \lim\limits_{x \to 2^+} f(x) = 2$，但函数值 $f(2) = 1$，与极限值不相等。所以 $x = 2$ 为函数的可去间断点（见图 1-26）。

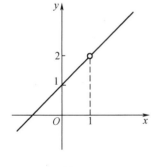

图 1-25

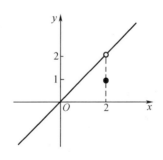

图 1-26

例5 设函数 $y = \begin{cases} x - 1, & -1 \leq x < 0 \\ \sqrt{1 - x^2}, & 0 \leq x \leq 1 \end{cases}$，首先此函数的定义域为 $[-1, 1]$，在 $x = 0$ 点函数值 $f(0) = 1$，考察 $x = 0$ 点函数的左、右极限有 $\lim\limits_{x \to 0^-} f(x) = -1$，$\lim\limits_{x \to 0^+} f(x) = 1$，由于 $\lim\limits_{x \to 0^-} f(x) \neq \lim\limits_{x \to 0^+} f(x)$，故 $x = 0$ 点为此函数的间断点，称此间断点为跳跃间断点（见图 1-27）。

如果 x_0 是函数的间断点，且左极限及右极限都存在，称这类间断点为第一类间断点。不

是第一类间断点的间断点称为第二类间断点。以上三例的间断点均为第一类间断点。

例 6 设函数 $y = \dfrac{1}{x^2}$，在 $x = 0$ 处没有定义，且 $\lim\limits_{x \to 0} \dfrac{1}{x^2} = \infty$，所以点 $x = 0$ 为 $y = \dfrac{1}{x^2}$ 的第二类间断点，又称无穷型间断点（见图 1 – 28）。

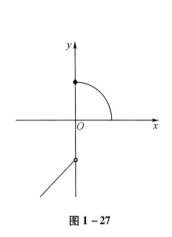

图 1 – 27

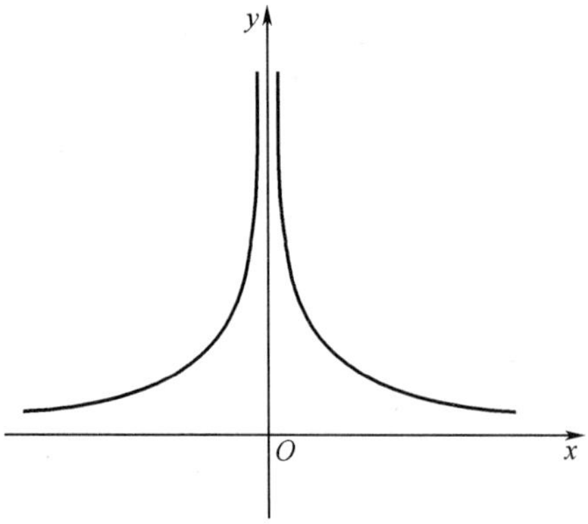

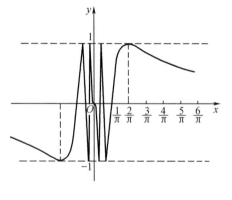

图 1 – 28

例 7 函数 $y = \sin \dfrac{1}{x}$ 在点 $x = 0$ 没有定义，且 $\lim\limits_{x \to 0} \sin \dfrac{1}{x}$ 不存在，所以点 $x = 0$ 为此函数的第二类间断点，又称为振荡型间断点（见图 1 – 29）。

三、一致连续函数

1. 一致连续函数

设函数在区间 I 上连续，x_0 是 I 上任意取定的一个点。由于 $f(x)$ 在点 x_0 连续，因此对于 $\forall \varepsilon > 0$，$\exists \delta > 0$，使得当 $|x - x_0| < \delta$ 时，有 $|f(x) - f(x_0)| < \varepsilon$。通常 δ 不仅与 ε 有关，而且与所取定的 x_0 也有关，即使 ε 不变，但选取区间 I 上的其他点时，此 δ 就未必适用。对于某些函数，却有这样一种重要情形：存在着只与 ε 有关，而对区间 I 上任何点都适用的正数 δ，即对任何 $x_0 \in I$，只要 $|x - x_0| < \delta$，就有 $|f(x) - f(x_0)| < \varepsilon$。

图 1 – 29

定义 4 设函数 $f(x)$ 在区间 I 上有定义。如果对于任意给定的正数 ε，总存在正数 δ，使得对于区间 I 上的任意两点 x_1, x_2，当 $|x_1 - x_2| < \delta$ 时，有

$$|f(x_1) - f(x_2)| < \varepsilon$$

成立,则称函数 $f(x)$ 在区间 I 上是一致连续的。

2. 一致连续性与连续性的关系

一致连续性表示,在区间 I 内,只要自变量的两个数值接近到一定程度,就可使对应的函数值达到所指定的接近程度。

由上述定义可知,如果函数 $f(x)$ 在区间 I 上一致连续,则 $f(x)$ 在区间 I 上也是连续的。但反过来不一定成立,举例说明如下。

例 8　试证函数 $f(x) = \dfrac{1}{x}$ 在 $(0,1]$ 上连续,在 $[\eta,1](0 < \eta < 1)$ 上一致连续,在 $(0,1]$ 上非一致连续。

证明　根据极限运算法则,对于任意 $x_0 \in (0,1]$,总有

$$\lim_{x \to x_0} \frac{1}{x} = \frac{1}{x_0}$$

故 $f(x) = \dfrac{1}{x}$ 在 $(0,1]$ 上连续。

对于任意给定的 $\varepsilon > 0$,取 $\delta = \delta(\varepsilon) = \eta^2 \varepsilon$,可使区间 $[\eta,1]$ 中任意两点 x_1, x_2,只要 $|x_1 - x_2| < \delta$,就恒有

$$\left| \frac{1}{x_1} - \frac{1}{x_2} \right| = \frac{|x_2 - x_1|}{x_1 x_2} < \frac{\delta}{\eta^2} = \varepsilon$$

因此,$f(x) = \dfrac{1}{x}$ 在 $[\eta,1]$ 上一致连续。

对任意给定的 $\varepsilon > 0$(不妨设 $0 < \varepsilon < 1$),若 $f(x) = \dfrac{1}{x}$ 在 $(0,1]$ 上一致连续,则应该存在 $\delta > 0$,使得对于 $(0,1]$ 上任意两点 x_1, x_2,当 $|x_1 - x_2| < \delta$ 时,有 $|f(x_1) - f(x_2)| < \varepsilon$,取 $x_1 = \dfrac{1}{n}$,$x_2 = \dfrac{1}{n+1}(n \in \mathbf{N}^+)$,则有

$$|x_1 - x_2| = \left| \frac{1}{n} - \frac{1}{n+1} \right| = \frac{1}{n(n+1)}$$

故只要 n 足够大,总能使 $|x_1 - x_2| < \delta$,但此时有

$$|f(x_1) - f(x_2)| = \left| \frac{1}{\frac{1}{n}} - \frac{1}{\frac{1}{n+1}} \right| = |n - (n+1)| = 1 > \varepsilon$$

不符合一致连续的定义,故 $f(x) = \dfrac{1}{x}$ 在 $(0,1]$ 上不是一致连续的。

上例说明,在半开区间上连续的函数未必在该区间上一致连续。

定理 1（一致连续性定理）　如果函数 $f(x)$ 在闭区间 $[a,b]$ 上连续，那么它在该区间上一致连续。

证明略。

习 题 1-8

1. 研究下列函数的连续性，并画出函数的图形。

（1）$f(x) = \begin{cases} x^2, & 0 \le x \le 1 \\ 2-x, & 1 < x \le 2 \end{cases}$；

（2）$f(x) = \begin{cases} x, & -1 \le x \le 1 \\ 1, & x < -1 \text{ 或 } x > 1 \end{cases}$。

2. 下列函数在指出的点处间断，说明这些间断点属于哪一类。如果是可去间断点，则补充或改变函数的定义使它连续。

（1）$y = \dfrac{x^2 - 1}{x^2 - 3x + 2}, x = 1, x = 2$；

（2）$y = \dfrac{x}{\tan x}, x = k\pi, x = k\pi + \dfrac{\pi}{2}(k = 0, \pm 1, \pm 2, \cdots)$；

（3）$y = \cos^2 \dfrac{1}{x}, x = 0$；

（4）$y = \begin{cases} x - 1, & x \le 1 \\ 3 - x, & x > 1 \end{cases}, x = 1$。

3. 讨论函数 $f(x) = \lim\limits_{n \to \infty} \dfrac{1 - x^{2n}}{1 + x^{2n}} x$ 的连续性，若有间断点，判别其类型。

4. 讨论狄利克雷函数在 $(-\infty, +\infty)$ 上的连续性。

5. 证明：若函数 $f(x)$ 在点 x_0 连续且 $f(x_0) \neq 0$，则存在 x_0 的某一邻域 $U(x_0)$，当 $x \in U(x_0)$ 时，$f(x) \neq 0$。

6. 求 $f(x) = \begin{cases} \ln(1+x), & -1 < x \le 0 \\ \mathrm{e}^{\frac{1}{x-1}}, & x > 0 \end{cases}$ 的间断点，并说出类型。

7. 试证明函数 $f(x) = x^2$ 在区间 $[0, b](b > 0)$ 上一致连续，而在区间 $[0, +\infty)$ 上非一致连续。

第九节　连续函数的运算与初等函数的连续性

一、连续函数的和、差、积、商的连续性

定理 1　若函数 $f(x)$，$g(x)$ 在点 x_0 处连续，则

$$cf(x)\ (c\ \text{为常数})，f(x) \pm g(x)，f(x)g(x)，\frac{f(x)}{g(x)}(g(x) \neq 0)$$

均在点 x_0 处连续。

证明略。

例如，由于 $\sin x$ 和 $\cos x$ 在区间 $(-\infty, +\infty)$ 内连续，根据定理 1，$y = \tan x = \dfrac{\sin x}{\cos x}$ 和

$y = \cot x = \dfrac{\cos x}{\sin x}$ 在其定义域内是连续的。

二、反函数与复合函数的连续性

定理 2　如果函数在区间上单值、单调增加（或单调减少）且连续，则其反函数也在对应区间上单值、单调增加（或单调减少）且连续。

证明略。

例如，$y = \sin x$ 在区间 $\left[-\dfrac{\pi}{2}, \dfrac{\pi}{2}\right]$ 上单调增加且连续，所以它的反函数 $y = \arcsin x$ 在区间 $[-1, 1]$ 上也是单调增加且连续的。

同理，可知其他反三角函数在它们的定义域内是连续的。

定理 3　设函数 $u = \varphi(x)$ 当 $x \to x_0$ 时极限存在且有 $\lim\limits_{x \to x_0}\varphi(x) = a$，而函数 $y = f(u)$ 在点 $u = a$ 连续，则复合函数 $y = f[\varphi(x)]$ 当 $x \to x_0$ 时的极限也存在且有

$$\lim\limits_{x \to x_0}f[\varphi(x)] = f(a) \tag{1-8}$$

证明　由于 $f(u)$ 在点 $u = a$ 连续，$\forall \varepsilon > 0$，$\exists \eta > 0$，使得当 $|u - a| < \eta$ 时，有

$$|f(u) - f(a)| < \varepsilon$$

成立。又由于 $\lim\limits_{x \to x_0}\varphi(x) = a$，对上面得到的 $\eta > 0$，$\exists \delta > 0$，使得当 $0 < |x - x_0| < \delta$ 时，有

$$|\varphi(x) - a| = |u - a| < \eta$$

成立。合并以上两步有：$\forall \varepsilon > 0$，$\exists \delta > 0$，使得当 $0 < |x - x_0| < \delta$ 时，有

$$|f(u) - f(a)| = |f[\varphi(x)] - f(a)| < \varepsilon$$

这就证明了 $\lim\limits_{x \to x_0}f[\varphi(x)] = f(a)$。

由上面证明，知式$(1-8)$又可写成

$$\lim_{x \to x_0} f[\varphi(x)] = f[\lim_{x \to x_0} \varphi(x)] \quad \text{或} \quad \lim_{x \to x_0} f[\varphi(x)] = \lim_{u \to a} f(u)$$

这表示在定理 3 成立的条件下，求复合函数极限时的函数符号 f 与极限号可以变换次序以及作代换 $u = \varphi(x)$，将求 $\lim_{x \to x_0} f[\varphi(x)]$ 化成求 $\lim_{u \to a} f(u)$。

把定理 3 中 $x \to x_0$ 换成 $x \to \infty$，可得类似的结论。

例1 求 $\lim_{x \to 3} \sqrt{\dfrac{x-3}{x^2-9}}$。

解 原式中令 $u = \dfrac{x-3}{x^2-9}$，则有 $y = \sqrt{u}$。因为 $\lim_{x \to 3} \dfrac{x-3}{x^2-9} = \dfrac{1}{6}$，而 $y = \sqrt{u}$ 在点 $u = \dfrac{1}{6}$ 处连续，所以

$$\lim_{x \to 3} \sqrt{\frac{x-3}{x^2-9}} = \sqrt{\lim_{x \to 3} \frac{x-3}{x^2-9}} = \sqrt{\frac{1}{6}} = \frac{\sqrt{6}}{6}$$

定理4 设函数 $u = \varphi(x)$ 在点 $x = x_0$ 连续，而函数 $y = f(u)$ 在点 $u = u_0$ 连续，且 $\varphi(x_0) = u_0$，则复合函数 $y = f[\varphi(x)]$ 在点 $x = x_0$ 也是连续的，即连续函数的复合函数仍为连续函数。

此定理的证明同定理 3，只要令 $a = u_0 = \varphi(x_0)$，即有

$$\lim_{x \to x_0} f[\varphi(x)] = f(u_0) = f[\varphi(x_0)]$$

例如，$y = \sin x^2$ 是由 $y = \sin u$ 和 $u = x^2$ 这两个函数复合而成的，而 $\sin u$ 及 x^2 在 $(-\infty, +\infty)$ 内都连续，所以 $y = \sin x^2$ 也是在 $(-\infty, +\infty)$ 内连续的函数。

三、初等函数的连续性

根据连续函数的性质，基本初等函数在其定义域内连续。由于初等函数是由基本初等函数经有限次四则运算和复合运算得到的，而连续函数的和、差、积、商以及复合函数均连续，所以一切初等函数在其定义区间内都连续。

上述结论提供了求初等函数极限的一个方法。例如，点 $x = \dfrac{\pi}{2}$ 是初等函数 $y = \ln \sin x$ 的一个定义区间 $(0, \pi)$ 内的点，所以有

$$\lim_{x \to \frac{\pi}{2}} (\ln \sin x) = \ln (\lim_{x \to \frac{\pi}{2}} \sin x) = \ln \sin \frac{\pi}{2} = 0$$

例2 求 $\lim_{x \to 0} \dfrac{\log_a(1+x)}{x}$。

解 $\lim_{x \to 0} \dfrac{\log_a(1+x)}{x} = \lim_{x \to 0} \log_a(1+x)^{\frac{1}{x}} = \log_a e = \dfrac{1}{\ln a}$。

例3 求$\lim\limits_{x\to0}\dfrac{a^x-1}{x}$。

解 令$t=a^x-1$，则$x=\log_a(1+t)$。当$x\to0$时，$t\to0$，于是

$$\lim_{x\to0}\frac{a^x-1}{x}=\lim_{t\to0}\frac{t}{\log_a(1+t)}=\frac{1}{\log_a e}=\ln a$$

习 题 1-9

1. 求函数$f(x)=\dfrac{x^3+3x^2-x-3}{x^2+x-6}$的连续区间，并求极限$\lim\limits_{x\to0}f(x)$，$\lim\limits_{x\to-3}f(x)$及$\lim\limits_{x\to2}f(x)$。

2. 求下列极限：

(1) $\lim\limits_{x\to0}\sqrt{x^2-2x+5}$

(2) $\lim\limits_{\alpha\to\frac{\pi}{4}}(\sin2\alpha)^3$

(3) $\lim\limits_{x\to\frac{\pi}{6}}\ln(2\cos2x)$

(4) $\lim\limits_{x\to0}\dfrac{\sqrt{x+1}-1}{x}$

(5) $\lim\limits_{x\to1}\dfrac{\sqrt{5x-4}-\sqrt{x}}{x-1}$

(6) $\lim\limits_{x\to\alpha}\dfrac{\sin x-\sin\alpha}{x-\alpha}$

(7) $\lim\limits_{x\to+\infty}(\sqrt{x^2+x}-\sqrt{x^2-x})$

3. 求下列极限：

(1) $\lim\limits_{x\to\infty}e^{\frac{1}{x}}$

(2) $\lim\limits_{x\to0}\ln\dfrac{\sin x}{x}$

(3) $\lim\limits_{x\to\infty}\left(1+\dfrac{1}{x}\right)^{\frac{x}{2}}$

(4) $\lim\limits_{x\to0}(1+3\tan^2x)^{\cot^2x}$

4. 设函数$f(x)=\begin{cases}e^x, & x<0\\a+x, & x\geqslant0\end{cases}$，试确定常数$a$，使得$f(x)$在$(-\infty,+\infty)$内连续。

第十节 闭区间上连续函数的性质

闭区间上的连续函数具有一些重要的性质，下面以定理的形式给出。

定理1（最大值和最小值定理） 闭区间上的连续函数一定有最大值和最小值。

证明略。

从其几何意义（见图1-30）来说，如果函数$f(x)$在闭区间$[a,b]$上连续，则至少有一点$\xi_1\in[a,b]$，使函数值$f(\xi_1)$为最大，即$f(\xi_1)\geqslant f(x)(a\leqslant x\leqslant b)$。又至少有一点$\xi_2\in[a,b]$，使函数值$f(\xi_2)$为最小，即$f(\xi_2)\leqslant f(x)(a\leqslant x\leqslant b)$。称$f(\xi_1)$为$f(x)$在闭区间$[a,b]$上的最大值；

称 $f(\xi_2)$ 为 $f(x)$ 在闭区间 $[a,b]$ 上的最小值。ξ_1 与 ξ_2 分别称为 $f(x)$ 的最大值点和最小值点。

在应用此定理时,应该注意以下几点:

(1)若不是闭区间而是开区间,定理的结论未必正确。例如 $y=x^3$ 在开区间 (a,b) 内既取不到最大值,也取不到最小值。

(2)若函数在闭区间内不连续(即有间断点),定理的结论也未必正确。

例如,函数

$$y = \begin{cases} x+1, & -1 \leqslant x < 0 \\ 0, & x = 0 \\ x-1, & 0 < x \leqslant 1 \end{cases}$$

在闭区间 $[-1,1]$ 上有间断点 $x=0$,此函数在闭区间 $[-1,1]$ 上显然无法取到最大值和最小值(见图 1-31)。

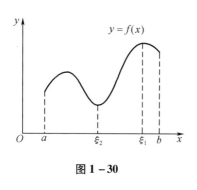

图 1-30

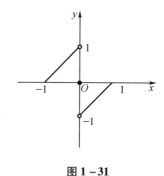

图 1-31

(3)定理中的最大值点和最小值点未必唯一。

定理 2(有界性定理) 闭区间上的连续函数必在该区间上有界。

此定理的证明可利用定理 1 方便地得到,请读者自证。

如果在点 $x=x_0$ 处有 $f(x_0)=0$,则称 x_0 为函数 $f(x)$ 的零点。

定理 3(零点定理) 设函数 $f(x)$ 在闭区间 $[a,b]$ 上连续,且 $f(a)f(b)<0$,则在开区间 (a,b) 内至少有一点 ξ,使得 $f(\xi)=0$。

证明略。

此定理的几何意义十分明显(见图 1-32)。如果连续曲线 $y=f(x)$ 的两个端点位于 x 轴的不同侧,则这段曲线与 x 轴至少会有一个交点。

定理 4(介值定理) 设函数 $f(x)$ 在闭区间 $[a,b]$ 上连续,且在这区间的端点取不同的函数值 $f(a)=A,f(b)=B$,则对介于 A 与 B 之间的任意一个数 C,在开区间 (a,b) 内至少有一点 ξ 使得 $f(\xi)=C$。

证明 设 $\varphi(x)=f(x)-C$,则 $\varphi(x)$ 在闭区间 $[a,b]$ 上连续,且 $\varphi(a)=A-C$ 与

$\varphi(b) = B - C$ 异号。根据零点定理,开区间 (a, b) 内至少有一点 ξ,使 $\varphi(\xi) = 0 (a < \xi < b)$。又由于 $\varphi(\xi) = f(\xi) - C$,于是得到 $f(\xi) = C$。

此定理的几何意义是:连续曲线 $f(x)$ 与水平直线 $y = C$ 至少相交于一点(见图 1-33)。

应用介值定理可推出下面结论。

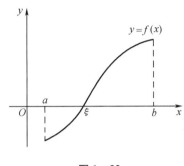

图 1-32

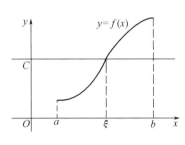

图 1-33

推论　闭区间上的连续函数必取得介于最大值 M 与最小值 m 之间的任何值。

例 1　试证明方程 $x^3 - 4x^2 + 1 = 0$ 在 $(0, 1)$ 内至少有一个根。

证明　令 $f(x) = x^3 - 4x^2 + 1$,显然 $f(x)$ 在闭区间 $[0, 1]$ 上连续,且 $f(0) = 1 > 0$,$f(1) = -2 < 0$,由零点定理知必有 $\xi \in (0, 1)$ 使 $f(\xi) = 0$,即 $\xi^3 - 4\xi^2 + 1 = 0 \ (0 < \xi < 1)$。即 $x^3 - 4x^2 + 1 = 0$ 在区间 $(0, 1)$ 内至少有一个根为 ξ。

例 2　若 $f(x)$ 在 $[a, b]$ 上连续,$a < x_1 < x_2 < \cdots < x_n < b$,试证明在 $[x_1, x_n]$ 上必有 ξ,使

$$f(\xi) = \frac{f(x_1) + f(x_2) + \cdots + f(x_n)}{n}$$

证明　因为 $f(x)$ 在 $[a, b]$ 上连续,$[x_1, x_n] \subset [a, b]$,所以 $f(x)$ 在 $[x_1, x_n]$ 上连续。

设 $M = \max\limits_{x_1 \leqslant x \leqslant x_n} \{f(x)\}$,$m = \min\limits_{x_1 \leqslant x \leqslant x_n} \{f(x)\}$,则有

$$m \leqslant \frac{f(x_1) + f(x_2) + \cdots + f(x_n)}{n} \leqslant M$$

则 $\exists \xi \in [x_1, x_n]$,使

$$f(\xi) = \frac{f(x_1) + f(x_2) + \cdots + f(x_n)}{n}$$

习 题 1－10

1. 证明：方程 $x^5 - 3x = 1$ 至少有一个根介于 1 与 2 之间。

2. 证明：方程 $x = a\sin x + b\,(a > 0, b > 0)$ 至少有一个正根，并且它不超过 $a + b$。

3. 若 $f(x)$ 在 $[1, n]$ 上连续，则在 $[1, n]$ 上必有 ξ，使 $f(\xi) = \dfrac{f(1) + 2f(2) + \cdots + nf(n)}{\dfrac{n(n+1)}{2}}$。

4. 证明：若 $f(x)$ 在 $(-\infty, +\infty)$ 内连续，且 $\lim\limits_{x \to \infty} f(x)$ 存在，则 $f(x)$ 必在 $(-\infty, +\infty)$ 内有界。

第二章　导数与微分

导数与微分是微分学的两个核心概念,导数反映了函数的函数值相对于自变量的变化率,而微分在形式上给函数的计算带来了极大的方便。本章中,我们主要讨论导数和微分的基本概念及它们的运算法则。

第一节　导　　数

一、引例

为了说明导数的定义,我们先看两个实例。

1. 曲线的切线斜率

如何求曲线 $y = f(x)$ 在点 $M_0(x_0, y_0)$ 的切线斜率? 首先要知道什么是过点 $M_0(x_0, y_0)$ 的切线。如图 2-1 所示,在曲线上除点 $M_0(x_0, y_0)$ 外,另取一点 $M(x_0 + \Delta x, y_0 + \Delta y)$(其中 Δx 可正可负),过 M 作割线 $M_0 M$,当点 M 沿曲线移动并趋于与 M_0 重合时,割线 $M_0 M$ 的极限位置 $M_0 T$ 就称为曲线在点 M_0 处的切线。

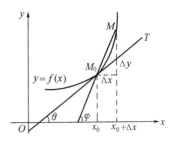

图 2-1

显然,割线 $M_0 M$ 的斜率 $\bar{k}$ 是 Δy 对 Δx 的平均变化率,即

$$\bar{k} = \frac{\Delta y}{\Delta x} = \frac{f(x_0 + \Delta x) - f(x_0)}{\Delta x}$$

且 $\bar{k} = \tan \varphi$,其中 φ 是割线 $M_0 M$ 与 x 轴正向的夹角。

当 M 沿曲线移动时,相应地 Δx 也发生变化,割线的斜率 $\bar{k}$ 也随之变化。当 M 越趋近于 M_0,$|\Delta x|$ 越小,割线的斜率 $\bar{k}$ 就越接近曲线上点 M_0 的切线斜率,因此当 Δx 无限趋近于 0 时,割线斜率 $\bar{k}$ 的极限就是曲线上过点 M_0 的切线的斜率,即

$$k = \lim_{\Delta x \to 0} \bar{k} = \lim_{\Delta x \to 0} \frac{f(x_0 + \Delta x) - f(x_0)}{\Delta x}$$

此时 φ 也趋近于 $M_0 T$ 与 x 轴正向的夹角 θ,且有 $k = \tan \theta$。

2. 变速直线运动的瞬时速度

在许多问题中,我们经常需要研究运动物体的瞬时速度,如研究子弹的穿透能力,就必须

知道弹头接触目标时的瞬时速度，那么如何求得物体在某时刻 t_0 的瞬时速度呢？

若物体沿直线做非匀速运动，其运动规律是 $s = s(t)$，其中 t 是时间，s 是位移。由中学的物理知识我们知道，物体在时间段 $[t_0, t_0 + \Delta t]$ 上的平均速度等于物体在时间段 $[t_0, t_0 + \Delta t]$ 中所走的位移除以所用的时间 Δt，即

$$\bar{v} = \frac{s(t_0 + \Delta t) - s(t_0)}{\Delta t}$$

显然 Δt 发生变化时，$\bar{v}$ 也随之变化。当 $|\Delta t|$ 越小，平均速度 $\bar{v}$ 就越接近 t_0 的瞬时速度。于是当 Δt 无限趋近于 0 时，平均速度 $\bar{v}$ 的极限就是 t_0 的瞬时速度，即

$$v = \lim_{\Delta t \to 0} \bar{v} = \lim_{\Delta t \to 0} \frac{s(t_0 + \Delta t) - s(t_0)}{\Delta t}$$

抛开上面两个例子的具体意义，可以看到，解决问题所用到的数学方法是相同的，都是用函数的改变量与自变量的改变量（以后改变量统称为增量）的比值的极限得到的。在很多实际问题中，如密度、电流等问题都可以用类似的方法解决。

二、导数的定义

定义 1 设函数 $y = f(x)$ 在点 x_0 的某邻域 $U(x_0)$ 内有定义，自变量 x 在点 x_0 的增量是 $\Delta x (x_0 + \Delta x \in U(x_0))$，相应地函数的增量是 $\Delta y = f(x_0 + \Delta x) - f(x_0)$，若极限

$$\lim_{\Delta x \to 0} \frac{\Delta y}{\Delta x} = \lim_{\Delta x \to 0} \frac{f(x_0 + \Delta x) - f(x_0)}{\Delta x} \tag{2-1}$$

存在，则称函数 $y = f(x)$ 在点 x_0 处可导，且称此极限值为函数 $y = f(x)$ 在点 x_0 的导数，记为 $f'(x_0)$。导函数的记号还可以用下列任何一种形式表示：

$$y'\big|_{x=x_0}, \frac{\mathrm{d}y}{\mathrm{d}x}\bigg|_{x=x_0}, \frac{\mathrm{d}f}{\mathrm{d}x}\bigg|_{x=x_0}$$

根据导数定义，可以看出导数 $f'(x_0)$ 就是在点 x_0 处函数关于自变量的变化率。由引例，导数的几何意义是曲线 $f(x)$ 在点 $M(x_0, y_0)$ 的切线斜率（见图 2-1）。

若记 $x = x_0 + \Delta x$，则函数 $f(x)$ 在点 x_0 的导数也可记为

$$f'(x_0) = \lim_{x \to x_0} \frac{f(x) - f(x_0)}{x - x_0}$$

例 1 求函数 $f(x) = x^2$ 在 x_0 的导数。

解 $\quad f'(x_0) = \lim_{x \to x_0} \frac{f(x) - f(x_0)}{x - x_0} = \lim_{x \to x_0} \frac{x^2 - x_0^2}{x - x_0} = \lim_{x \to x_0}(x + x_0) = 2x_0$

在例 1 中，可以看到对自变量的每一个值 x_0，都有唯一确定的一个值 $f'(x_0) = 2x_0$ 与之对应，因此一般地，函数的导数仍然可以看成是自变量 x 的函数，称之为函数 $f(x)$ 的导函数，记为 $f'(x)$，且

$$f'(x) = \lim_{\Delta x \to 0} \frac{\Delta y}{\Delta x} = \lim_{\Delta x \to 0} \frac{f(x + \Delta x) - f(x)}{\Delta x}$$

当不会发生混淆时,导函数也可称为导数。导数还可以用下列符号表示:

$$y', [f(x)]', \frac{\mathrm{d}y}{\mathrm{d}x}, \frac{\mathrm{d}f}{\mathrm{d}x}$$

其中符号 $\frac{\mathrm{d}y}{\mathrm{d}x}$ 与 $\frac{\mathrm{d}f}{\mathrm{d}x}$ 是一个整体符号。

例2 求函数 $f(x) = c$(c 为常数)的导数。

解 由于 Δx 取任何值,都有 $f(x + \Delta x) = c$,所以

$$f'(x) = \lim_{\Delta x \to 0} \frac{f(x + \Delta x) - f(x)}{\Delta x} = \lim_{\Delta x \to 0} \frac{c - c}{\Delta x} = 0$$

例3 求函数 $f(x) = x^n$(n 是正整数)的导数。

解 $f'(x) = \lim_{\Delta x \to 0} \frac{(x + \Delta x)^n - x^n}{\Delta x} = \lim_{\Delta x \to 0} \left[(x + \Delta x)^{n-1} + (x + \Delta x)^{n-2} \cdot x + \cdots + x^{n-1} \right]$

$$= nx^{n-1}$$

在例3中,当 n 不是正整数时,情况会怎样呢?

例4 求函数 $f(x) = \sqrt{x}$ 的导数。

解 $f'(x) = \lim_{\Delta x \to 0} \frac{\sqrt{x + \Delta x} - \sqrt{x}}{\Delta x} = \lim_{\Delta x \to 0} \frac{(\sqrt{x + \Delta x} - \sqrt{x}) \cdot (\sqrt{x + \Delta x} + \sqrt{x})}{\Delta x \cdot (\sqrt{x + \Delta x} + \sqrt{x})}$

$$= \lim_{\Delta x \to 0} \frac{1}{(\sqrt{x + \Delta x} + \sqrt{x})} = \frac{1}{2\sqrt{x}}$$

类似地,还可以证明 $\left(\frac{1}{x}\right)' = -\frac{1}{x^2}$,它与例4的结果都是经常会用到的导数。下一节我们将看到,对任何实数 α,都有 $(x^\alpha)' = \alpha x^{\alpha - 1}$ 成立。

例5 求函数 $f(x) = \sin x$ 的导数。

解 $f'(x) = \lim_{\Delta x \to 0} \frac{\sin (x + \Delta x) - \sin x}{\Delta x} = \lim_{\Delta x \to 0} \frac{2\cos \left(x + \frac{\Delta x}{2}\right) \cdot \sin \frac{\Delta x}{2}}{\Delta x}$

$$= \lim_{\Delta x \to 0} \frac{\cos \left(x + \frac{\Delta x}{2}\right) \cdot \sin \frac{\Delta x}{2}}{\frac{\Delta x}{2}} = \cos x$$

同理,可以得到 $(\cos x)' = -\sin x$。

例6 求函数 $f(x) = \log_a x$($a > 0$ 且 $a \neq 1$)的导数。

解 $f'(x) = \lim_{\Delta x \to 0} \frac{\log_a (x + \Delta x) - \log_a x}{\Delta x} = \lim_{\Delta x \to 0} \frac{\ln (x + \Delta x) - \ln x}{\Delta x \ln a}$

$$= \frac{1}{\ln a} \lim_{\Delta x \to 0} \frac{1}{\Delta x} \ln \left(1 + \frac{\Delta x}{x}\right) = \frac{1}{\ln a} \lim_{\Delta x \to 0} \frac{1}{x} \ln \left(1 + \frac{\Delta x}{x}\right)^{\frac{x}{\Delta x}}$$

$$= \frac{1}{x \ln a}$$

当 $a = \mathrm{e}$ 时，$(\ln x)' = \dfrac{1}{x}$。

三、单侧导数

在式（2-1）中，如果自变量的改变量只从大于 0 的方向或只从小于 0 的方向趋近于 0，那么有如下定义。

定义 2　若极限

$$\lim_{\Delta x \to 0^+} \frac{\Delta y}{\Delta x} = \lim_{\Delta x \to 0^+} \frac{f(x_0 + \Delta x) - f(x_0)}{\Delta x}$$

与

$$\lim_{\Delta x \to 0^-} \frac{\Delta y}{\Delta x} = \lim_{\Delta x \to 0^-} \frac{f(x_0 + \Delta x) - f(x_0)}{\Delta x}$$

存在，则分别称函数 $y = f(x)$ 在点 x_0 右可导与左可导，其极限值分别称为函数 $y = f(x)$ 在点 x_0 的右导数与左导数，并分别记为 $f'_+(x_0)$ 与 $f'_-(x_0)$。显然，函数 $f(x)$ 在点 x_0 可导的充分必要条件是函数 $f(x)$ 在点 x_0 的右导数与左导数都存在且相等。此外，$f(x)$ 在点 x_0 的右导数与左导数当然也可以用如下的形式表示：

$$f'_+(x_0) = \lim_{x \to x_0^+} \frac{f(x) - f(x_0)}{x - x_0}, \quad f'_-(x_0) = \lim_{x \to x_0^-} \frac{f(x) - f(x_0)}{x - x_0}$$

如果函数 $f(x)$ 在开区间 (a,b) 内每一点都可导，称函数 $f(x)$ 在开区间 (a,b) 可导；如果函数在开区间 (a,b) 可导，且在点 a 右可导，在点 b 左可导，称函数 $f(x)$ 在闭区间 $[a,b]$ 可导。

例 7　讨论函数 $f(x) = |x|$ 在 $x = 0$ 处是否可导？

解　由于

$$f'_+(0) = \lim_{x \to 0^+} \frac{f(x) - f(0)}{x - 0} = \lim_{x \to 0^+} \frac{|x|}{x} = \lim_{x \to 0^+} \frac{x}{x} = 1$$

$$f'_-(0) = \lim_{x \to 0^-} \frac{f(x) - f(0)}{x - 0} = \lim_{x \to 0^-} \frac{|x|}{x} = \lim_{x \to 0^-} \frac{-x}{x} = -1$$

则 $f'_+(x_0) \neq f'_-(x_0)$，因此函数 $f(x)$ 在 $x = 0$ 处不可导。

例 8　设函数 $f(x) = \begin{cases} \sin x, & x \leqslant 0 \\ x^2, & x > 0 \end{cases}$，求 $f'(x)$。

解　显然，当 $x < 0$ 时，$f'(x) = \cos x$；当 $x > 0$ 时，$f'(x) = 2x$；当 $x = 0$ 时，由于

$$f'_+(0) = \lim_{x \to 0^+} \frac{f(x) - f(0)}{x - 0} = \lim_{x \to 0^+} \frac{x^2 - 0}{x} = 0$$

$$f'_-(0) = \lim_{x \to 0^-}\frac{f(x) - f(0)}{x - 0} = \lim_{x \to 0^-}\frac{\sin x - 0}{x} = 1$$

则 $f'_+(0) \neq f'_-(0)$，因此函数 $f(x)$ 在 $x = 0$ 不可导。综上，有

$$f'(x) = \begin{cases} \cos x & x < 0 \\ 2x & x > 0 \end{cases}$$

在例 7、例 8 中所讨论的函数在 $x = 0$ 处虽然不可导，但显然是连续的，因此函数在一点连续不是可导的充分条件。

四、可导与连续的关系

定理 1 若函数 $f(x)$ 在点 x_0 可导，则函数 $f(x)$ 在点 x_0 一定连续。

证明 若函数 $f(x)$ 在点 x_0 可导，则

$$f'(x_0) = \lim_{x \to x_0}\frac{f(x) - f(x_0)}{x - x_0}$$

于是

$$\lim_{x \to x_0}[f(x) - f(x_0)] = \lim_{x \to x_0}\left[\frac{f(x) - f(x_0)}{x - x_0} \cdot (x - x_0)\right] = f'(x_0) \cdot 0 = 0$$

因此函数 $f(x)$ 在点 x_0 连续。

五、基本初等函数的导数

下面是基本初等函数的导数公式，我们先给出这些公式，请同学们牢记其中的一些公式，我们将在下一节证明。

(1) $(C)' = 0$;

(2) $(x^\alpha)' = \alpha x^{\alpha-1}$;

(3) $(\sin x)' = \cos x$;

(4) $(\cos x)' = -\sin x$;

(5) $(\tan x)' = \sec^2 x$;

(6) $(\cot x)' = -\csc^2 x$;

(7) $(\sec x)' = \sec x \cdot \tan x$;

(8) $(\csc x)' = -\csc x \cdot \cot x$;

(9) $(a^x)' = a^x \cdot \ln a$;

(10) $(e^x)' = e^x$;

(11) $(\log_a x)' = \dfrac{1}{x\ln a}$;

(12) $(\ln x)' = \dfrac{1}{x}$;

(13) $(\arcsin x)' = \dfrac{1}{\sqrt{1 - x^2}}$;

(14) $(\arccos x)' = -\dfrac{1}{\sqrt{1 - x^2}}$;

(15) $(\arctan x)' = \dfrac{1}{1 + x^2}$;

(16) $(\text{arccot } x)' = -\dfrac{1}{1 + x^2}$;

(17) $(\text{sh } x)' = \text{ch } x$;

(18) $(\text{ch } x)' = \text{sh } x$;

(19) $(\text{arsh } x)' = \dfrac{1}{\sqrt{x^2 + 1}}$;

(20) $(\text{arch } x)' = \dfrac{1}{\sqrt{x^2 - 1}}$。

习 题 2－1

1. 若质点做直线运动,路程 s 与时间 t 的关系是 $s = t^3$,计算从 $t = 2$ 到 $t = 2 + \Delta t$ 之间的平均速度,并分别计算当 $\Delta t = 1$ 与 $\Delta t = 0.01$ 时的平均速度。再计算 $t = 2$ 时的瞬时速度。

2. 根据导数定义计算下列函数在点 x_0 的导数。

(1) $f(x) = 3x + 2$ 　　　　　(2) $f(x) = \dfrac{1}{x + 1}, x \neq -1$

(3) $f(x) = \cos x$

3. 请指出下列各题中 A 表示什么?

(1) 若 $f'(x_0)$ 存在,且 $\lim\limits_{\Delta x \to 0} \dfrac{f(x_0 - \Delta x) - f(x_0)}{\Delta x} = A$;

(2) 若 $f'(0)$ 存在, $f(0) = 0$ 且 $\lim\limits_{x \to 0} \dfrac{f(x)}{x} = A$ 。

4. 以下两题,请选择正确的结论:

(1) 若 $f(x)$ 在 $x = a$ 的某邻域内有定义,则 $f(x)$ 在 $x = a$ 处可导是

$$\lim_{h \to 0} \frac{f(a + h) - f(a - h)}{2h}$$

存在的(　　)。

　　A. 充分条件但非必要条件　　　　B. 必要条件但非充分条件
　　C. 既不是充分条件也不是必要条件　　D. 既是充分条件也是必要条件

(2) 设
$$f(x) = \begin{cases} \dfrac{3}{5}x^5, & x \leqslant 1 \\ x^3, & x > 1 \end{cases}$$

则 $f(x)$ 在 $x = 1$ 处的(　　)。

　　A. 左导数不存在,右导数存在　　　　B. 左导数、右导数都存在
　　C. 左导数存在,右导数不存在　　　　D. 左导数、右导数都不存在

5. 求下列函数的导数:

(1) $y = x^6$ 　　　　　　　　(2) $y = \sqrt[3]{x}$

(3) $y = x^{2.4}$ 　　　　　　　(4) $y = x^2 \sqrt{x}$

(5) $y = \dfrac{\sqrt[3]{x}}{x^2}$ 　　　　　　　(6) $y = \sqrt{\sqrt{\sqrt{x}}}$

6. 设 $f(x)$ 为偶函数,且 $f'(0)$ 存在,求证 $f'(0) = 0$ 。

7. 求曲线 $y = \dfrac{1}{x}$ 上点 $(1,1)$ 处的切线方程和法线方程。

8. 讨论下列函数在 $x=0$ 处的连续性和可导性：

$（1）y = x^{\frac{2}{3}}$ 　　　　　　　　　$（2）f(x) = \begin{cases} x\sin\dfrac{1}{x}, & x\neq0 \\ 0, & x=0 \end{cases}$

9. 设函数 $f(x) = \begin{cases} x^2, & x\leqslant0 \\ -x, & x>0 \end{cases}$，求 $f'(x)$。

10. 设函数 $f(x) = \begin{cases} x^2, & x\leqslant1 \\ ax+b, & x>1 \end{cases}$，为使此函数在 $x=1$ 处可导，a 与 b 应取何值？

11. 证明：如果函数 $f(x)$ 在点 x_0 右导数存在，那么函数 $f(x)$ 在点 x_0 右连续。

12. 设 $f(x) = (x-a)\varphi(x)$，其中 $\varphi(x)$ 在 $x=a$ 连续但不可导，试利用导数定义证明 $f(x)$ 在 $x=a$ 可导。

第二节　导数的四则运算与复合函数求导

上一节，我们从定义出发得到了几个基本初等函数的导数，那么如何计算一般的初等函数的导数呢？由于初等函数是由基本初等函数通过四则运算和复合运算得到的，因此本节我们将研究函数的四则运算与复合运算的求导法则。

一、函数的四则运算的求导法则

定理 1　若 $u(x)$ 和 $v(x)$ 都在点 x 可导，那么它们的和、差、积、商（除分母为 0 的点外）都在点 x 可导，且：

$（1）[u(x)\pm v(x)]' = u'(x)\pm v'(x)$；

$（2）[u(x)\cdot v(x)]' = u'(x)v(x)+u(x)v'(x)$；

$（3）\left[\dfrac{u(x)}{v(x)}\right]' = \dfrac{u'(x)v(x)-u(x)v'(x)}{v^2(x)}$ 　　$（v(x)\neq0）$。

证明　（1）留给同学们证明，我们仅证（2）（3）。

$$[u(x)\cdot v(x)]' = \lim_{\Delta x\to0}\frac{u(x+\Delta x)v(x+\Delta x)-u(x)v(x)}{\Delta x}$$

$$= \lim_{\Delta x\to0}\frac{[u(x+\Delta x)v(x+\Delta x)-u(x)v(x+\Delta x)]+[u(x)v(x+\Delta x)-u(x)v(x)]}{\Delta x}$$

$$= \lim_{\Delta x\to0}\left[\frac{u(x+\Delta x)-u(x)}{\Delta x}\cdot v(x+\Delta x)+u(x)\cdot\frac{v(x+\Delta x)-v(x)}{\Delta x}\right]$$

$$= u'(x)v(x)+u(x)v'(x)$$

$$
\begin{aligned}
\left[\frac{u(x)}{v(x)}\right]' &= \lim_{\Delta x \to 0} \frac{\dfrac{u(x+\Delta x)}{v(x+\Delta x)} - \dfrac{u(x)}{v(x)}}{\Delta x} \\
&= \lim_{\Delta x \to 0} \frac{1}{v(x+\Delta x)v(x)} \cdot \frac{u(x+\Delta x)v(x) - u(x)v(x+\Delta x)}{\Delta x} \\
&= \lim_{\Delta x \to 0} \frac{1}{v(x+\Delta x)v(x)} \cdot \left[\frac{u(x+\Delta x) - u(x)}{\Delta x} \cdot v(x) - u(x) \cdot \frac{v(x+\Delta x) - v(x)}{\Delta x}\right] \\
&= \frac{u'(x)v(x) - u(x)v'(x)}{v^2(x)}
\end{aligned}
$$

在上面的证明中，我们应用了 $\lim\limits_{\Delta x \to 0} v(x+\Delta x) = v(x)$，这是因为可导必连续。

应用数学归纳法，定理中的(1)(2)可推广到任意有限个可导函数的情形，它的证明留给同学们完成。

此外，当 $v(x) = c$ 是常数时，由定理 1 中的(2)，有
$$
[cu(x)]' = c'u(x) + cu'(x) = cu'(x)
$$
当 $u(x) = 1$ 时，由定理 1 中的(3)，有
$$
\left[\frac{1}{v(x)}\right]' = \frac{-v'(x)}{v^2(x)} \quad (v(x) \neq 0)
$$

例1 设 $y = x^3 + 5x^2 - 4x + 9$，求 y'。

解 $y' = (x^3)' + (5x^2)' - (4x)' + (9)' = 3x^2 + 10x - 4$。

例2 设 $f(x) = e^x \cdot \cos x - 2\cos\dfrac{\pi}{3}$，求 $f'(x)$，$f'\left(\dfrac{\pi}{2}\right)$。

解 $f'(x) = (e^x)'\cos x + e^x(\cos x)' = e^x\cos x - e^x\sin x$；

$f'\left(\dfrac{\pi}{2}\right) = e^{\frac{\pi}{2}}\cos\dfrac{\pi}{2} - e^{\frac{\pi}{2}}\sin\dfrac{\pi}{2} = -e^{\frac{\pi}{2}}$。

例3 设 $f(x) = (x^2 - 3x) \cdot \ln x$，求 $f'(x)$

解 $f'(x) = (x^2 - 3x)' \cdot \ln x + (x^2 - 3x) \cdot (\ln x)' = (2x - 3) \cdot \ln x + (x^2 - 3x) \cdot \dfrac{1}{x}$

$\qquad = (2x - 3)\ln x + x - 3$

例4 设 $y = \tan x$，求 y'。

解 $y' = (\tan x)' = \left(\dfrac{\sin x}{\cos x}\right)' = \dfrac{(\sin x)'\cos x - \sin x(\cos x)'}{\cos^2 x} = \dfrac{1}{\cos^2 x} = \sec^2 x$

类似地可得 $(\cot x)' = -\csc^2 x$。

例5 设 $y = \sec x$，求 y'。

解 $y' = (\sec x)' = \left(\dfrac{1}{\cos x}\right)' = -\dfrac{(\cos x)'}{\cos^2 x} = \dfrac{\sin x}{\cos^2 x} = \sec x \cdot \tan x$

类似地可得 $(\csc x)' = -\csc x \cdot \cot x$。

二、复合函数求导

定理 2　若函数 $u = g(x)$ 在 x 可导,函数 $y = f(u)$ 在 $u = g(x)$ 可导,则复合函数 $y = f[g(x)]$ 在 x 也可导,且

$$\{f[g(x)]\}' = f'(u) \cdot g'(x) \quad \text{或} \quad \frac{dy}{dx} = \frac{dy}{du} \cdot \frac{du}{dx}$$

证明　若给 x 以任意增量 Δx,设 Δu 是函数 $u = g(x)$ 相应的增量,Δy 是由 Δu 引起的 $y = f(u)$ 的增量,则有

$$\frac{\Delta y}{\Delta x} = \frac{\Delta y}{\Delta u} \cdot \frac{\Delta u}{\Delta x} \tag{2-2}$$

于是

$$\lim_{\Delta x \to 0} \frac{\Delta y}{\Delta x} = \lim_{\Delta x \to 0} \frac{\Delta y}{\Delta u} \cdot \lim_{\Delta x \to 0} \frac{\Delta u}{\Delta x}$$

则

$$\{f[g(x)]\}' = f'(u) \cdot g'(x)$$

需要注意的是,上述证明是不严格的。因为当 $\Delta x \neq 0$ 时,$\Delta u = 0$ 是有可能的,所以式 (2-2) 是有可能不成立的,下面给出本定理的严格证明。

由于 $y = f(u)$ 在 u 可导,因此有

$$\lim_{\Delta u \to 0} \frac{\Delta y}{\Delta u} = f'(u) \quad (\Delta u \neq 0)$$

从而

$$\frac{\Delta y}{\Delta u} = f'(u) + \alpha$$

其中 $\lim_{\Delta u \to 0} \alpha = 0$。也就是说,当 $\Delta u \neq 0$ 时,有

$$\Delta y = f'(u)\Delta u + \alpha \Delta u \tag{2-3}$$

当 $\Delta u = 0$ 时,$\Delta y = 0$,显然此时式 (2-3) 也成立(但注意此时 α 没有定义,所以不妨令此时 $\alpha = 0$)。

用 Δx 除式 (2-3) 两端,得

$$\frac{\Delta y}{\Delta x} = f'(u) \frac{\Delta u}{\Delta x} + \alpha \frac{\Delta u}{\Delta x}$$

于是

$$\lim_{\Delta x \to 0} \frac{\Delta y}{\Delta x} = f'(u) \lim_{\Delta x \to 0} \frac{\Delta u}{\Delta x} + \lim_{\Delta x \to 0} \alpha \cdot \lim_{\Delta x \to 0} \frac{\Delta u}{\Delta x} \tag{2-4}$$

由函数 $u = g(x)$ 在 x 可导,则在点 x 必连续,故有 $\lim_{\Delta x \to 0} \Delta u = 0$,因此

$$\lim_{\Delta x \to 0} \alpha = \lim_{\Delta u \to 0} \alpha = 0$$

由式 (2-4) 得

$$\{f[g(x)]\}' = f'(u) \cdot g'(x)$$

定理 2 说明了复合函数的导数等于函数对中间变量的导数乘以中间变量对自变量的

导数。

例 6 设 $y = e^{\sin x}$，求 $\dfrac{dy}{dx}$。

解 $y = e^{\sin x}$ 可分解为 $y = e^u, u = \sin x$，因此

$$\frac{dy}{dx} = \frac{dy}{du} \cdot \frac{du}{dx} = e^u \cdot \cos x = e^{\sin x} \cdot \cos x$$

例 7 设 $y = \cos \dfrac{2x}{1+x^2}$，求 $\dfrac{dy}{dx}$。

解 $y = \cos \dfrac{2x}{1+x^2}$ 可分解为 $y = \cos u, u = \dfrac{2x}{1+x^2}$，又因为

$$\frac{dy}{du} = -\sin u$$

$$\frac{du}{dx} = \frac{2(1+x^2) - 2x \cdot 2x}{(1+x^2)^2} = \frac{2(1-x^2)}{(1+x^2)^2}$$

所以

$$\frac{dy}{dx} = \frac{dy}{du} \cdot \frac{du}{dx} = -\sin u \cdot \frac{2(1-x^2)}{(1+x^2)^2} = -\sin \frac{2x}{1+x^2} \cdot \frac{2(1-x^2)}{(1+x^2)^2}$$

熟练后，上述解法中的中间变量不必写出来，只要记在心中即可。

此外，应用归纳法，可将定理 2 推广到任意有限个函数构成的复合函数。下面以三个函数复合构成的复合函数为例说明求导法则。若 $v = \psi(x)$ 在点 x 可导，而 $u = \varphi(v)$ 在点 $v = \psi(x)$ 可导，$y = f(u)$ 在 $u = \varphi(v)$ 可导，则 $y = f\{\varphi[\psi(x)]\}$ 在点 x 可导，且

$$\frac{dy}{dx} = f'(u)\varphi'(v)\psi'(x)$$

例 8 设 $y = \tan^3(\ln x)$，求 $\dfrac{dy}{dx}$。

解
$$\frac{dy}{dx} = 3\tan^2(\ln x) \cdot \sec^2(\ln x) \cdot \frac{1}{x}$$

例 9 设 $y = e^{\arctan \sqrt{x}}$，求 $\dfrac{dy}{dx}$。

解
$$\frac{dy}{dx} = e^{\arctan \sqrt{x}} \cdot \frac{1}{1+x} \cdot \frac{1}{2\sqrt{x}} = \frac{e^{\arctan \sqrt{x}}}{2\sqrt{x}(1+x)}$$

例 10 设 $y = \ln(x + \sqrt{x^2+a})$，求 $\dfrac{dy}{dx}$。

解
$$\frac{dy}{dx} = \frac{1}{x + \sqrt{x^2+a}} \cdot \left(1 + \frac{2x}{2\sqrt{x^2+a}}\right) = \frac{1}{\sqrt{x^2+a}}$$

特别地，当 $a = 1$ 时，此结果即为公式 $(\operatorname{arsh} x)' = [\ln(x + \sqrt{x^2+1})]' = \dfrac{1}{\sqrt{x^2+1}}$。

同理可得 $(\operatorname{arch} x)' = \left[\ln\left(x+\sqrt{x^2-1}\right)\right]' = \dfrac{1}{\sqrt{x^2-1}}, x\in(1,\infty)$。

例 11 设 $x>0$，推导公式 $(x^\alpha)' = \alpha x^{\alpha-1}$。

解 可以将 x^α 看作 $x^\alpha = \mathrm{e}^{\ln x^\alpha} = \mathrm{e}^{\alpha\ln x}$，于是

$$(x^\alpha)' = (\mathrm{e}^{\alpha\ln x})' = \mathrm{e}^{\alpha\ln x}\cdot\frac{\alpha}{x} = x^\alpha\cdot\frac{\alpha}{x} = \alpha x^{\alpha-1}$$

例 12 设 $y = x^2\cdot\sqrt[3]{1-2x^2}$，求 y'。

解 首先应用积的求导法则得

$$y' = (x^2)'\cdot\sqrt[3]{1-2x^2} + x^2\cdot(\sqrt[3]{1-2x^2})'$$

由复合函数求导法则可得

$$(\sqrt[3]{1-2x^2})' = \left[(1-2x^2)^{\frac{1}{3}}\right]' = \frac{1}{3}(1-2x^2)^{-\frac{2}{3}}\cdot(1-2x^2)' = \frac{-4x}{3\sqrt[3]{(1-2x^2)^2}}$$

所以

$$y' = 2x\cdot\sqrt[3]{1-2x^2} + x^2\cdot\frac{-4x}{3\sqrt[3]{(1-2x^2)^2}} = \frac{6x-16x^3}{3\sqrt[3]{(1-2x^2)^2}}$$

例 13 求 $y = x^{\sin x}(x>0)$ 的导数。

解 本例中的函数，我们称之为幂指函数（就是指形如 $y = [u(x)]^{v(x)}$ 的函数，其中 $u(x)>0$）。

解法 1 将 $y = x^{\sin x}$ 看成是 x 的复合函数，即

$$y = \mathrm{e}^{\ln x^{\sin x}} = \mathrm{e}^{\sin x\ln x}$$

应用复合函数的求导公式，有

$$y' = (\mathrm{e}^{\sin x\ln x})' = \mathrm{e}^{\sin x\ln x}\cdot(\sin x\ln x)' = x^{\sin x}\cdot\left(\cos x\ln x + \frac{\sin x}{x}\right)$$

解法 2 在 $y = x^{\sin x}$ 两边同时取对数，得

$$\ln y = \sin x\ln x$$

两边同时对 x 求导（注意等式左边是 x 的复合函数），得

$$\frac{y'}{y} = \left(\cos x\ln x + \frac{\sin x}{x}\right)$$

于是
$$y' = y\cdot\left(\cos x\ln x + \frac{\sin x}{x}\right) = x^{\sin x}\cdot\left(\cos x\ln x + \frac{\sin x}{x}\right)$$

解法 2 中用到的方法称为对数求导法。有些时候，利用对数求导法比通常方法简便。

例 14 求 $y = \sqrt{\dfrac{(x-1)(x-2)}{(x-3)(x-4)}}$ 的导数。

解 两边同时取对数，得

$$\ln y = \frac{1}{2}\big[\ln(x-1) + \ln(x-2) - \ln(x-3) - \ln(x-4)\big]$$

事实上，$\ln y = \dfrac{1}{2}\ln\left|\dfrac{(x-1)(x-2)}{(x-3)(x-4)}\right| = \dfrac{1}{2}(\ln|x-1| + \ln|x-2| - \ln|x-3| - \ln|x-4|)$，

由于 $y = \ln|x-a|$（a 是某常数）的导数是 $\dfrac{1}{x-a}$，所以用对数求导法时往往直接取对数，而不讨论其适用区间。

两边同时对 x 求导（注意等式左边是 x 的复合函数），得

$$\frac{y'}{y} = \frac{1}{2}\left(\frac{1}{x-1} + \frac{1}{x-2} - \frac{1}{x-3} - \frac{1}{x-4}\right)$$

$$y' = \frac{y}{2}\left(\frac{1}{x-1} + \frac{1}{x-2} - \frac{1}{x-3} - \frac{1}{x-4}\right)$$

$$= \frac{1}{2}\sqrt{\frac{(x-1)(x-2)}{(x-3)(x-4)}} \cdot \left(\frac{1}{x-1} + \frac{1}{x-2} - \frac{1}{x-3} - \frac{1}{x-4}\right)$$

习 题 2–2

1. 推导下列导数公式：

（1）$(\cot x)' = -\csc^2 x$

（2）$(\csc x)' = -\csc x\cot x$

（3）$(\mathrm{sh}\, x)' = \mathrm{ch}\, x$

（4）$(\mathrm{ch}\, x)' = \mathrm{sh}\, x$

2. 求下列函数在指定点的导数：

（1）$f(x) = x^3 + 2x^2 - 5x$，求 $f'(0)$；

（2）$f(x) = x\cos x + 3x^2$，求 $f'(\pi)$ 与 $f'\left(\dfrac{\pi}{2}\right)$；

（3）$f(x) = \dfrac{2}{2-x} + \dfrac{x^3}{5}$，求 $f'(0)$；

（4）$f(x) = a_n x^n + a_{n-1}x^{n-1} + \cdots + a_1 x + a_0$，求 $f'(0)$。

3. 求下列函数的导数：

（1）$y = \dfrac{4}{x^2} + \dfrac{7}{x^4} - \dfrac{2}{x} + 11$

（2）$y = 4x^{\frac{7}{2}} - 6x^{\frac{5}{2}} + 2x$

（3）$y = 5x^3 - 2^x + 3\mathrm{e}^x$

（4）$y = \sqrt{3x} + \sqrt[3]{x} + \dfrac{1}{x}$

（5）$y = 2\tan x + \sec x$

（6）$y = \sqrt{x}\,\mathrm{arccot}\, x$

（7）$y = x\arcsin x$

（8）$y = 6\mathrm{e}^x(\sin x + \cos x)$

（9）$y = x\tan x - \cot x$

（10）$y = 2\csc x\cot x$

（11）$y = x^2 \ln x$

（12）$y = \dfrac{x^3 - 3x + 4}{x^2 - 1}$

（13）$y = \dfrac{1 - \ln x}{1 + \ln x}$

（14）$y = \dfrac{2 + \sin x}{1 + \cos x}$

（15）$y = \dfrac{x^3}{1 + x^2}$

（16）$y = \dfrac{\arctan x}{x}$

（17）$y = \dfrac{x}{4^x}$

（18）$y = \dfrac{x - 1}{x + 1}$

（19）$y = \dfrac{1}{1 + \tan x}$

（20）$y = \dfrac{x \sin x}{1 + \tan x}$

（21）$y = (x + 1)(2x - 3)(3x + 1)$

（22）$y = x \sin x \ln x$

4. 求下列函数的导数：

（1）$y = (3x + 1)^{10}$

（2）$y = e^{x^2}$

（3）$y = \cos(1 - 2x^2)$

（4）$y = \sqrt[3]{x^2 + x + 1}$

（5）$y = \tan^2(2x + 3)$

（6）$y = (x \cot x)^2$

（7）$y = \sqrt{1 + e^x}$

（8）$y = 3^{\sin x}$

（9）$y = \ln(1 + \sqrt{x})$

（10）$y = \ln(1 + e^{-x})$

（11）$y = \ln(\cos x)$

（12）$y = \ln(\tan^2 x)$

（13）$y = \ln\left(\tan \dfrac{x}{2}\right)$

（14）$y = \sqrt{1 + \ln^2 x}$

（15）$y = \ln \dfrac{a + x}{a - x}$

（16）$y = \ln(x^2 - \sin x)$

（17）$y = \log_2(x^2 + 2x)$

（18）$y = \arccos \sqrt{x}$

（19）$y = \left(\arcsin \dfrac{x}{a}\right)^2$

（20）$y = \arctan(\sqrt{x} + 1)$

（21）$y = \dfrac{1}{2}\arctan \dfrac{2x}{1 - x^2}$

（22）$y = \arcsin(\sqrt{\sin x})$

（23）$y = \sin^n x \cos nx$

（24）$y = \arcsin \sqrt{\dfrac{1 - x}{1 + x}}$

（25）$y = \arctan \dfrac{x + 1}{x - 1}$

（26）$y = \ln[\ln(\ln x)]$

（27）$y = \ln(\sec x + \tan x)$

（28）$y = \ln(\csc x - \cot x)$

5. 设函数 $f(x)$ 和 $g(x)$ 可导，且 $\sqrt{f^2(x) + g^2(x)} \neq 0$，试求函数 $y = \sqrt{f^2(x) + g^2(x)}$ 的导数。

6. 设函数可导，求下列函数的导数：

（1）$y = f(x^2)$　　　　　　　　　　（2）$y = [f(x)]^2$

（3）$y = f(\sin^3 x)$

7. 用对数求导法求下列函数的导数：

（1）$y = x^x$　　　　　　　　　　　　（2）$y = \left(\dfrac{x}{1+x}\right)^x$

（3）$y = x\sqrt{\dfrac{1-x}{1+x}}$　　　　　　　（4）$y = (x + \sqrt{1+x^2})^n$（n 为某常数）

8. 若 $u_1(x), u_2(x), \cdots, u_n(x)$ 在 x 处都可导，试证明 $u_1(x)u_2(x)\cdots u_n(x)$ 在 x 处也可导，且

$$[u_1(x)u_2(x)\cdots u_n(x)]' = u'_1(x)u_2(x)\cdots u_n(x) + u_1(x)u'_2(x)\cdots u_n(x) + \cdots +$$
$$u_1(x)u_2(x)\cdots u'_n(x)$$

第三节　高　阶　导　数

一、高阶导数

在本章第一节引例中我们看到，变速直线运动的物体的瞬时速度 $v(t)$ 是它所经过的路程 $s(t)$ 关于时间 t 的导数，即 $v(t) = s'(t)$。进一步地，也可以得到加速度 $a(t)$ 是速度 $v(t)$ 对时间 t 的导数，即 $a(t) = v'(t) = [s'(t)]'$。也就是说，加速度是路程关于时间的导数的导数，通常我们称之为路程关于时间的二阶导数。

一般地，由于函数 $f(x)$ 的（一阶）导数 $f'(x)$ 仍然是 x 的函数，我们可以继续讨论 $f'(x)$ 的导数。

定义1　函数 $f(x)$ 的（一阶）导数 $f'(x)$ 在 x 的导数（如果可导的话），称为函数在 x 的二阶导数，记为 $f''(x)$，即

$$f''(x) = \lim_{\Delta x \to 0} \frac{f'(x + \Delta x) - f'(x)}{\Delta x}$$

二阶导数的记号还可以用下列任何一种形式表示：

$$\frac{\mathrm{d}^2 y}{\mathrm{d}x^2}, \; y'', \; \frac{\mathrm{d}^2 f}{\mathrm{d}x^2}$$

由于函数 $f(x)$ 的二阶导数 $f''(x)$ 是（一阶）导数的导数，因此我们还会经常遇到下面的表达式：

$$\frac{\mathrm{d}^2 y}{\mathrm{d}x^2} = \frac{\mathrm{d}}{\mathrm{d}x}\left(\frac{\mathrm{d}y}{\mathrm{d}x}\right), \; y'' = (y')', \; \frac{\mathrm{d}^2 f}{\mathrm{d}x^2} = \frac{\mathrm{d}}{\mathrm{d}x}\left(\frac{\mathrm{d}f}{\mathrm{d}x}\right)$$

自然地，函数 $f(x)$ 的二阶导数 $f''(x)$ 在 x 的导数（如果可导的话），称为函数 $f(x)$ 在 x 的三阶导数，记为

$$f'''(x), y''', \frac{d^3 y}{dx^3}, \frac{d^3 f}{dx^3}$$

以此类推,函数 $f(x)$ 的 $n-1$ 阶导数在 x 的导数(如果可导的话),称为函数 $f(x)$ 在 x 的 n 阶导数,记为

$$f^{(n)}(x), y^{(n)}, \frac{d^n y}{dx^n}, \frac{d^n f}{dx^n}$$

二阶与二阶以上的导数统称为高阶导数。

由上述高阶导数定义可知,求函数的 n 阶导数,就是按照我们过去求一阶导数的方法逐阶求导数。

例1 $y = 2x^3 + \sin^2 x$,求 y''。

解
$$y' = 6x^2 + 2\sin x \cdot \cos x = 6x^2 + \sin 2x$$
$$y'' = 12x + 2\cos 2x$$

例2 求 $\sin x$ 和 $\cos x$ 的 n 阶导数。

解
$$y = \sin x$$
$$y' = \cos x = \sin\left(x + \frac{\pi}{2}\right)$$
$$y'' = \cos\left(x + \frac{\pi}{2}\right) = \sin\left(x + 2 \cdot \frac{\pi}{2}\right)$$
$$y''' = \cos\left(x + 2 \cdot \frac{\pi}{2}\right) = \sin\left(x + 3 \cdot \frac{\pi}{2}\right)$$
$$\cdots\cdots$$
$$y^{(n)} = \sin\left(x + n \cdot \frac{\pi}{2}\right)$$

同理,可得 $(\cos x)^{(n)} = \cos\left(x + n \cdot \frac{\pi}{2}\right)$。

例3 求函数 $y = e^{ax}$(a 是常数)的 n 阶导数。

解 $\quad y' = ae^{ax}, y'' = a^2 e^{ax}, y''' = a^3 e^{ax}, \cdots, y^{(n)} = a^n e^{ax}$

例4 求函数 $y = \ln(1+x)$ 的 n 阶导数。

解 $\quad y' = \dfrac{1}{1+x}, y'' = -\dfrac{1}{(1+x)^2}, y''' = \dfrac{1 \cdot 2}{(1+x)^3}, y^{(4)} = -\dfrac{1 \cdot 2 \cdot 3}{(1+x)^4}, \cdots,$

$$y^{(n)} = (-1)^{n-1} \frac{(n-1)!}{(1+x)^n}$$

例5 求函数 $y = \sqrt{x}$ 的 n 阶导数。

解
$$y = \sqrt{x} = x^{\frac{1}{2}}$$
$$y' = \frac{1}{2} x^{-\frac{1}{2}}$$

$$y'' = \frac{1}{2}\left(-\frac{1}{2}\right)x^{-\frac{3}{2}} = -\frac{1}{2^2}x^{-\frac{3}{2}}$$

$$y''' = \frac{1}{2}\left(-\frac{1}{2}\right)\left(-\frac{3}{2}\right)x^{-\frac{5}{2}} = \frac{1 \cdot 3}{2^3}x^{-\frac{5}{2}}$$

$$\cdots\cdots$$

$$y^{(n)} = (-1)^{n-1}\frac{1 \cdot 3 \cdot \cdots \cdot (2n-3)}{2^n}x^{-\frac{2n-1}{2}}$$

二、莱布尼兹公式

若 $u(x)$ 与 $v(x)$ 是两个有任意阶导数的函数,那么如何求 $u(x) \cdot v(x)$ 的 n 阶导数呢? 以下将 $u(x)$ 与 $v(x)$ 简写为 u 与 v,观察下列运算:

$(uv)' = u'v + uv'$;

$(uv)'' = u''v + 2u'v' + uv''$;

$(uv)''' = u'''v + 3u''v' + 3u'v'' + uv'''$。

不难发现,如果将上式右端的阶数换成次数,它就变成了两数和的立方公式。那么两个函数乘积的 n 阶导数是否也有类似于两数和的 n 次幂的展开式呢? 答案是肯定的。

定理 1 若 u 与 v 都是 x 的函数,且存在 n 阶导数,则

$$(uv)^{(n)} = C_n^0 u^{(n)}v + C_n^1 u^{(n-1)}v' + C_n^2 u^{(n-2)}v'' + \cdots + C_n^{n-1} u'v^{(n-1)} + C_n^n uv^{(n)} = \sum_{k=0}^{n} C_n^k u^{(n-k)}v^{(k)}$$

通常我们约定 $u^{(0)} = u, v^{(0)} = v$,并称上式为莱布尼兹公式。

利用数学归纳法容易证明莱布尼兹公式,留给同学们自行证明。

例 6 设 $y = x^2\cos 2x$,求 $y^{(20)}$。

解 令 $u = \cos 2x, v = x^2$,于是

$$u^{(n)} = 2^n\cos\left(2x + n \cdot \frac{\pi}{2}\right); v' = 2x, v'' = 2, v''' = 0, \cdots, v^{(n)} = 0$$

将上式代入莱布尼兹公式,可得

$$y^{(20)} = u^{(20)}v + C_{20}^1 u^{(19)}v' + C_{20}^2 u^{(18)}v'' + 0 + \cdots + 0$$

$$= 2^{20}\cos\left(2x + 20 \cdot \frac{\pi}{2}\right)x^2 + 20 \cdot 2^{19}\cos\left(2x + 19 \cdot \frac{\pi}{2}\right)2x + \frac{20 \cdot 19}{2!} \cdot 2^{18}\cos\left(2x + 18 \cdot \frac{\pi}{2}\right) \cdot 2$$

$$= 2^{20}x^2\cos 2x + 40 \cdot 2^{19}x\sin 2x - 380 \cdot 2^{18}\cos 2x$$

习 题 2 - 3

1. 求下列函数的二阶导数:

（1） $y = 2x^2 + \ln x$　　　　　　　　　　（2） $y = \sin ax + \cos bx$

（3）$y = e^{2x+1}$　　　　　　　　　　（4）$y = x\cos x$

（5）$y = \sqrt{a^2 - x^2}$　　　　　　　　（6）$y = \ln(1 - x^2)$

（7）$y = \tan x$　　　　　　　　　　　（8）$y = \dfrac{e^x}{x}$

（9）$y = (1 + x^2)\arctan x$　　　　　（10）$y = \ln(x + \sqrt{1 + x^2})$

2. 若 $f''(x)$ 存在，求下列函数的二阶导数：

（1）$y = f(x^2)$　　　　　　　　　　（2）$y = \ln[f(x)]$

3. 首先观察函数 $y = e^{rx}$ 的一阶和二阶导数，找出两个不同的函数

$$y = y_1(x),\ y = y_2(x)\quad \left(\frac{y_1(x)}{y_2(x)} \neq C\right)$$

满足 $y'' - 2y' - 3y = 0$。

4. 求下列函数的 n 阶导数：

（1）$y = x\ln x$　　　　　　　　　　（2）$y = 5^{3x} + \dfrac{1}{x}$

（3）$y = \sin^2 x$　　　　　　　　　　（4）$y = xe^x$

5. 求下列函数在指定阶的导数：

（1）$y = x\,\text{sh}\,x\,(n = 100)$　　　　　（2）$y = e^x\cos x\,(n = 4)$

（3）$y = x^2 e^{2x}\,(n = 20)$

6. 求 n 次多项式 $P_n(x) = a_0 + a_1 x + a_2 x^2 + \cdots + a_n x^n$ 在点 $x = 0$ 的各阶导数值。

第四节　特殊求导法

本节我们将讨论几种特殊的求导法，包括反函数求导、隐函数求导和参数方程求导。

一、反函数求导

定理 1　若函数 $y = f(x)$ 在点 x 的某邻域内连续，且严格单调；函数 $y = f(x)$ 在点 x 可导，且 $f'(x) \neq 0$，则它的反函数 $x = \varphi(y)$ 在 $y[y = f(x)]$ 可导，且

$$\varphi'(y) = \frac{1}{f'(x)} \tag{2-5}$$

证明　由已知，$y = f(x)$ 存在反函数 $x = \varphi(y)$。

对反函数 $x = \varphi(y)$ 的自变量 y 给以任意的增量 Δy，则因变量 x 获得相应的增量 Δx。当 $\Delta y \neq 0$ 时，由函数 $y = f(x)$ 的严格单调性，必有 $\Delta x \neq 0$，因此

$$\frac{\Delta x}{\Delta y} = \frac{1}{\dfrac{\Delta y}{\Delta x}}$$

又函数 $y = f(x)$ 在点 x 的某邻域内单调连续，知其反函数 $x = \varphi(y)$ 在 $y(y = f(x))$ 的某邻域内也单调连续。也就是说，$\Delta y \to 0$ 时，必有 $\Delta x \to 0$，从而

$$\lim_{\Delta y \to 0} \frac{\Delta x}{\Delta y} = \lim_{\Delta y \to 0} \frac{1}{\dfrac{\Delta y}{\Delta x}} = \frac{1}{\lim\limits_{\Delta y \to 0} \dfrac{\Delta y}{\Delta x}} = \frac{1}{\lim\limits_{\Delta x \to 0} \dfrac{\Delta y}{\Delta x}} = \frac{1}{f'(x)}$$

这说明上式左端极限存在，它就是导数 $\varphi'(y)$，因此式（2-5）成立。

下面我们简单地说明一下式（2-5）的几何意义。如图2-2所示，直线 T 为曲线 $y = f(x)$ 在点 $P(x, y)$ 处的切线。导数 $f'(x)$ 是此切线与 x 轴正向夹角的正切 $\tan \alpha$。对反函数 $x = \varphi(y)$，我们仍用这个图像，不过它的自变量是 y，$\varphi'(y)$ 就等于此切线与 y 轴正向夹角的正切 $\tan \beta$。由于 $\alpha + \beta = \dfrac{\pi}{2}$，因此有

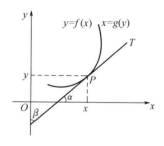

$$\tan \alpha = \frac{1}{\tan \beta}$$

也就是式（2-5）成立。

图2-2

例1 推导反三角函数的求导公式。

$$y = \arcsin x \left(-1 < x < 1, -\frac{\pi}{2} < y < \frac{\pi}{2} \right)$$

解 $y = \arcsin x$ 在 $(-1, 1)$ 上连续，且严格增加，存在反函数 $x = \sin y$，且 $y \in \left(-\dfrac{\pi}{2}, \dfrac{\pi}{2} \right)$ 时，$x_y' = \cos y > 0$。由反函数的求导法则，有

$$y'_x = \frac{1}{x'_y} = \frac{1}{\cos y} = \frac{1}{\sqrt{1 - \sin^2 y}} = \frac{1}{\sqrt{1 - x^2}}$$

注意，此处不取 $x = \pm 1$，因为它对应的 $y = \pm \dfrac{\pi}{2}$，此时 $\cos y = 0$。

用类似的方法可以得到其他几个反三角函数的求导公式：

（1）$y = \arccos x (-1 < x < 1, 0 < y < \pi)$ 的求导公式为

$$(\arccos x)' = -\frac{1}{\sqrt{1 - x^2}}$$

（2）$y = \arctan x \left(x \in \mathbf{R}, -\dfrac{\pi}{2} < y < \dfrac{\pi}{2} \right)$ 的求导公式为

$$(\arctan x)' = \frac{1}{1 + x^2}$$

（3）$y = \text{arccot}\, x (x \in \mathbf{R}, 0 < y < \pi)$ 的求导公式为

$$(\text{arccot}\, x)' = -\frac{1}{1 + x^2}$$

例 2 试利用指数函数 $y = a^x$（其中 $a > 0$ 且 $a \neq 1$）的反函数求其导数。

解 因为 $y = a^x$ 与 $x = \log_a y$ 互为反函数，而

$$x'_y = (\log_a y)' = \frac{1}{y \ln a}$$

所以

$$y'_x = (a^x)' = \frac{1}{(\log_a y)'} = \frac{1}{\dfrac{1}{y \ln a}} = y \ln a = a^x \ln a$$

二、隐函数求导

在第一章第一节中，我们知道有些函数是利用方程 $F(x, y) = 0$ 来表示 x 与 y 之间的对应关系，即隐函数。对于给定的方程 $F(x, y) = 0$，它是否一定能确定一个可导的函数，我们将在《微积分教程》（下册·第 2 版）中讨论。现在约定，《微积分教程》（上册·第 2 版）中遇到的方程都能够确定一个可导的函数。

此外，如果我们可以从方程 $F(x, y) = 0$ 解出 $y = f(x)$（这种将隐函数化成显函数的过程称为隐函数的显化），那么求导是容易的，但实际上，多数情况下我们无法将隐函数显化，如 $e^y = xy$。

下面我们举例说明不通过显化，直接对隐函数求导的方法。

例 3 求由方程 $y^3 + xy + 3y - 5x^2 = 0$ 确定的函数 $y = f(x)$ 的导数 $\dfrac{dy}{dx}$ 以及 $\dfrac{dy}{dx}\Big|_{x=0}$。

解 显然 $y = f(x)$ 满足方程，即

$$f^3(x) + xf(x) + 3f(x) - 5x^2 = 0$$

方程两端同时对 x 求导，得

$$3f^2(x) \cdot f'(x) + xf'(x) + f(x) + 3f'(x) - 10x = 0$$

即

$$3y^2 \cdot \frac{dy}{dx} + x\frac{dy}{dx} + y + 3\frac{dy}{dx} - 10x = 0$$

整理得

$$\frac{dy}{dx} = \frac{10x - y}{3y^2 + x + 3}$$

当 $x = 0$ 时，从原方程解得 $y = 0$，所以 $\dfrac{dy}{dx}\Big|_{x=0} = 0$。

在例 3 中我们看到，隐函数导数的表达式中，既含有自变量 x 又含有因变量 y，这是因为隐函数的显化往往是困难的，因变量 y 无法用自变量 x 表示。

例 4 求双曲线 $\dfrac{x^2}{16} - \dfrac{y^2}{8} = 1$ 上在点 $\left(5, \dfrac{3\sqrt{2}}{2}\right)$ 的切线方程。

证明 首先求过点 $\left(5, \dfrac{3\sqrt{2}}{2}\right)$ 的切线斜率 k，即求 $\dfrac{x^2}{16} - \dfrac{y^2}{8} = 1$ 确定的隐函数 $y = f(x)$ 的导数

在 $\left(5,\dfrac{3\sqrt{2}}{2}\right)$ 的值。方程两端对 x 求导数，有

$$\frac{2x}{16}-\frac{2yy'}{8}=0$$

解得

$$y'=\frac{x}{2y}$$

在点 $\left(5,\dfrac{3\sqrt{2}}{2}\right)$ 的切线斜率为

$$k=y'\big|_{\left(5,\frac{3\sqrt{2}}{2}\right)}=\frac{5}{3\sqrt{2}}$$

于是，切线方程为

$$y-\frac{3\sqrt{2}}{2}=\frac{5}{3\sqrt{2}}(x-5)$$

整理得

$$5x-3\sqrt{2}y-16=0$$

例5 求方程 $x^2-xy+y^2=1$ 所确定的隐函数 $y=f(x)$ 的二阶导数。

解 方程两端对 x 求导数（注意，y 是 x 的函数），有

$$2x-(y+xy')+2yy'=0$$

整理得

$$y'=\frac{y-2x}{2y-x}$$

从而

$$y''=\frac{(y'-2)(2y-x)-(y-2x)(2y'-1)}{(2y-x)^2}$$

将 $y'=\dfrac{y-2x}{2y-x}$ 代入上式，得

$$y''=\frac{\left(\dfrac{y-2x}{2y-x}-2\right)(2y-x)-(y-2x)\left(2\dfrac{y-2x}{2y-x}-1\right)}{(2y-x)^2}$$

$$=\frac{-6(x^2-xy+y^2)}{(2y-x)^3}=\frac{-6}{(2y-x)^3}$$

三、参数方程求导

当研究动点的轨迹时，我们常用参数方程来表示。例如，如图 2-3 取定直角坐标系。一个半径为 a，圆心在 y 轴上的圆，圆周上有一定点 P 恰好在原点 O。当圆周沿 x 轴无滑动地滚动时，求点 P 的轨迹。

当圆周沿 x 轴滚动时，每转动一周，它的运动轨迹的形状都是一样的，所以我们仅研究圆周转动一周的情形。设经过一段时间滚动，圆周与 x 轴的切点移到 A 点，圆心移到 C 点，若向

量 CP 与 CA 之间的夹角为 θ,则点 P 满足的参数方程为

$$\begin{cases} x = a(\theta - \sin\theta), \\ y = a(1 - \cos\theta), \end{cases} \quad 0 \leqslant \theta \leqslant 2\pi \qquad (2-6)①$$

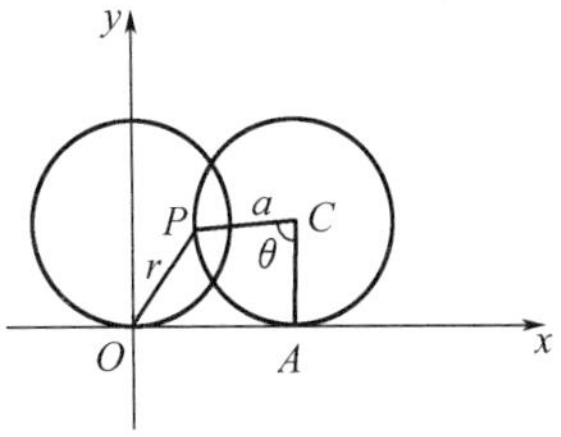

显然,如果圆周一直滚动下去,点 P 的轨迹将是一系列完全相同的拱形组成的曲线,这种曲线叫作旋轮线或称为摆线。

一般地,曲线参数方程的形式是

$$\begin{cases} x = \varphi(t), \\ y = \psi(t), \end{cases} \quad \alpha \leqslant t \leqslant \beta \qquad (2-7)$$

图 2-3

这个形式实际上与曲线的普通方程($y = f(x)$ 或 $x = f(y)$)是一致的。如果把对应于同一个 t 值的 y 与 x 的值看作是对应的,就得到了 y 与 x 之间的函数关系。如对式(2-6)消参数,得

$$x = a\arccos\frac{a-y}{a} - \sqrt{2ay - y^2}$$

显然,这个方程要比参数方程复杂得多。

一般来说,化参数方程为普通方程时,怎样消去参数一个比较困难的问题,既没有一般的方法,也不是所有的参数方程都能化为普通方程。下面我们就研究不通过消去参数,直接利用参数方程求导数的方法。

如果 $x = \varphi(t)$ 与 $y = \psi(t)$ 皆可导,且 $\varphi'(t) \neq 0$,又 $x = \varphi(t)$ 存在反函数 $t = \varphi^{-1}(x)$,则 y 是 x 的复合函数,即

$$y = \psi(t), t = \varphi^{-1}(x)$$

那么由复合函数与反函数的求导法则,有

$$\frac{\mathrm{d}y}{\mathrm{d}x} = \frac{\mathrm{d}y}{\mathrm{d}t} \cdot \frac{\mathrm{d}t}{\mathrm{d}x} = \psi'(t) \cdot [\varphi^{-1}(x)]' = \frac{\psi'(t)}{\varphi'(t)}$$

这就是参数方程的求导公式。

例 6 椭圆的参数方程是 $\begin{cases} x = a\cos t \\ y = b\sin t \end{cases}$,求 $\dfrac{\mathrm{d}y}{\mathrm{d}x}$。

解 由参数方程的求导公式,有

$$\frac{\mathrm{d}y}{\mathrm{d}x} = \frac{(b\sin t)'}{(a\cos t)'} = \frac{b\cos t}{-a\sin t} = -\frac{b}{a}\cot t$$

例 7 摆线 $\begin{cases} x = a(\theta - \sin\theta), \\ y = a(1 - \cos\theta), \end{cases} \quad 0 \leqslant \theta \leqslant 2\pi$,求其在 $\theta = \dfrac{\pi}{2}$ 的切线方程。

---

① 因为 $OP = OA + AC + CP$,其中 $OA = a\theta i, AC = aj$,又由 CP 与 x 轴的夹角为 $-\left(\dfrac{\pi}{2} + \theta\right)$,所以 $CP = a\cos\left(-\dfrac{\pi}{2} - \theta\right)$ $i + a\sin\left(-\dfrac{\pi}{2} - \theta\right)j$,即 $CP = -a\sin\theta i + (-a\cos\theta)j$,所以 $OP = a(\theta - \sin\theta)i + a(1 - \cos\theta)j$。

解 由参数方程的求导公式,有

$$\frac{\mathrm{d}y}{\mathrm{d}x} = \frac{a(1-\cos\theta)'}{a(\theta-\sin\theta)'} = \frac{a\sin\theta}{a(1-\cos\theta)} = \frac{\sin\theta}{(1-\cos\theta)}$$

当 $\theta = \frac{\pi}{2}$ 时,对应摆线上的点 $M_0\left(a\left(\frac{\pi}{2}-1\right),a\right)$。摆线在点 M_0 的切线斜率为

$$\frac{\mathrm{d}y}{\mathrm{d}x}\bigg|_{\theta=\frac{\pi}{2}} = \frac{\sin\theta}{(1-\cos\theta)}\bigg|_{\theta=\frac{\pi}{2}} = 1$$

摆线上在点 M_0 的切线方程为

$$y - a = x - a\left(\frac{\pi}{2}-1\right)$$

整理得

$$y - x = a\left(2 - \frac{\pi}{2}\right)$$

例8 不消参求参数方程 $\begin{cases} x = \dfrac{t^3}{3} \\ y = 1-t \end{cases}$ 所确定的函数 $y=f(x)$ 的二阶导数 $\dfrac{\mathrm{d}^2y}{\mathrm{d}x^2}$。

解 由参数方程的求导公式,有

$$\frac{\mathrm{d}y}{\mathrm{d}x} = \frac{(1-t)'}{\left(\dfrac{t^3}{3}\right)'} = \frac{-1}{t^2}$$

由于 $\dfrac{\mathrm{d}^2y}{\mathrm{d}x^2}$ 是一阶导函数 $\dfrac{\mathrm{d}y}{\mathrm{d}x}$ 继续对 x 求导(注意,不是对 t 求导),因此要将 $\dfrac{\mathrm{d}y}{\mathrm{d}x}$ 视为以 t 为中间变量,以 x 为自变量的复合函数,即

$$\frac{\mathrm{d}y}{\mathrm{d}x} = \frac{-1}{t^2}, t = \sqrt[3]{3x} \qquad \left(x = \frac{t^3}{3}\right)$$

于是有

$$\frac{\mathrm{d}^2y}{\mathrm{d}x^2} = \frac{\mathrm{d}}{\mathrm{d}t}\left(\frac{-1}{t^2}\right) \cdot \frac{\mathrm{d}t}{\mathrm{d}x} = \frac{2}{t^3} \cdot \frac{1}{\dfrac{\mathrm{d}x}{\mathrm{d}t}} = \frac{2}{t^3} \cdot \frac{1}{t^2} = \frac{2}{t^5}$$

一般地,对式 $(2-7)$ 确定的函数,若 $x = \varphi(t)$ 与 $y = \psi(t)$ 还是二阶可导的,那么

$$\frac{\mathrm{d}^2y}{\mathrm{d}x^2} = \frac{\mathrm{d}}{\mathrm{d}x}\left(\frac{\mathrm{d}y}{\mathrm{d}x}\right) = \frac{\mathrm{d}}{\mathrm{d}t}\left(\frac{\psi'(t)}{\varphi'(t)}\right) \cdot \frac{\mathrm{d}t}{\mathrm{d}x} = \frac{\psi''(t)\varphi'(t) - \psi'(t)\varphi''(t)}{\varphi'^2(t)} \cdot \frac{1}{\varphi'(t)}$$

即

$$\frac{\mathrm{d}^2y}{\mathrm{d}x^2} = \frac{\psi''(t)\varphi'(t) - \psi'(t)\varphi''(t)}{\varphi'^3(t)}$$

习　题　2－4

1. 试推导下面的导数公式：

$(1)（\arccos x）' = -\dfrac{1}{\sqrt{1-x^2}}$ $\qquad$ $(2)（\arctan x）' = \dfrac{1}{1+x^2}$

2. 试从 $\dfrac{\mathrm{d}x}{\mathrm{d}y} = \dfrac{1}{y'}$ 推出：

$(1)\ \dfrac{\mathrm{d}^2 x}{\mathrm{d}y^2} = -\dfrac{y''}{（y'）^3}$ $\qquad$ $(2)\ \dfrac{\mathrm{d}^3 x}{\mathrm{d}y^3} = \dfrac{3（y''）^2 - y'y'''}{（y'）^5}$

3. 求下列方程所确定的隐函数的导数 $\dfrac{\mathrm{d}y}{\mathrm{d}x}$：

$(1) y^3 - 3y + 2ax = 0$ $\qquad$ $(2) x^3 + y^3 - 3xy = 0$

$(3) xy = \mathrm{e}^{x+y}$ $\qquad$ $(4) y = 1 - x\mathrm{e}^y$

$(5) x^{\frac{2}{3}} + y^{\frac{2}{3}} = a^{\frac{2}{3}}$ $\qquad$ $(6) y = \cos（x+y）$

$(7) x + 2\sqrt{x-y} + 4y = 2$ $\qquad$ $(8) x\sqrt{y} - y\sqrt{x} = 10$

4. 证明：椭圆 $\dfrac{x^2}{a^2} + \dfrac{y^2}{b^2} = 1$ 在点 $P(x_0, y_0)$ 的切线方程是 $\dfrac{xx_0}{a^2} + \dfrac{yy_0}{b^2} = 1$。

5. 求下列方程所确定的隐函数的二阶导数 $\dfrac{\mathrm{d}^2 y}{\mathrm{d}x^2}$：

$(1) y = \tan（x+y）$ $\qquad$ $(2) \arctan \dfrac{y}{x} = \ln\sqrt{x^2 + y^2}$

6. 求下列参数方程所确定的函数的二阶导数 $\dfrac{\mathrm{d}^2 y}{\mathrm{d}x^2}$：

$(1)\begin{cases} x = 2t - t^2 \\ y = 3t - t^3 \end{cases}$ $\qquad$ $(2)\begin{cases} x = a\cos t \\ y = b\sin t \end{cases}$

$(3)\begin{cases} x = 3\mathrm{e}^{-t} \\ y = 2\mathrm{e}^t \end{cases}$ $\qquad$ $(4)\begin{cases} x = \ln（1+t^2） \\ y = t - \arctan t \end{cases}$

$(5)\begin{cases} x = R（t - \sin t） \\ y = R（1 - \cos t） \end{cases}$ $\qquad（0 < t < 2\pi）$

第五节　函数的微分

一、微分的概念

如果已知函数 $f(x)$ 在点 x_0 的值,那么如何求 $f(x)$ 在点 x_0 附近一点 $x_0 + \Delta x$ 的值呢? 在实际问题中,由于求精确值经常是困难的,所以我们希望找到比较便捷的求近似值的方法。

先来考察几个例子。

(1)边长为 x 的正方形面积 S 由公式 $S = x^2$ 给定。若边长在 x_0 取得增量 Δx,则面积 S 对应的增量 ΔS 为

$$\Delta S = (x_0 + \Delta x)^2 - x_0^2 = 2x_0\Delta x + (\Delta x)^2$$

由图 2-4 可看到 $2x_0\Delta x$ 是带斜线部分的面积,$(\Delta x)^2$ 是有交叉斜线部分的面积。

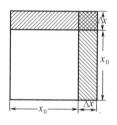

图 2-4

(2)半径为 r 的球体积由公式 $V = \dfrac{4}{3}\pi r^3$ 所给定。若半径在 r_0 取得增量 Δr,则体积 V 的对应增量 ΔV 为

$$\Delta V = \frac{4}{3}\pi(r_0 + \Delta r)^3 - \frac{4}{3}\pi r_0^3 = 4\pi r_0^2\Delta r + \left[4\pi r_0(\Delta r)^2 + \frac{4}{3}\pi(\Delta r)^3\right]$$

(3)做自由落体运动的物体,其路程 s 与时间 t 的关系满足规律 $s = \dfrac{1}{2}gt^2$。在由时刻 t_0 至 $t_0 + \Delta t$ 的一段时间 Δt 内,动点经过的路程 Δs 为

$$\Delta s = \frac{1}{2}g(t_0 + \Delta t)^2 - \frac{1}{2}g(t_0)^2 = gt_0\Delta t + \frac{1}{2}g(\Delta t)^2$$

在上述三个例子中,抛开它们的具体意义,可以看到它们的共同之处是:对某个函数 $y = f(x)$,当自变量在 x_0 取得增量 Δx,函数值相应的增量 Δy 可分为两部分,即

$$\Delta y = f(x_0 + \Delta x) - f(x_0) = A\Delta x + o(\Delta x) \tag{2-8}$$

第一部分是关于 Δx 的线性部分,其中 A 是与 Δx 无关的常数;第二部分是 Δx 的高阶无穷小 $(\Delta x \to 0)$。因此当 Δx 比较小的时候,用 $f(x_0) + A\Delta x$ 作为 $f(x_0 + \Delta x)$ 的近似值是可行的,因为一方面 $A\Delta x$ 是 Δx 线性函数,计算方便;另一方面误差是 Δx 的高阶无穷小,可以忽略。

实际上,能够满足式(2-8)的函数 $f(x)$ 有很多,此时我们称函数 $f(x)$ 在点 x_0 是可微的。

定义1　设函数 $y = f(x)$ 在 x_0 的某一个邻域 $U(x_0)$ 内有定义,如果当自变量在 x_0 取得增量 $\Delta x(x_0 + \Delta x \in U(x_0))$ 时,相应的函数增量

$$\Delta y = f(x_0 + \Delta x) - f(x_0)$$

可表示为

$$\Delta y = A\Delta x + o(\Delta x)$$

其中 A 是与 Δx 无关的常数,那么称 $f(x)$ 在点 x_0 是可微的,称 $A\Delta x$ 是函数在点 x_0 相应于自变量增量 Δx 的微分,记作 $\mathrm{d}y$,即

$$\mathrm{d}y = A\Delta x$$

有了微分的定义,我们自然会问 A 的值是什么? 仔细观察前边的例子,不难发现式 $(2-8)$ 中 A 的值恰好是 $f'(x_0)$,那么对于一般的可微函数,是否都是这样的呢? 答案是肯定的。

二、可微与可导之间的关系

定理 1　函数 $y=f(x)$ 在 x_0 可微的充分必要条件是 $y=f(x)$ 在 x_0 可导。

证明　必要性　若函数 $y=f(x)$ 在 x_0 可微,有

$$\Delta y = A\Delta x + o(\Delta x)$$

从而

$$\frac{\Delta y}{\Delta x} = A + \frac{o(\Delta x)}{\Delta x}$$

则

$$\lim_{\Delta x \to 0}\frac{\Delta y}{\Delta x} = A + \lim_{\Delta x \to 0}\frac{o(\Delta x)}{\Delta x} = A$$

这说明函数 $y=f(x)$ 在 x_0 可导,且 $A=f'(x_0)$。

充分性　若函数 $y=f(x)$ 在 x_0 可导,有

$$\lim_{\Delta x \to 0}\frac{\Delta y}{\Delta x} = f'(x_0)$$

则

$$\frac{\Delta y}{\Delta x} = f'(x_0) + \alpha \quad (\lim_{\Delta x \to 0}\alpha = 0)$$

从而

$$\Delta y = f'(x_0)\Delta x + \alpha\Delta x = f'(x_0)\Delta x + o(\Delta x) \quad (\lim_{\Delta x \to 0}\alpha = 0)$$

其中 $f'(x_0)$ 是与 Δx 无关的常数,所以函数 $f(x)$ 在点 x_0 是可微的。

定理 1 说明对于一元函数来说,函数 $y=f(x)$ 在 x_0 可微与可导是等价的。以后求函数 $y=f(x)$ 在 x_0 的微分可以直接用

$$\mathrm{d}y = f'(x_0)\Delta x$$

例 1　求函数 $y=x^3$ 在 $x=2$, $\Delta x = 0.02$ 时的微分。

解　函数在 $x=2$ 时的导数 $y'|_{x=2}=3\times 2^2=12$,所求的微分是

$$\mathrm{d}y = f'(x_0)\Delta x = 12 \times 0.02 = 0.24$$

下面我们用几何图形说明函数的微分 $\mathrm{d}y$。

如图 $2-5$ 所示,$M(x_0,y_0)$ 是函数曲线上一定点,MT 是曲线过 M 的切线,它的斜率就是 $f'(x_0)$。若自变量取得增量 Δx,那么相应的函数增量 Δy 是 NM_1,切线上的增量是 NK,且

$$NK = \tan \alpha \cdot MN = f'(x_0) \cdot \Delta x = \mathrm{d}y$$

所以微分就是切线上纵坐标对应的增量。又由于 $\mathrm{d}y$ 是 Δx 的线性函数,在 $f'(x_0)\neq 0$ 的条件

下，称 dy 是 Δy 的线性主部。对自变量 x 的微分，我们约定 $dx = \Delta x$。依据约定，函数 $y = f(x)$ 在 x_0 的微分公式可写为

$$dy = f'(x_0)dx$$

函数 $y = f(x)$ 在任意点 x（若在 x 可微）的微分，称为函数的微分，且

$$dy = f'(x)dx$$

由此得

$$f'(x) = \frac{dy}{dx}$$

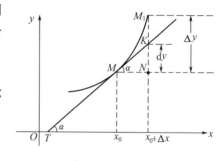

图 2-5

这样，以前我们看作一个整体的导数记号 $\dfrac{dy}{dx}$，现在就可以当作分数处理了，因此导数又称为微商，即函数的微分与自变量的微分的商。

三、微分的基本公式与法则

由公式 $dy = f'(x)dx$ 很容易得到基本初等函数的微分公式：

(1) $d(C) = 0$;

(2) $d(x^{\alpha}) = \alpha x^{\alpha-1}dx$;

(3) $d(\sin x) = \cos xdx$;

(4) $d(\cos x) = -\sin xdx$;

(5) $d(\tan x) = \sec^2 xdx$;

(6) $d(\cot x) = -\csc^2 xdx$;

(7) $d(\sec x) = \sec x \cdot \tan xdx$;

(8) $d(\csc x) = -\csc x \cdot \cot xdx$;

(9) $d(a^x) = a^x \ln adx$;

(10) $d(e^x) = e^xdx$;

(11) $d(\log_a x) = \dfrac{1}{x \ln a}dx$;

(12) $d(\ln x) = \dfrac{1}{x}dx$;

(13) $d(\arcsin x) = \dfrac{1}{\sqrt{1-x^2}}dx$;

(14) $d(\arccos x) = -\dfrac{1}{\sqrt{1-x^2}}dx$;

(15) $d(\arctan x) = \dfrac{1}{1+x^2}dx$;

(16) $d(\text{arccot } x) = -\dfrac{1}{1+x^2}dx$。

同样地，设 $u(x)$ 与 $v(x)$ 都是可微函数，可以得到微分的四则运算公式（以下将 $u(x)$ 与 $v(x)$ 简写为 u 与 v）：

(1) $d(u \pm v) = du \pm dv$;

(2) $d(u \cdot v) = vdu + udv$;

(3) $d\left(\dfrac{u}{v}\right) = \dfrac{vdu - udv}{v^2}$ $(v(x) \neq 0)$。

现在看一下求复合函数的微分。

若函数 $y = f(u), u = \varphi(x)$ 可以构成复合函数 $y = f[\varphi(x)]$，且 $f(u)$ 与 $\varphi(x)$ 都是可导函数，那么

$$dy = \{f[\varphi(x)]\}'dx = f'(u) \cdot \varphi'(x)dx$$

由于 $du = \varphi'(x)dx$，若将上式中的 $\varphi'(x)dx$ 用 du 替换，在形式上有

$$dy = f'(u)du \qquad (2-9)$$

我们知道，如果仅研究函数 $y = f(u)$ 的微分，式（2 − 9）也成立。也就是说，无论 u 是中间变量还是自变量，式（2 − 9）都成立，我们称这个性质为微分的形式不变性。

例 2　设 $y = \dfrac{\sin(2x+1)}{x^2}$，求 dy 和 $\dfrac{dy}{dx}$。

解　由微分的法则得

$$dy = d\left[\frac{\sin(2x+1)}{x^2}\right] = \frac{x^2 d[\sin(2x+1)] - \sin(2x+1)dx^2}{x^4}$$

由于

$$dx^2 = 2xdx$$

$$d[\sin(2x+1)] = \cos(2x+1)d(2x+1) = 2\cos(2x+1)dx$$

所以

$$dy = \frac{[2x^2\cos(2x+1) - 2x\sin(2x+1)]}{x^4}dx$$

因为导数就是微商，于是

$$\frac{dy}{dx} = \frac{[2x^2\cos(2x+1) - 2x\sin(2x+1)]}{x^4}$$

当然在本例中，如果先求导数，再利用导数求微分也是可以的。

实际上，由于计算一元函数的导数与微分本质上是一样的，因此前几节遇到的求导问题，我们都可以利用微分来解决。

例 3　设函数 $y = f(x)$ 是由方程 $\arctan\dfrac{y}{x} = \ln\sqrt{x^2+y^2}$ 确定的隐函数，求 $\dfrac{dy}{dx}$。

解　等式两边同时求微分，即

$$d\left(\arctan\frac{y}{x}\right) = d(\ln\sqrt{x^2+y^2})$$

$$\frac{1}{1+\left(\dfrac{y}{x}\right)^2}d\left(\frac{y}{x}\right) = \frac{1}{2}\frac{1}{x^2+y^2}d(x^2+y^2)$$

$$\frac{1}{1+\left(\dfrac{y}{x}\right)^2}\frac{xdy - ydx}{x^2} = \frac{1}{2}\frac{1}{x^2+y^2}(2xdx + 2ydy)$$

整理得

$$xdy - ydx = xdx + ydy$$

因此

$$\frac{dy}{dx} = \frac{x+y}{x-y}$$

四、微分的近似计算

由微分的定义知，若 $f(x)$ 在 x_0 可导，且 $f'(x_0) \neq 0$，当 $|\Delta x|$ 很小时，有

$$\Delta y \approx \mathrm{d}y = f'(x_0)\Delta x \tag{2-10}$$

此时用 $\mathrm{d}y$ 近似代替 Δy 的误差是 $o(\Delta x)$。在图 2-5 中，$NK = \mathrm{d}y$，$NM_1 = \Delta y$，$KM_1 = \Delta y - \mathrm{d}y$，当 $|\Delta x|$ 愈小，KM_1 趋于 0 的速度愈快，用 $\mathrm{d}y$ 代替 Δy 的精确度就愈高。式 (2-10) 还可以记为

$$f(x_0 + \Delta x) \approx f(x_0) + f'(x_0)\Delta x$$

若令 $x = x_0 + \Delta x$，上式也可记为

$$f(x) \approx f(x_0) + f'(x_0)(x - x_0) \tag{2-11}$$

特别地，取 $x_0 = 0$，有

$$f(x) \approx f(0) + f'(0)x$$

例 4 计算 $\sin 30°30'$ 的近似值。

解 由于 $\sin 30°30' = \sin\left(\dfrac{\pi}{6} + \dfrac{\pi}{360}\right)$，且 $\dfrac{\pi}{360}$ 很小，应用式 (2-11) 得

$$\sin 30°30' \approx \sin\frac{\pi}{6} + \cos\frac{\pi}{6} \cdot \frac{\pi}{360}$$

$$= \frac{1}{2} + \frac{\sqrt{3}}{2} \cdot \frac{\pi}{360} \approx 0.5076$$

例 5 证明：当 $|x|$ 很小时，$\sqrt[n]{1+x} \approx 1 + \dfrac{1}{n}x$。

证明 令 $f(x) = \sqrt[n]{1+x}$，则 $f(0) = 1$，$f'(0) = \dfrac{1}{n}(1+x)^{\frac{1}{n}-1}\Big|_{x=0} = \dfrac{1}{n}$。由

$$f(x) \approx f(0) + f'(0)x$$

得

$$\sqrt[n]{1+x} \approx 1 + \frac{1}{n}x$$

用同样的方法我们还可以证明以下几个在工程上常用的公式（以下都假定 $|x|$ 很小）：

$$\sin x \approx x, \quad \tan x \approx x, \quad \mathrm{e}^x \approx 1 + x, \quad \ln(1+x) \approx x$$

这些公式留给同学们证明。

习 题 2 – 5

1. 用微分法则直接求下列函数的微分：

(1) $y = x\ln x - x$　　　　　　　　(2) $y = x^2 e^{2x}$

(3) $y = \dfrac{x}{1 + x^2}$　　　　　　　　(4) $y = \arcsin \sqrt{1 - x^2}$

(5) $y = \tan^2(1 + 2x^2)$　　　　　　(6) $y = \arctan \dfrac{1 - x^2}{1 + x^2}$

2. 求函数 $y = \tan x$ 在点 $x = \dfrac{\pi}{4}$ 处，对应 $\Delta x = 0.05$ 的微分值。

3. 填空：

(1) $\mathrm{d}(\quad) = 2\mathrm{d}x$　　　　　　(2) $\mathrm{d}(\quad) = 3x\mathrm{d}x$

(3) $\mathrm{d}(\quad) = \cos 5t\mathrm{d}t$　　　　(4) $\mathrm{d}(\quad) = e^{-2t}\mathrm{d}t$

(5) $\mathrm{d}(\quad) = \dfrac{1}{1 + x}\mathrm{d}x$　　　(6) $\mathrm{d}(\quad) = \dfrac{1}{x^2}\mathrm{d}x$

(7) $\sec^2 x\mathrm{d}x = \mathrm{d}(\quad)$　　　(8) $\mathrm{d}(\sin^2 x) = (\quad)\mathrm{d}\sin x$

(9) $\dfrac{\ln x}{x}\mathrm{d}x = \ln x\mathrm{d}(\quad) = (\quad)\mathrm{d}\ln^2 x$

(10) $\dfrac{\cos x - \sin x}{\sin x + \cos x}\mathrm{d}x = \dfrac{\mathrm{d}(\quad)}{\sin x + \cos x} = \mathrm{d}(\quad)$

4. 当 $|x|$ 很小时，证明下列近似公式：

(1) $\tan x \approx x$　　　　　　　　(2) $\ln(1 + x) \approx x$

(3) $\dfrac{1}{1 + x} \approx 1 - x$　　　　　　(4) $e^x \approx 1 + x$

5. 计算下列各式的近似值：

(1) $\sqrt[3]{996}$　　　　　　　　　(2) $\tan 31°$

(3) $\arctan 1.05$

第三章　中值定理及导数的应用

导数反映的是函数在一点邻近的局部变化情况。但我们常常需要知道函数在某一区间上的整体变化情况和它在区间内某些点处的局部变化性态之间的关系。在本章中，首先介绍中值定理，然后以中值定理为理论基础，进而应用导数研究函数以及曲线的某些性态。

第一节　中值定理

一、罗尔定理

为了更方便地讨论罗尔定理，我们先介绍费马(Fermat)引理。

引理1(费马引理)　设函数 $f(x)$ 在点 x_0 的某邻域 $U(x_0)$ 内有定义，且在 x_0 处可导。若对任意 $x \in U(x_0)$ 有 $f(x) \leqslant f(x_0)$（或 $f(x) \geqslant f(x_0)$），则 $f'(x_0) = 0$。

证明　不妨设 $x \in U(x_0)$ 时，有 $f(x) \leqslant f(x_0)$（对于 $f(x) \geqslant f(x_0)$ 的情形，可以类似证明）。于是对于 $\forall x_0 + \Delta x \in U(x_0)$ 有 $f(x_0 + \Delta x) \leqslant f(x_0)$，从而当 $\Delta x < 0$ 时，有

$$\frac{f(x_0 + \Delta x) - f(x_0)}{\Delta x} \geqslant 0$$

当 $\Delta x > 0$ 时，有

$$\frac{f(x_0 + \Delta x) - f(x_0)}{\Delta x} \leqslant 0$$

根据函数 $f(x)$ 在 x_0 处可导的条件及极限的保号性，可以得到

$$f'(x_0) = f'_-(x_0) = \lim_{\Delta x \to 0^-} \frac{f(x_0 + \Delta x) - f(x_0)}{\Delta x} \geqslant 0$$

$$f'(x_0) = f'_+(x_0) = \lim_{\Delta x \to 0^+} \frac{f(x_0 + \Delta x) - f(x_0)}{\Delta x} \leqslant 0$$

所以，$f'(x_0) = 0$。

定义1　若 $f'(x_0) = 0$，则称 x_0 为函数 $f(x)$ 的驻点。

我们观察图 3-1，图中函数 $f(x)$ 在 $x \in [a, b]$ 上是一条连续的曲线弧，除端点外处处有不垂直于 x 轴的切线，且两个端点处纵坐标相同，即 $f(a) = f(b)$。显然，在最高点 C 和最低点 D 处具有水平切线。

定理1(罗尔定理)　若 $f(x)$ 在闭区间 $[a, b]$ 上连续，开区间 (a, b) 内可导，且 $f(a) = f(b)$，

则至少存在一点 $\xi \in (a, b)$，使 $f'(\xi) = 0$。

证明 因为 $f(x)$ 在 $[a, b]$ 上连续，所以 $f(x)$ 在 $[a, b]$ 上能够取得最大值 M 和最小值 m。

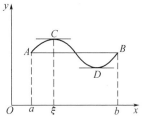

图 3-1

（1）若 $M = m$，则 $f(x)$ 在 $[a, b]$ 上为常数，所以对于 (a, b) 内所有的点 x，都有 $f'(x) = 0$，故取 ξ 为 (a, b) 内任意一点即可。

（2）若 $M \neq m$，由于 $f(a) = f(b)$，所以 M 和 m 至少有一个在 (a, b) 内取得。不妨设 M 在 (a, b) 内取得，即存在 $\xi \in (a, b)$，使 $f(\xi) = M$。由费马引理可知，$f'(\xi) = 0$。

例 1 讨论 $f(x) = \ln\sin x$ 在区间 $\left[\dfrac{\pi}{6}, \dfrac{5\pi}{6}\right]$ 上是否满足罗尔定理的条件。若满足，求出定理中的 ξ。

解 显然 $f(x) = \ln\sin x$ 在 $\left[\dfrac{\pi}{6}, \dfrac{5\pi}{6}\right]$ 上连续，且在 $\left(\dfrac{\pi}{6}, \dfrac{5\pi}{6}\right)$ 内可导。

$f\left(\dfrac{\pi}{6}\right) = f\left(\dfrac{5}{6}\pi\right) = -\ln 2$，满足罗尔定理的条件。$f'(x) = \cot x$，令 $f'(x) = 0$，得到 $\left(\dfrac{\pi}{6}, \dfrac{5\pi}{6}\right)$ 内的根 $\dfrac{\pi}{2}$，故选取 $\xi = \dfrac{\pi}{2}$。

例 2 设 $f(x)$ 在 $[0, 1]$ 上连续，在 $(0, 1)$ 内可导，且 $f(1) = 0$，求证：至少存在一点 $\xi \in (0, 1)$ 使得 $f'(\xi) = -\dfrac{f(\xi)}{\xi}$。

证明 设 $F(x) = xf(x)$，显然 $F(x)$ 在 $[0, 1]$ 上连续，在 $(0, 1)$ 内可导。又由于 $f(1) = 0$，故 $F(0) = F(1) = 0$。由罗尔定理，至少存在一点 $\xi \in (0, 1)$ 使 $F'(\xi) = 0$，即 $f(\xi) + \xi f'(\xi) = 0$，整理得 $f'(\xi) = -\dfrac{f(\xi)}{\xi}$。

二、拉格朗日中值定理

定理 2（拉格朗日中值定理） 若函数 $f(x)$ 在闭区间 $[a, b]$ 上连续，在开区间 (a, b) 内可导，则至少存在一点 $\xi \in (a, b)$，使得

$$f'(\xi) = \frac{f(b) - f(a)}{b - a}$$

证明 作辅助函数 $F(x) = f(x)(b - a) - [f(b) - f(a)]x$。显然 $F(x)$ 在闭区间 $[a, b]$ 上连续，在开区间 (a, b) 内可导。在端点处

$$F(a) = f(a)(b - a) - [f(b) - f(a)]a = bf(a) - af(b)$$
$$F(b) = f(b)(b - a) - [f(b) - f(a)]b = bf(a) - af(b)$$

则 $F(a) = F(b)$。$F(x)$ 满足罗尔定理的三个条件，从而由罗尔定理的结论知，至少

$\exists \xi \in (a,b)$，使

$$F'(\xi) = f'(\xi)(b-a) - [f(b) - f(a)] = 0$$

即

$$f(b) - f(a) = f'(\xi)(b-a)$$

定理证毕。

注意：

（1）拉格朗日中值定理的几何意义。如图 3 - 2 所示，定理的结论是：曲线 $y = f(x)$ 上至少有一点，使得曲线在该点处的切线的斜率和弦 AB 的斜率相同，即切线和弦平行。

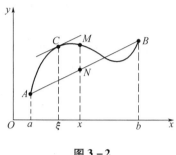

图 3 - 2

（2）定理证明的过程中构造辅助函数的方法不是唯一的。例如，设 $\varphi(x) = f(x) - f(a) - \dfrac{f(b) - f(a)}{b-a}(x-a)$，同样可以实现证明定理的目的。

（3）当 $f(a) = f(b)$ 时，拉格朗日中值定理的结论就是罗尔定理的结论，所以罗尔定理是拉格朗日中值定理的特殊情况。设 x 为区间 $[a,b]$ 内一点，在 $[x, x+\Delta x] \subset [a,b]$ 或 $[x + \Delta x, x] \subset [a,b]$ 应用拉格朗日中值公式，得

$$f(x + \Delta x) - f(x) = f'(\xi)\Delta x$$

其中 ξ 介于 x 与 $x + \Delta x$ 之间，可令 $\xi = x + \theta \Delta x$，其中 $0 < \theta < 1$，从而拉格朗日中值定理还可以写成

$$f(x + \Delta x) - f(x) = f'(x + \theta \Delta x)\Delta x \qquad (0 < \theta < 1)$$

或

$$\Delta y = f'(x + \theta \Delta x)\Delta x \qquad (0 < \theta < 1) \qquad (3-1)$$

函数的微分 $dy = f'(x)\Delta x$ 是函数增量 Δy 的近似表达式，式(3-1)给出了 Δy 的精确表达式，因此式(3-1)又称为有限增量公式，它在微分学中占有重要地位，所以拉格朗日中值定理也叫作微分中值定理。

例 3 证明：不等式 $\dfrac{b-a}{b} < \ln \dfrac{b}{a} < \dfrac{b-a}{a} \qquad (0 < a < b)$。

证明 设 $f(x) = \ln x$，则 $f(x)$ 在 $[a,b]$ 上连续，在 (a,b) 内可导。由拉格朗日中值定理可知

$$f(b) - f(a) = f'(\xi)(b-a) \quad (a < \xi < b)$$

即

$$\ln b - \ln a = \frac{1}{\xi}(b-a) \quad (a < \xi < b)$$

由于 $a < \xi < b$，所以 $\dfrac{1}{a} > \dfrac{1}{\xi} > \dfrac{1}{b}$，从而

$$\frac{b-a}{b} < \ln b - \ln a < \frac{b-a}{a}$$

即
$$\frac{b-a}{b} < \ln\frac{b}{a} < \frac{b-a}{a}$$

推论 若函数 $f(x)$ 在区间 I 上的导数恒为零,则 $f(x)$ 在区间 I 上是一个常数。

证明 在区间 I 上任意选取两点 $x_1,x_2(x_1 < x_2)$,$f(x)$ 在 $[x_1,x_2]$ 上应用拉格朗日中值定理,有

$$f(x_2) - f(x_1) = f'(\xi)(x_2 - x_1) \quad (x_1 < \xi < x_2)$$

因为 $f'(\xi) = 0$,所以 $f(x_2) = f(x_1)$。

又由于 x_1,x_2 是区间 I 上任意两点,所以 $f(x)$ 在区间 I 上是一个常数。

例4 若函数 $f(x)$ 在 $(-\infty, +\infty)$ 满足 $f'(x) = f(x)$,$f(0) = 1$,证明:$f(x) = e^x$。

证明 设
$$F(x) = e^{-x}f(x), \quad F'(x) = -e^{-x}f(x) + e^{-x}f'(x)$$

因为 $f'(x) = f(x)$,所以 $F'(x) = 0$。从而

$$F(x) \equiv C, \quad (\forall x \in (-\infty, +\infty))$$

又因为 $f(0) = 1$,所以 $F(0) = 1$,进而可知 $C = 1$。因此

$$F(x) \equiv 1, \quad (\forall x \in (-\infty, +\infty))$$

即 $f(x) = e^x$。

三、柯西中值定理

定理3(柯西中值定理) 若函数 $f(x)$ 和 $g(x)$ 在闭区间 $[a,b]$ 上连续,在开区间 (a,b) 内可导,对 $\forall x \in (a,b)$,$g'(x) \neq 0$,则至少存在一点 $\xi \in (a,b)$,使得

$$\frac{f(b) - f(a)}{g(b) - g(a)} = \frac{f'(\xi)}{g'(\xi)}$$

证明 首先可以确定 $g(b) \neq g(a)$,否则由罗尔定理知 $g'(x)$ 在 (a,b) 内必有零点,这与已知 $g'(x) \neq 0(\forall x \in (a,b))$ 矛盾。

作辅助函数
$$F(x) = [f(b) - f(a)]g(x) - [g(b) - g(a)]f(x)$$

不难验证 $F(x)$ 满足罗尔定理的条件,因此至少存在 $\xi \in (a,b)$ 使 $F'(\xi) = 0$,即

$$[f(b) - f(a)]g'(\xi) - [g(b) - g(a)]f'(\xi) = 0$$

整理后得

$$\frac{f(b) - f(a)}{g(b) - g(a)} = \frac{f'(\xi)}{g'(\xi)}$$

注 若定理中的 $g(x) = x$,即可得到拉格朗日中值定理,所以拉格朗日中值定理是柯西中值定理的特殊情况。

习题 3-1

1. 验证函数 $f(x)=x(x^2-1)$ 在区间 $[-1,1]$ 上满足罗尔定理条件，并找出定理中的 ξ。

2. 验证函数 $f(x)=\arctan x$ 在区间 $[0,1]$ 上满足拉格朗日中值定理条件，并找出定理中的 ξ。

3. 验证函数 $f(x)=x^2,g(x)=x^3$ 在区间 $[1,2]$ 上满足柯西中值定理条件，并找出定理中的 ξ。

4. 设 $a_0+\dfrac{a_1}{2}+\cdots+\dfrac{a_n}{n+1}=0$，证明多项式 $f(x)=a_0+a_1x+\cdots+a_nx^n$ 在 $(0,1)$ 内至少有一个零点。

5. 证明恒等式 $2\arctan x+\arcsin\dfrac{2x}{1+x^2}=\pi$，其中 $x\geqslant 1$。

6. 证明下列不等式：

（1）当 $0<\alpha<\beta<\dfrac{\pi}{2}$ 时，$\dfrac{\beta-\alpha}{\cos^2\alpha}<\tan\beta-\tan\alpha<\dfrac{\beta-\alpha}{\cos^2\beta}$；

（2）当 $x>0$ 时，$(x^2-1)\ln x\geqslant(x-1)^2$。

7. 设函数 $f(x)$ 在 $[0,\pi]$ 上连续，在 $(0,\pi)$ 内可导，且 $f(0)=0$，证明：至少存在一点 $\xi\in(0,\pi)$，使得 $2f'(\xi)=\tan\dfrac{\xi}{2}f(\xi)$。

8. 已知函数 $f(x)$ 在 $[a,b]$ 上连续，在 (a,b) 内可导，且 $f(a)=f(b)=0$。证明：至少存在一点 $\xi\in(a,b)$，使得 $f(\xi)+f'(\xi)=0$。

9. 设函数 $f(x)$ 在 $[a,b]$ 上连续，在 (a,b) 内可导，且 $f'(x)\neq0$，证明：至少存在 $\xi,\eta\in(a,b)$，使得 $\dfrac{f'(\xi)}{f'(\eta)}=\dfrac{e^b-e^a}{b-a}e^{-\eta}$。

10. 设函数 $f(x)$ 在 $[a,b]$ 上连续，在 (a,b) 内可导，且 $b>a>0$，证明：至少存在一点 $\xi\in(a,b)$，使得 $f(b)-f(a)=\xi f'(\xi)\ln\dfrac{b}{a}$。

11. 设 $y=f(x)$ 在 $x=0$ 的某邻域有 n 阶导数，$f(0)=f'(0)=\cdots=f^{(n-1)}(0)=0$，试用柯西中值定理证明：$\dfrac{f(x)}{x^n}=\dfrac{f^{(n)}(\theta x)}{n!}$ $(0<\theta<1)$。

第二节　洛必达法则

当 $x\to a$（或 $x\to\infty$）时，两个函数 $f(x)$ 与 $g(x)$ 都趋向于零或都趋向于无穷大，那么极限 $\lim\limits_{\substack{x\to a\\(x\to\infty)}}\dfrac{f(x)}{g(x)}$ 可能存在，也可能不存在。通常把这种极限叫作未定式，并分别简记为 $\dfrac{0}{0}$ 型或 $\dfrac{\infty}{\infty}$ 型。

针对这类极限,洛必达法则给出了一种简便且有效的求极限方法。

我们先讨论 $\dfrac{0}{0}$ 型未定式。

定理 1　设:

(1)当 $x \to a$ 时,函数 $f(x)$ 与 $g(x)$ 都以零为极限;

(2)在点 a 的某去心邻域内,$f'(x)$ 与 $g'(x)$ 都存在,且 $g'(x) \neq 0$;

(3)$\lim\limits_{x \to a} \dfrac{f'(x)}{g'(x)} = A$(或 ∞)。

则有

$$\lim_{x \to a} \frac{f(x)}{g(x)} = \lim_{x \to a} \frac{f'(x)}{g'(x)}$$

证明　首先证明 $\lim\limits_{x \to a^+} \dfrac{f(x)}{g(x)} = \lim\limits_{x \to a^+} \dfrac{f'(x)}{g'(x)}$。

引入辅助函数

$$F(x) = \begin{cases} f(x) & x \neq a \\ 0 & x = a \end{cases}, G(x) = \begin{cases} g(x) & x \neq a \\ 0 & x = a \end{cases}$$

在区间 $[a, a+\delta)$ 内任意取一点 x,显然 $F(x)$ 和 $G(x)$ 在 $[a, x]$ 上满足柯西中值定理的条件,于是在 (a, x) 内至少存在一点 ξ,使得

$$\frac{F(x) - F(a)}{G(x) - G(a)} = \frac{F'(\xi)}{G'(\xi)} \quad (a < \xi < x)$$

因为 $F(a) = 0, G(a) = 0$,又当 $x \neq a$ 时,$F(x) = f(x), G(x) = g(x)$,于是有

$$\frac{f(x)}{g(x)} = \frac{F(x)}{G(x)} = \frac{F(x) - F(a)}{G(x) - G(a)} = \frac{F'(\xi)}{G'(\xi)} = \frac{f'(\xi)}{g'(\xi)} \quad (a < \xi < x)$$

令 $x \to a^+$,则 $\xi \to a^+$,在上式两边取极限,得

$$\lim_{x \to a^+} \frac{f(x)}{g(x)} = \lim_{\xi \to a^+} \frac{f'(\xi)}{g'(\xi)} = A$$

同理可证

$$\lim_{x \to a^-} \frac{f(x)}{g(x)} = A$$

$$\lim_{x \to a} \frac{f(x)}{g(x)} = \lim_{x \to a} \frac{f'(x)}{g'(x)} = A$$

注　若极限 $\lim\limits_{x \to a} \dfrac{f'(x)}{g'(x)}$ 仍属于 $\dfrac{0}{0}$ 型,且 $f'(x), g'(x)$ 又满足定理中的条件,则可以再使用洛必达法则。即

$$\lim_{x \to a} \frac{f(x)}{g(x)} = \lim_{x \to a} \frac{f'(x)}{g'(x)} = \lim_{x \to a} \frac{f''(x)}{g''(x)}$$

例 1　求 $\lim\limits_{x \to 0} \dfrac{e^x - x - 1}{x^2}$。

解 $\lim\limits_{x\to 0}\dfrac{e^x-x-1}{x^2}=\lim\limits_{x\to 0}\dfrac{e^x-1}{2x}=\lim\limits_{x\to 0}\dfrac{e^x}{2}=\dfrac{1}{2}$。

例 2 求 $\lim\limits_{x\to 0}\dfrac{\tan x-x}{x^2\tan x}$。

解 如果直接用洛必达法则，分母的导数比较麻烦，先作一个等价无穷小替换，然后运算就会简便很多。

$$\lim_{x\to 0}\frac{\tan x-x}{x^2\tan x}=\lim_{x\to 0}\frac{\tan x-x}{x^3}=\lim_{x\to 0}\frac{\sec^2 x-1}{3x^2}=\lim_{x\to 0}\frac{\tan^2 x}{3x^2}=\frac{1}{3}$$

例 3 求 $\lim\limits_{x\to 0}\dfrac{x^2-\sin^2 x}{x^4}$。

解 $$\lim_{x\to 0}\frac{x^2-\sin^2 x}{x^4}=\lim_{x\to 0}\frac{(x+\sin x)(x-\sin x)}{x^4}$$

我们注意到 $x\to 0$ 时，$\dfrac{x+\sin x}{x}\to 2$，所以

$$\text{原式}=2\lim_{x\to 0}\frac{x-\sin x}{x^3}=2\lim_{x\to 0}\frac{1-\cos x}{3x^2}=2\lim_{x\to 0}\frac{\sin x}{6x}=\frac{1}{3}$$

例 4 求 $\lim\limits_{x\to 0}\dfrac{x-\arcsin x}{x^3\cos x}$。

解 如果直接用洛必达法则，分母的导数比较麻烦。我们注意到 $x\to 0$ 时，$\dfrac{1}{\cos x}\to 1$，于是我们可以先化简，然后再用洛必达法则求极限，能够简便很多。

$$\lim_{x\to 0}\frac{x-\arcsin x}{x^3\cos x}=\lim_{x\to 0}\frac{x-\arcsin x}{x^3}=\lim_{x\to 0}\frac{1-\dfrac{1}{\sqrt{1-x^2}}}{3x^2}=\lim_{x\to 0}\frac{\sqrt{1-x^2}-1}{3x^2\sqrt{1-x^2}}$$

$$=\lim_{x\to 0}\frac{\sqrt{1-x^2}-1}{3x^2}=\lim_{x\to 0}\frac{-x^2}{3x^2(\sqrt{1-x^2}+1)}=-\frac{1}{6}$$

定理 2 若：

（1）当 $x\to\infty$ 时，函数 $f(x)$ 与 $g(x)$ 都以零为极限；

（2）当 $|x|>N$ 时，$f'(x)$ 与 $g'(x)$ 都存在，且 $g'(x)\neq 0$；

（3）$\lim\limits_{x\to\infty}\dfrac{f'(x)}{g'(x)}=A$（或 ∞）。

则有

$$\lim_{x\to\infty}\frac{f(x)}{g(x)}=\lim_{x\to\infty}\frac{f'(x)}{g'(x)}$$

证明略。

例 5　求 $\lim\limits_{x\to+\infty}\dfrac{\ln\left(1+\dfrac{1}{x}\right)}{\operatorname{arccot} x}$。

解　显然 $x\to+\infty$ 时，$\ln\left(1+\dfrac{1}{x}\right)$ 及 $\operatorname{arccot} x$ 都为无穷小，由洛必达法则有

$$\lim_{x\to+\infty}\frac{\ln\left(1+\dfrac{1}{x}\right)}{\operatorname{arccot} x}=\lim_{x\to+\infty}\frac{\dfrac{1}{1+\dfrac{1}{x}}\left(-\dfrac{1}{x^2}\right)}{-\dfrac{1}{1+x^2}}=\lim_{x\to+\infty}\frac{x^2+1}{x^2+x}=1$$

接下来我们再讨论 $\dfrac{\infty}{\infty}$ 型未定式，对于 $\dfrac{\infty}{\infty}$ 型未定式，也有与 $\dfrac{0}{0}$ 型未定式类似的求极限方法。

定理 3　设：

（1）当 $x\to a$ 时，函数 $f(x)$ 与 $g(x)$ 均为无穷大量；

（2）在点 a 的某去心邻域内，$f'(x)$ 与 $g'(x)$ 都存在，且 $g'(x)\neq0$；

（3）$\lim\limits_{x\to a}\dfrac{f'(x)}{g'(x)}=A$（或 ∞）。

则有

$$\lim_{x\to a}\frac{f(x)}{g(x)}=\lim_{x\to a}\frac{f'(x)}{g'(x)}$$

证明略。

定理 4　设：

（1）当 $x\to\infty$ 时，函数 $f(x)$ 与 $g(x)$ 均为无穷大量；

（2）当 $|x|>N$ 时，$f'(x)$ 与 $g'(x)$ 都存在，且 $g'(x)\neq0$；

（3）$\lim\limits_{x\to\infty}\dfrac{f'(x)}{g'(x)}=A$（或 ∞）。

则有

$$\lim_{x\to\infty}\frac{f(x)}{g(x)}=\lim_{x\to\infty}\frac{f'(x)}{g'(x)}$$

证明略。

例 6　求 $\lim\limits_{x\to0^+}\dfrac{\ln\sin5x}{\ln\sin3x}$。

解
$$\lim_{x\to0^+}\frac{\ln\sin5x}{\ln\sin3x}=\lim_{x\to0^+}\frac{5\dfrac{\cos5x}{\sin5x}}{3\dfrac{\cos3x}{\sin3x}}=\lim_{x\to0^+}\left(\frac{5}{3}\cdot\frac{\sin3x}{\sin5x}\cdot\frac{\cos5x}{\cos3x}\right)=1$$

例 7　求 $\lim\limits_{x\to+\infty}\dfrac{\ln x}{x^\alpha}(\alpha>0)$。

解
$$\lim_{x \to +\infty} \frac{\ln x}{x^\alpha} = \lim_{x \to +\infty} \frac{\frac{1}{x}}{\alpha x^{\alpha-1}} = \lim_{x \to +\infty} \frac{1}{\alpha x^\alpha} = 0$$

例 8　求 $\lim\limits_{x \to +\infty} \dfrac{x^5}{e^x}$。

解
$$\lim_{x \to +\infty} \frac{x^5}{e^x} = \lim_{x \to +\infty} \frac{5x^4}{e^x} = \cdots = \lim_{x \to +\infty} \frac{5!}{e^x} = 0$$

就对数函数 $\ln x$、幂函数 $x^\alpha (\alpha > 0)$ 和指数函数 e^x 而言，当 $x \to +\infty$ 时均为无穷大。从本节例7、例8 中可以知道，指数函数趋于无穷大的速度比幂函数快，幂函数趋于无穷大的速度比对数函数快。

我们前面讨论了 $\dfrac{0}{0}$ 型和 $\dfrac{\infty}{\infty}$ 型未定式，除此之外还有以下五种类型的未定式，它们是

$$0 \cdot \infty, \infty - \infty, 1^\infty, 0^0, \infty^0$$

我们可以把这五种类型的未定式转化为 $\dfrac{0}{0}$ 型或 $\dfrac{\infty}{\infty}$ 型未定式，下面通过例子来进行说明。

例 9　求 $\lim\limits_{x \to 0^+} x\ln x$。

解　这是 $0 \cdot \infty$ 型未定式。由于 $x\ln x = \dfrac{\ln x}{\frac{1}{x}}$，且当 $x \to 0^+$ 时 $\dfrac{\ln x}{\frac{1}{x}}$ 为 $\dfrac{\infty}{\infty}$ 型，因此

$$\lim_{x \to 0^+} x\ln x = \lim_{x \to 0^+} \frac{\ln x}{\frac{1}{x}} = \lim_{x \to 0^+} \frac{\frac{1}{x}}{-\frac{1}{x^2}} = \lim_{x \to 0^+} (-x) = 0$$

例 10　求 $\lim\limits_{x \to 0} \left(\dfrac{1}{\tan x} - \dfrac{1}{x} \right)$。

解　这是 $\infty - \infty$ 型未定式。由于 $\dfrac{1}{\tan x} - \dfrac{1}{x} = \dfrac{x - \tan x}{x\tan x}$，且 $x \to 0$ 时 $\dfrac{x - \tan x}{x\tan x}$ 为 $\dfrac{0}{0}$ 型，因此

$$\lim_{x \to 0} \left(\frac{1}{\tan x} - \frac{1}{x} \right) = \lim_{x \to 0} \frac{x - \tan x}{x\tan x} = \lim_{x \to 0} \frac{x - \tan x}{x^2}$$
$$= \lim_{x \to 0} \frac{1 - \sec^2 x}{2x} = \lim_{x \to 0} \frac{-\tan^2 x}{2x} = 0$$

例 11　求 $\lim\limits_{x \to 0} (e^x + x)^{\frac{1}{x}}$。

解　这是 1^∞ 型未定式。由于 $(e^x + x)^{\frac{1}{x}} = e^{\frac{1}{x}\ln(e^x+x)}$，且 $x \to 0$ 时，$\dfrac{\ln(e^x+x)}{x}$ 为 $\dfrac{0}{0}$ 型，因此

$$\lim_{x \to 0} (e^x + x)^{\frac{1}{x}} = \lim_{x \to 0} e^{\frac{\ln(e^x+x)}{x}} = e^{\lim\limits_{x \to 0} \frac{\ln(e^x+x)}{x}} = e^{\lim\limits_{x \to 0} \frac{e^x+1}{e^x+x}} = e^2$$

例12 求 $\lim\limits_{x \to 0^+} x^x$。

解 这是 0^0 型未定式。由于 $x^x = e^{x\ln x}$，且 $x \to 0^+$ 时，$\lim\limits_{x \to 0^+} x\ln x$ 为 $0 \cdot \infty$ 型未定式，因此应用本节例9的结果可知

$$\lim_{x \to 0^+} x^x = \lim_{x \to 0^+} e^{x\ln x} = e^{\lim\limits_{x \to 0^+} x\ln x} = e^0 = 1$$

例13 求 $\lim\limits_{x \to +\infty} (x + \sqrt{1+x^2})^{\frac{1}{x}}$。

解 这是 ∞^0 型未定式。由于 $(x + \sqrt{1+x^2})^{\frac{1}{x}} = e^{\frac{1}{x}\ln(x + \sqrt{1+x^2})}$，且 $x \to +\infty$ 时，

$\lim\limits_{x \to +\infty} \dfrac{\ln(x + \sqrt{1+x^2})}{x}$ 为 $\dfrac{\infty}{\infty}$ 型未定式，因此

$$\lim_{x \to +\infty} (x + \sqrt{1+x^2})^{\frac{1}{x}} = \lim_{x \to +\infty} e^{\frac{1}{x}\ln(x + \sqrt{1+x^2})} = e^{\lim\limits_{x \to +\infty} \frac{\ln(x + \sqrt{1+x^2})}{x}} = e^{\lim\limits_{x \to +\infty} \frac{1}{\sqrt{1+x^2}}} = e^0 = 1$$

洛必达法则是求未定式的一种有效方法，但我们在应用时要和其他求极限的方法（如等价无穷小替换等）结合使用，另外在用洛必达法则之前，能化简的先化简，这样会使求解更加简洁。

最后需要指出，在用洛必达法则求未定式时，一定要检验此未定式是否满足定理的条件，不可盲目使用，否则会出现错误的结论。

例14 求 $\lim\limits_{x \to \infty} \dfrac{x + \sin x}{x}$。

解

$$\lim_{x \to \infty} \frac{x + \sin x}{x} = \lim_{x \to \infty} \left(1 + \frac{\sin x}{x}\right) = 1$$

如果用洛必达法则，有

$$\lim_{x \to \infty} \frac{x + \sin x}{x} = \lim_{x \to \infty} \frac{1 + \cos x}{1}$$

因为 $\lim\limits_{x \to \infty} \dfrac{1 + \cos x}{1}$ 不存在，便断言 $\lim\limits_{x \to \infty} \dfrac{x + \sin x}{x}$ 也不存在，那是错误的。因为当 $\lim \dfrac{f'(x)}{g'(x)}$ 不存在（也不为无穷大）时，$\lim \dfrac{f(x)}{g(x)}$ 有可能存在。

习题 3-2

1. 用洛必达法则求下列极限：

$(1) \lim\limits_{x \to 0} \dfrac{e^x + e^{-x} - 2}{1 - \cos x}$

$(2) \lim\limits_{x \to 0} \dfrac{x - \arctan x}{\sin^3 x}$

$(3) \lim\limits_{x \to a} \dfrac{\sin x - \sin a}{x - a}$

$(4) \lim\limits_{x \to 0} \dfrac{\sqrt{1+\tan x} - \sqrt{1+\sin x}}{x\tan^2 x}$

$(5) \lim\limits_{x \to 0} \dfrac{\sin^2 x - x^2 \cos^2 x}{x^2 \sin^2 x}$

$(6) \lim\limits_{x \to 0} \dfrac{e^{\tan x} - e^{\sin x}}{x^3}$

$(7) \lim\limits_{n \to \infty} \dfrac{n^2}{e^{2n}}$

$(8) \lim\limits_{x \to +\infty} \dfrac{\ln(1 + e^x)}{5x}$

$(9) \lim\limits_{x \to 1^+} \left[(x - 1) \tan \dfrac{\pi}{2} x \right]$

$(10) \lim\limits_{x \to \infty} x \left[(e^{\frac{1}{x}} - 1) \right]$

$(11) \lim\limits_{x \to 0^+} \left(\dfrac{\sin x}{x} \right)^{\frac{1}{1 - \cos x}}$

$(12) \lim\limits_{x \to +\infty} \left(\dfrac{\pi}{2} - \arctan x \right)^{\frac{1}{\ln x}}$

$(13) \lim\limits_{x \to 1^+} x^{\frac{1}{1 - x}};$

$(14) \lim\limits_{x \to \infty} (x^2 + a^2)^{\frac{1}{x^2}}$

$(15) \lim\limits_{x \to 0} \left[\dfrac{1}{\ln(1 + x)} - \dfrac{1}{x} \right]$

$(16) \lim\limits_{x \to \frac{\pi}{2}} (\sec x - \tan x)$

2. 说明下列极限不能用洛必达法则求其极限，并用其他方法求出极限。

$(1) \lim\limits_{x \to \infty} \dfrac{x + \cos x}{x - \cos x}$

$(2) \lim\limits_{x \to +\infty} \dfrac{e^x - e^{-x}}{e^x + e^{-x}}$

3. 设 $f(x)$ 二次可导，且 $f(0) = 0, f'(0) = 1, f''(0) = 2$，求 $\lim\limits_{x \to 0} \dfrac{f(x) - x}{x^2}$。

第三节　泰　勒　公　式

我们知道多项式是一类比较简单的函数，只要对自变量进行有限次加、减、乘运算，便能求出它的函数值。因此，如果能用多项式来近似表示一个复杂函数，则会给复杂函数的研究、分析和计算带来较大方便。这一节我们就来讨论这一问题。

在微分的应用中已经知道，当 $|x|$ 很小时，有

$$e^x \approx 1 + x, \ln(1 + x) \approx x$$

这实际上是用一次多项式来近似表达函数的例子。可是这种近似表达式还存在着不足之处：首先是精确度不高，这所产生的误差仅是关于 x 的高阶无穷小；其次是用它来作近似计算时，不能具体估算出误差大小。因此，对于精确度要求较高且需要估计误差的情形，就必须用高次多项式来近似表达函数，同时给出误差公式。

设函数 $f(x)$ 在含有 x_0 的开区间内具有 $(n + 1)$ 阶导数。我们要找到一个关于 $(x - x_0)$ 的 n 次多项式

$$p_n(x) = a_0 + a_1(x - x_0) + a_2(x - x_0)^2 + \cdots + a_n(x - x_0)^n$$

使 $f(x)$ 与 $p_n(x)$ 之差是 $(x - x_0)^n$ 的高阶无穷小，且给出误差 $|f(x) - p_n(x)|$ 的具体形式。

我们自然希望 $p_n(x)$ 与 $f(x)$ 在 x_0 处的函数值及各阶导数（直到 n 阶导数）都相等，这样就有

$$p_n(x) = a_0 + a_1(x - x_0) + a_2(x - x_0)^2 + \cdots + a_n(x - x_0)^n$$

$$p_n'(x) = a_1 + 2a_2(x - x_0) + \cdots + na_n(x - x_0)^{n-1}$$

$$p_n''(x) = 2a_2 + 3 \cdot 2a_3(x - x_0) + \cdots + n(n-1)a_n(x - x_0)^{n-2}$$

$$p_n'''(x) = 3!a_3 + 4 \cdot 3 \cdot 2a_4(x - x_0) + \cdots + n(n-1)(n-2)a_n(x - x_0)^{n-3}$$

$$\cdots\cdots$$

$$p_n^{(n)}(x) = n!a_n$$

故 $p_n(x_0) = a_0, p_n'(x_0) = a_1, p_n''(x_0) = 2!a_2, p_n'''(x_0) = 3!a_3, \cdots, p_n^{(n)}(x_0) = n!a_n$。

按要求有 $f(x_0) = p_n(x_0) = a_0, f'(x_0) = p_n'(x_0) = a_1, f''(x_0) = p_n''(x_0) = 2!a_2,$
$f'''(x_0) = p_n'''(x_0) = 3!a_3, \cdots, f^{(n)}(x_0) = p_n^{(n)}(x_0) = n!a_n$，从而有

$$a_0 = f(x_0), a_1 = f'(x_0), a_2 = \frac{f''(x_0)}{2!}, a_3 = \frac{f'''(x_0)}{3!}, \cdots, a_n = \frac{f^{(n)}(x_0)}{n!}$$

于是有

$$p_n(x) = f(x_0) + f'(x_0)(x - x_0) + \frac{f''(x_0)}{2!}(x - x_0)^2 + \cdots + \frac{f^{(n)}(x_0)}{n!}(x - x_0)^n$$

定理 1（带拉格朗日余项的泰勒公式） 如果函数 $f(x)$ 在含有 x_0 的某个开区间 (a,b) 内具有直到 $(n+1)$ 阶的导数，则当 x 在 (a,b) 内时，$f(x)$ 可以表示为 $(x - x_0)$ 的一个 n 次多项式与一个余项 $R_n(x)$ 之和，即

$$f(x) = f(x_0) + f'(x_0)(x - x_0) + \frac{f''(x_0)}{2!}(x - x_0)^2 + \cdots + \frac{f^{(n)}(x_0)}{n!}(x - x_0)^n + R_n(x)$$

$$(3-2)$$

其中 $$R_n(x) = \frac{f^{(n+1)}(\xi)}{(n+1)!}(x - x_0)^{n+1} \quad (\xi \text{ 介于 } x_0 \text{ 与 } x \text{ 之间}) \qquad (3-3)$$

式 $(3-2)$ 称为函数 $f(x)$ 在点 x_0 处具有拉格朗日余项的 n 阶泰勒公式，式 $(3-3)$ 称为拉格朗日余项。

证明 设 $R_n(x) = f(x) - p_n(x)$，$R_n(x)$ 在 (a,b) 内具有直到 $(n+1)$ 阶的导数，且

$$\text{对 } R_n(x_0) = R_n'(x_0) = R_n''(x_0) = \cdots = R_n^{(n)}(x_0) = 0$$

对 $R_n(x)$ 与 $(x - x_0)^{n+1}$ 在以 x_0 及 x 为端点的区间上应用柯西中值定理，因此

$$\frac{R_n(x)}{(x - x_0)^{n+1}} = \frac{R_n(x) - R_n(x_0)}{(x - x_0)^{n+1} - 0} = \frac{R_n'(\xi_1)}{(n+1)(\xi_1 - x_0)^n} (\xi_1 \text{ 介于 } x_0 \text{ 与 } x \text{ 之间})$$

再对 $R_n'(x)$ 与 $(n+1)(x - x_0)^n$ 在以 x_0 及 ξ_1 为端点的区间上应用柯西中值定理，故有

$$\frac{R_n'(\xi_1)}{(n+1)(\xi_1 - x_0)^n} = \frac{R_n'(\xi_1) - R_n'(x_0)}{(n+1)(\xi_1 - x_0)^n - 0} = \frac{R_n''(\xi_2)}{n(n+1)(\xi_2 - x_0)^{n-1}} (\xi_2 \text{ 介于 } x_0 \text{ 与 } \xi_1 \text{ 之间})$$

照此方法继续做下去，经过 $(n+1)$ 次后，得

$$\frac{R_n(x)}{(x-x_0)^{n+1}} = \frac{R_n^{(n+1)}(\xi)}{(n+1)!} (\xi \text{ 介于 } x_0 \text{ 与 } \xi_n \text{ 之间，因而也在 } x_0 \text{ 与 } x \text{ 之间})$$

另外注意到 $R_n^{(n+1)}(x) = f^{(n+1)}(x)$（因为 $p_n^{(n+1)}(x) = 0$），所以由上式可知

$$R_n(x) = \frac{f^{(n+1)}(\xi)}{(n+1)!} (x-x_0)^{n+1} (\xi \text{ 介于 } x_0 \text{ 与 } x \text{ 之间})$$

证毕。

在不需要余项的精确表达式时，还有下述结论。

定理2（带皮亚诺余项的泰勒公式） 如果函数 $f(x)$ 在含有 x_0 的某个开区间 (a,b) 内具有直到 n 阶的导数，则当 x 在 (a,b) 内时，$f(x)$ 可以表示为 $(x-x_0)$ 的一个 n 次多项式与一个余项 $R_n(x)$ 之和，即

$$f(x) = f(x_0) + f'(x_0)(x-x_0) + \frac{f''(x_0)}{2!}(x-x_0)^2 + \cdots + \frac{f^{(n)}(x_0)}{n!}(x-x_0)^n + R_n(x)$$

$$(3-4)$$

其中
$$R_n(x) = o[(x-x_0)^n] \qquad (3-5)$$

式 $(3-4)$ 称为函数 $f(x)$ 在点 x_0 处具有皮亚诺余项的 n 阶泰勒公式，式 $(3-5)$ 称为皮亚诺余项。

注意：(1) 当 $n=0$ 时，泰勒公式就是拉格朗日中值公式，即
$$f(x) = f(x_0) + f'(\xi)(x-x_0) \quad (\xi \text{ 介于 } x_0 \text{ 与 } x \text{ 之间})$$

(2) 在泰勒公式中，若取 $x_0=0$，其中的 ξ 介于 0 与 x 之间，则泰勒公式变成
$$f(x) = f(0) + f'(0)x + \frac{f''(0)}{2!}x^2 + \cdots + \frac{f^{(n)}(0)}{n!}x^n + R_n(x) \qquad (3-6)$$

式 $(3-6)$ 称为麦克劳林公式。

其中 $R_n(x)$ 为余项，其拉格朗日余项为
$$R_n(x) = \frac{f^{(n+1)}(\theta x)}{(n+1)!} x^{n+1} \quad (0 < \theta < 1)$$

其皮亚诺余项为
$$R_n(x) = o(x^n)$$

例1 写出 $f(x) = e^x$ 的 n 阶麦克劳林公式。

解 因为
$$f(x) = f'(x) = f''(x) = \cdots = f^{(n)}(x) = f^{(n+1)}(x) = e^x$$
$$f(0) = f'(0) = f''(0) = \cdots = f^{(n)}(0) = 1, f^{(n+1)}(\xi) = e^\xi$$

所以
$$e^x = 1 + x + \frac{x^2}{2!} + \cdots + \frac{x^n}{n!} + \frac{e^\xi}{(n+1)!} x^{n+1} \quad (\xi \text{ 介于 } 0 \text{ 与 } x \text{ 之间})$$

于是
$$e^x \approx 1 + x + \frac{x^2}{2!} + \cdots + \frac{x^n}{n!}$$

所产生的误差为

$$|R_n(x)| = \left| \frac{e^\xi}{(n+1)!} x^{n+1} \right| < \frac{e^{|x|}}{(n+1)!} |x|^{n+1}$$

若取 $x = 1$，则

$$e \approx 1 + 1 + \frac{1}{2!} + \frac{1}{3!} + \cdots + \frac{1}{n!}$$

其误差为

$$|R_n| < \frac{e}{(n+1)!} < \frac{3}{(n+1)!}$$

例 2 写出 $f(x) = \sin x$ 的 n 阶麦克劳林公式。

解 因为

$$f'(x) = \cos x, f''(x) = -\sin x, f'''(x) = -\cos x, f^{(4)}(x) = \sin x, \cdots, f^{(n)}(x) = \sin\left(x + \frac{n\pi}{2}\right)$$

所以

$$f(0) = 0, f'(0) = 1, f''(0) = 0, \cdots, f^{(n)}(0) = \sin \frac{n\pi}{2} = \begin{cases} 0, & n = 2m \\ (-1)^{m-1}, & n = 2m - 1 \end{cases}$$

于是

$$\sin x = x - \frac{x^3}{3!} + \frac{x^5}{5!} - \cdots + \frac{(-1)^{m-1}}{(2m-1)!} x^{2m-1} + R_{2m}(x)$$

其中

$$R_{2m}(x) = \frac{\sin\left[\xi + (2m+1)\frac{\pi}{2}\right]}{(2m+1)!} x^{2m+1} \quad (\xi \text{ 介于 } 0 \text{ 与 } x \text{ 之间})$$

当 $m = 1, 2, 3$ 时，有近似公式

$$\sin x \approx x, \sin x \approx x - \frac{1}{3!} x^3, \sin x \approx x - \frac{1}{3!} x^3 + \frac{1}{5!} x^5$$

以上三个近似多项式和正弦函数的图像都画在图 3-3 中，以便于比较。

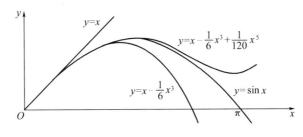

图 3-3

类似地，我们还可以得到

$$\cos x = 1 - \frac{x^2}{2!} + \frac{x^4}{4!} - \cdots + \frac{(-1)^m}{(2m)!}x^{2m} + R_{2m+1}(x)$$

其中

$$R_{2m+1}(x) = \frac{\cos\left[\xi + (m+1)\pi\right]}{(2m+2)!}x^{2m+2} \quad (\xi \text{ 介于 } 0 \text{ 与 } x \text{ 之间})$$

$$\ln(1+x) = x - \frac{x^2}{2} + \frac{x^3}{3} - \cdots + \frac{(-1)^{n-1}}{n}x^n + R_n(x)$$

其中

$$R_n(x) = \frac{(-1)^n}{(n+1)(1+\xi)^{n+1}}x^{n+1} \quad (\xi \text{ 介于 } 0 \text{ 与 } x \text{ 之间})$$

$$(1+x)^\alpha = 1 + \alpha x + \frac{\alpha(\alpha-1)}{2!}x^2 + \cdots + \frac{\alpha(\alpha-1)\cdots(\alpha-n+1)}{n!}x^n + R_n(x)$$

其中

$$R_n(x) = \frac{\alpha(\alpha-1)\cdots(\alpha-n+1)(\alpha-n)}{(n+1)!}(1+\xi)^{\alpha-n-1}x^{n+1} \quad (\xi \text{ 介于 } 0 \text{ 与 } x \text{ 之间})$$

例 3 利用带有皮亚诺余项的麦克劳林公式，求极限 $\lim\limits_{x\to 0}\dfrac{x\mathrm{e}^x - \ln(1+x)}{x^2}$。

解 因为 $x\mathrm{e}^x = x(1 + x + o(x)) = x + x^2 + o(x^2)$，$\ln(1+x) = x - \dfrac{x^2}{2} + o(x^2)$，所以

$$\lim_{x\to 0}\frac{x\mathrm{e}^x - \ln(1+x)}{x^2} = \lim_{x\to 0}\frac{\frac{3}{2}x^2 + o(x^2)}{x^2} = \frac{3}{2}$$

习题 3-3

1. 按 $(x-1)$ 的幂展开函数 $f(x) = x^4 + 3x^2 + 4$。

2. 写出 $f(x) = \ln\cos x$ 在 $x_0 = \dfrac{\pi}{4}$ 处带有拉格朗日余项的二阶泰勒公式。

3. 利用已知函数的麦克劳林公式求出下列函数带有皮亚诺余项的麦克劳林公式。

(1) $f(x) = \mathrm{e}^{-x^2}$ (2) $f(x) = \sin^2 x$

(3) $f(x) = 2^x$ (4) $f(x) = x\ln(1-x^2)$

4. 应用三阶泰勒公式进行近似计算：

(1) $\sin 9°$ (2) $\ln 1.02$

5. 利用泰勒公式求下列极限：

(1) $\lim\limits_{x\to 0}\left(1 + \dfrac{1}{x^2} - \dfrac{1}{x^3}\ln\dfrac{2+x}{2-x}\right)$ (2) $\lim\limits_{x\to 0}\dfrac{\sqrt{3x+4} + \sqrt{4-3x} - 4}{x^2}$

6. 若函数 $f(x)$ 在 (c,d) 内存在二阶导数，$a,b \in (c,d)$ 且 $f'(a) = 0$。证明：在 (a,b) 内至少存在一点 ξ，使得

$$f''(\xi) = \frac{2}{(b-a)^2}[f(b) - f(a)]$$

7. 设函数 $f(x)$ 在闭区间 $[-1,1]$ 上具有三阶连续导数，且 $f(-1) = 0$，$f(1) = 1$，$f'(0) = 0$。证明：在 $(-1,1)$ 内至少存在一点 ξ，使得 $f'''(\xi) = 3$。

第四节 函数的单调性和极值

一、函数的单调性

在第一章我们介绍了函数在区间上单调的定义，通过定义去判读函数的单调性有时会很麻烦，下面我们以导数为工具去研究函数的单调性。

由图 3-4 可知函数的单调性和导数有着密切的联系。

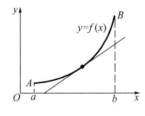 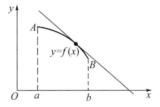

图 3-4

定理 1（函数单调性判别法） 设函数 $y = f(x)$ 在 $[a,b]$ 上连续，在 (a,b) 上可导，若：

(1) 在 (a,b) 内 $f'(x) > 0$，则 $y = f(x)$ 在 $[a,b]$ 上单调增加；

(2) 在 (a,b) 内 $f'(x) < 0$，则 $y = f(x)$ 在 $[a,b]$ 上单调减少。

证明 在 $[a,b]$ 上任取两点 x_1，$x_2(x_1 < x_2)$，应用拉格朗日中值定理，得到

$$f(x_2) - f(x_1) = f'(\xi)(x_2 - x_1) \quad (x_1 < \xi < x_2)$$

(1) 若在 (a,b) 内 $f'(x) > 0$，则 $f'(\xi) > 0$，从而 $f(x_2) - f(x_1) = f'(\xi)(x_2 - x_1) > 0$。因此，$f(x_1) < f(x_2)$，即 $y = f(x)$ 在 $[a,b]$ 上单调增加。

(2) 若在 (a,b) 内 $f'(x) < 0$，则 $f'(\xi) < 0$，从而 $f(x_2) - f(x_1) = f'(\xi)(x_2 - x_1) < 0$。因此，$f(x_1) > f(x_2)$，即 $y = f(x)$ 在 $[a,b]$ 上单调减少。

注：判定法中的闭区间可换成其他各种区间（包括无穷区间）。

例 1 讨论函数 $y = 2 - \sqrt[3]{(x-1)^2}$ 的单调性。

解 函数的定义域为 $(-\infty, +\infty)$，且

$$y' = -\frac{2}{3}(x-1)^{-\frac{1}{3}} = -\frac{2}{3}\frac{1}{\sqrt[3]{x-1}}$$

当 $x=1$ 时，y' 不存在；当 $x<1$ 时，$y'>0$，故函数在 $(-\infty,1]$ 上单调增加；当 $x>1$ 时，$y'<0$，故函数在 $[1,+\infty)$ 上单调减少。

通过上例不难看出可以通过求函数的一阶导数等于零和一阶导数不存在的点，将函数的定义域分划成若干个区间，再判定函数一阶导数在这些区间上的符号，继而可确定函数在这些区间上的单调性，这样的区间称为单调区间。

下面我们看一个利用单调性证明不等式的例子。

例2 证明：当 $x>0$ 时，$\sin x > x - \dfrac{x^3}{3!}$。

证明 设 $f(x) = \sin x - x + \dfrac{x^3}{3!}$，这里 $f(0)=0$，则

$$f'(x) = \cos x - 1 + \frac{x^2}{2}$$

这里 $f'(0)=0$，则

$$f''(x) = -\sin x + x$$

当 $x>0$ 时，$\sin x < x$，这表示在 $(0,+\infty)$ 内 $f''(x)>0$，从而可知 $f'(x)$ 在 $[0,+\infty)$ 上单调增加。所以有

$$f'(x) > f'(0) = 0$$

这说明 $f(x)$ 在 $[0,+\infty)$ 上单调增加。所以，当 $x>0$ 时有 $f(x)>f(0)=0$，即

$$\sin x > x - \frac{x^3}{3!}$$

例3 证明方程 $e^x - x = 3$ 在 $(0,3)$ 内有且仅有一个实根。

证明 设 $f(x) = e^x - x - 3$，显然 $f(x)$ 在 $[0,3]$ 上连续，且

$$f(0) = -2 < 0, \quad f(3) = e^3 - 6 > 0$$

由零点定理知，至少存在一点 $\xi \in (0,3)$，使 $f(\xi)=0$。

又因为对 $\forall x \in (0,3)$ 有

$$f'(x) = e^x - 1 > 0$$

从而 $f(x)$ 在 $[0,3]$ 上单调增加。

所以，方程 $e^x - x = 3$ 在 $(0,3)$ 内有且仅有一个实根。

二、函数的极值

定义1 设函数 $f(x)$ 在区间 (a,b) 内有定义，点 x_0 是 (a,b) 内的一点。若存在点 x_0 的一个邻域，对于该邻域内任何异于 x_0 的点 x，不等式

$$f(x) < f(x_0) \quad (f(x) > f(x_0))$$

成立,称 $f(x_0)$ 是函数 $f(x)$ 的一个极大值(极小值),称点 x_0 是函数 $f(x)$ 的极大值点(极小值点)。

函数的极大值与极小值统称为函数的极值,使函数取得极值的点统称为极值点。

如果 $f(x_0)$ 是函数 $f(x)$ 的一个极小值,那么只是对 x_0 附近的一个局部小范围来说 $f(x_0)$ 是 $f(x)$ 的一个最小值。但对于整个函数的定义域来说, $f(x_0)$ 未必是最小值。

对于极大值也是类似的。

如图 3 – 5 所示, $f(x_2) < f(x_6)$ ($f(x_2)$ 是极大值,而 $f(x_6)$ 是极小值)。

从图中可看出,在可导函数取得极值之处,曲线具有水平的切线。换句话说,可导函数在取得极值的点处,其导数值为零。

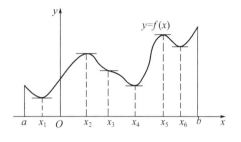

图 3 – 5

定理 2(可导函数取得极值的必要条件)　设函数 $f(x)$ 在点 x_0 处具有导数,且在 x_0 处取得极值,则 $f'(x_0) = 0$ 。

证明　由本章第一节费马引理可知,如果函数 $f(x)$ 在点 x_0 处可导,且 $f(x)$ 在 x_0 处取得极值,那么 $f'(x_0) = 0$ 。

由定理 2 可知,可导函数的极值点必然是它的驻点,但反过来,函数的驻点却未必是极值点。例如 $f(x) = x^3$ 的导数 $f'(x) = 3x^2$, $f'(0) = 0$, $x = 0$ 为此函数的驻点,但我们知道 $x = 0$ 并不是此函数的极值点。因此,函数的驻点只是可能的极值点。另外,函数导数不存在的点有可能是极值点,例如 $f(x) = |x|$ 在 $x = 0$ 处不可导,但函数在 $x = 0$ 处取得极小值。同样,函数的不可导点也只是可能的极值点,例如 $f(x) = \sqrt[3]{x}$ 在 $x = 0$ 处不可导,但该点并不是极值点。

驻点和函数的不可导点只是可能的极值点,我们如何判定函数在驻点或不可导点处是否取得极值?若取极值,是极大值还是极小值?下面给出极值判定的两个充分条件。

定理 3(极值判定第一充分条件)　设函数 $f(x)$ 在 x_0 处连续,且在点 x_0 的某个去心邻域 $\overset{\circ}{U}(x_0, \delta)$ 内可导:

(1) 如果 $x \in (x_0 - \delta, x_0)$ 时, $f'(x) > 0$,而 $x \in (x_0, x_0 + \delta)$ 时, $f'(x) < 0$,则 $f(x)$ 在 x_0 处取得极大值;

(2) 如果 $x \in (x_0 - \delta, x_0)$ 时, $f'(x) < 0$,而 $x \in (x_0, x_0 + \delta)$ 时, $f'(x) > 0$,则 $f(x)$ 在 x_0 处取得极小值;

(3) 如果 $f'(x)$ 在 $\overset{\circ}{U}(x_0, \delta)$ 内符号保持不变,则 $f(x)$ 在 x_0 处不取得极值。

证明　(1)由函数单调性判别法知,在 $x \in (x_0 - \delta, x_0)$ 时,函数 $f(x)$ 单调增加;而在 $x \in (x_0, x_0 + \delta)$ 时,函数 $f(x)$ 单调减少,又因为函数 $f(x)$ 在 x_0 处连续,所以根据极值定义可知, $f(x)$ 在 x_0 处取得极大值。

(2)同理可证。

（3）因为$f'(x)$在$\overset{\circ}{U}(x_0,\delta)$内不变号，所以当$x\in\overset{\circ}{U}(x_0,\delta)$时，恒有$f'(x)>0$或$f'(x)<0$，即函数$f(x)$在$U(x_0,\delta)$内单调增加或单调减少。因而，$f(x)$在$x_0$处取不到极值。

确定极值点和极值的步骤：

（1）求出函数$f(x)$的定义域及导数$f'(x)$；

（2）求出$f(x)$的全部驻点和不可导点；

（3）应用定理3判断上述各点是否为函数的极值点，是极大值还是极小值，计算出极值点处的极值，便得到$f(x)$的所有极值。

例4　求函数$f(x)=(x-1)\sqrt[3]{(x+4)^2}$的极值。

解　（1）函数$f(x)$的定义域为$(-\infty,+\infty)$，$f'(x)=\dfrac{5(x+2)}{3\sqrt[3]{x+4}}$。

（2）令$f'(x)=0$，解得驻点$x=-2$，$x=-4$为$f(x)$的不可导点。以上两点将定义域分成三部分，将其讨论结果列于表3-1。

表3-1　讨论结果表

x	$(-\infty,-4)$	-4	$(-4,-2)$	-2	$(-2,+\infty)$
$f'(x)$	$+$	不可导	$-$	0	$+$
$f(x)$	↗	极大值0	↘	极小值$-3\sqrt[3]{4}$	↗

（3）由表3-1可见，$f(x)$在$x=-4$处取得极大值0，在$x=-2$处取得极小值$-3\sqrt[3]{4}$。

定理4（极值判定第二充分条件）　设函数$f(x)$在点x_0处具有二阶导数，且
$$f'(x_0)=0,\quad f''(x_0)\neq0$$
则：（1）当$f''(x_0)<0$时，函数$f(x)$在x_0处取得极大值；

（2）当$f''(x_0)>0$时，函数$f(x)$在x_0处取得极小值。

证明　下面对情形（1）给出证明，情形（2）的证明完全类似。

由于$f''(x_0)<0$，有
$$f''(x_0)=\lim_{x\to x_0}\frac{f'(x)-f'(x_0)}{x-x_0}<0$$
据函数极限的局部保号性，当x在x_0的一个充分小的邻域内且$x\neq x_0$时，有
$$\frac{f'(x)-f'(x_0)}{x-x_0}<0$$
而$f'(x_0)=0$，即
$$\frac{f'(x)}{x-x_0}<0$$

于是,对于这邻域内不同于 x_0 的 x 来说, $f'(x)$ 与 $x - x_0$ 的符号相反,即:

（1）当 $x - x_0 < 0$, $x < x_0$ 时, $f'(x) > 0$;

（2）当 $x - x_0 > 0$, $x > x_0$ 时, $f'(x) < 0$。

据定理 3 知 $f(x)$ 在点 x_0 处取极大值。

注:对于 $f'(x_0) = 0$ 且 $f''(x_0) = 0$ 的情况,定理 4 不能应用。在这种情况下, $f(x)$ 在 x_0 处可能取得极大值,也有可能取得极小值,也可能没有极值。例如, $f(x) = x^4$, $g(x) = -x^4$, $h(x) = x^3$ 在 $x = 0$ 处就分别属于这三种情况。于是,对于 $f'(x_0) = 0$ 且 $f''(x_0) = 0$ 的情况,我们采用定理 3 判别。

对于 $f(x)$ 在 x_0 处不可导的情况,和上述讨论一样,定理 4 仍不能应用,采用定理 3。

例 5　求函数 $f(x) = (x^2 - 1)^3 + 1$ 的极值。

解　$f'(x) = 6x(x^2 - 1)^2$,令 $f'(x) = 0$,得驻点 $x_1 = -1$, $x_2 = 0$, $x_3 = 1$。

$$f''(x) = 6(x^2 - 1)(5x^2 - 1)$$

因为 $f''(0) = 6 > 0$, 故函数有极小值 $f(0) = 0$。而 $f''(-1) = f''(1) = 0$,用第二充分条件无法进行判定,于是我们考察函数的一阶导数在 $x = \pm 1$ 的左右两侧邻近的符号。

当 x 取 -1 的左侧邻近的值时, $f'(x) < 0$;当 x 取 -1 的右侧邻近的值时, $f'(x) < 0$, 故 $f(x)$ 在 $x = -1$ 处没有极值。同理, $f(x)$ 在 $x = 1$ 处也没有极值。

三、函数的最值

设函数 $f(x)$ 在闭区间 $[a, b]$ 上连续,则 $f(x)$ 在 $[a, b]$ 上的最大值和最小值一定存在。最大值和最小值可能在内部取得,也有可能在区间的端点处取得。

若 $f(x)$ 在 (a, b) 内驻点的个数以及 $f'(x)$ 不存在的点的个数都是有限个,这样,如果 $f(x)$ 在 (a, b) 内取得最大值或最小值,那么只有可能在这有限个可能的极值点处取得（实际上最大值在极大值点处取得,最小值在极小值点处取得）。

求 $f(x)$ 在 $[a, b]$ 上最大值和最小值的步骤:

（1）求出 $f(x)$ 在 (a, b) 内的所有驻点和不可导点,设它们是 $x_1, x_2, \cdots, x_n$;

（2）计算函数值 $f(x_1), f(x_2), \cdots, f(x_n)$ 及 $f(a), f(b)$;

（3）比较以上函数值的大小,最大的即为最大值,最小的即为最小值。设最大值为 M,最小值为 m,也就是说:

$$M = \max_{x \in [a, b]} \{f(a), f(x_1), f(x_2), \cdots, f(x_n), f(b)\}$$
$$m = \min_{x \in [a, b]} \{f(a), f(x_1), f(x_2), \cdots, f(x_n), f(b)\}$$

例 6　求函数 $f(x) = x^3 - 3x^2 - 9x + 5$ 在 $[-2, 4]$ 上的最大值与最小值。

解　（1）$f'(x) = 3x^2 - 6x - 9 = 3(x + 1)(x - 3)$,由 $f'(x) = 0$,得到驻点 $x_1 = -1$, $x_2 = 3$;

（2）$f(-2) = 3$, $f(-1) = 10$, $f(3) = -22$, $f(4) = -15$;

(3)$f(x)$ 在 $[-2,4]$ 上最大值为 $f(-1)=10$，最小值为 $f(3)=-22$。

函数的最值也可用来证明不等式。

例7 设 $p>1$，证明当 $0 \leqslant x \leqslant 1$ 时，有

$$\frac{1}{2^{p-1}} \leqslant x^p + (1-x)^p \leqslant 1$$

证明 令 $f(x) = x^p + (1-x)^p (0 \leqslant x \leqslant 1)$，则

$$f'(x) = px^{p-1} - p(1-x)^{p-1}$$

令 $f'(x)=0$，解得 $x=\dfrac{1}{2}$ 为 $f(x)$ 在 $(0,1)$ 内唯一的驻点，且 $f\left(\dfrac{1}{2}\right)=\dfrac{1}{2^{p-1}}$；又 $f(0)=f(1)=1>f\left(\dfrac{1}{2}\right)=\dfrac{1}{2^{p-1}}$，所以 $f(x)$ 在 $[0,1]$ 上的最大值为 1，最小值为 $\dfrac{1}{2^{p-1}}$，从而

$$\frac{1}{2^{p-1}} \leqslant x^p + (1-x)^p \leqslant 1 (0 \leqslant x \leqslant 1)$$

下面我们讨论实际应用问题中的最值。

如果函数 $f(x)$ 在某区间（有限或无限，开或闭）内可导且有唯一驻点 x_0，并且这个驻点是 $f(x)$ 的极值点，则当 $f(x_0)$ 是极大值（极小值）时，$f(x_0)$ 就是 $f(x)$ 在该区间上的最大值（最小值）。

例8 如图 3-6 所示，从一块半径为 1 的圆铁片中挖去一个扇形做成一个漏斗，问留下的扇形的中心角 φ 多大时，做成的漏斗体积 V 最大？

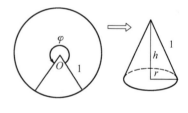

图 3-6

解 漏斗的体积

$$V = \frac{1}{3}\pi r^2 h = \frac{\pi}{3}r^2\sqrt{1-r^2} (0<r<1)$$

$$V'(r) = V(r)[\ln V(r)]'_r$$

$$= V(r)\left[\ln\frac{\pi}{3} + 2\ln r + \frac{1}{2}\ln(1-r^2)\right]'$$

$$= V(r)\left(\frac{2}{r} - \frac{r}{1-r^2}\right)$$

由 $V'(r)=0$，得到唯一的合理的驻点 $r=\sqrt{\dfrac{2}{3}}$。

由问题的实际意义知 $r=\sqrt{\dfrac{2}{3}}$ 时，即 $\varphi = 2\pi\sqrt{\dfrac{2}{3}} = \dfrac{2\sqrt{6}}{3}\pi \approx 294°$ 时，漏斗体积 V 最大。

这里需特别指出：在实际问题中，通常根据问题的性质就可以断定可导函数 $f(x)$ 确有最大值和最小值，而且一定在区间内取得。这时，如果 $f(x)$ 区间内有唯一的驻点 x_0，则不必讨论 $f(x_0)$ 是否为极值，就可以断定 $f(x_0)$ 是最大值或最小值。

例9　设有边长为 a 的正方形铁皮,从每个角截去边长为 x 的正方形(见图 3-7),做成一个无盖方盒。为了使这个方盒的容积最大, x 应该等于多少?

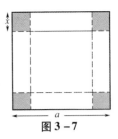

图 3-7

解　设方盒的容积为 V,则

$$V(x) = x(a - 2x)^2 \quad \left(0 < x < \frac{a}{2}\right)$$

$$V'(x) = (a - 2x)(a - 6x)$$

由 $V'(x) = 0$,得到唯一的合理的驻点 $x = \dfrac{a}{6}$。

由问题的实际意义知 $x = \dfrac{a}{6}$ 时,方盒的容积最大。

习 题 3-4

1. 判断函数 $f(x) = \dfrac{\ln x}{x}(x < \mathrm{e})$ 的单调性。

2. 求下列函数的单调区间:

(1) $y = x^4 + 8x^3 + 18x^2 - 8$

(2) $y = x^2 + \dfrac{1}{x}$

(3) $y = 2\sin x + \cos 2x \left(0 \leqslant x \leqslant \dfrac{\pi}{2}\right)$

(4) $y = \dfrac{2x}{1 + x^2}$

(5) $y = x\sqrt{1 - x^2}$

(6) $y = \ln(x + \sqrt{1 + x^2})$

3. 证明下列不等式:

(1) 当 $x \neq 0$ 时, $\mathrm{e}^x > 1 + x$;

(2) 当 $x > 0$ 时, $1 - \cos x < \dfrac{x^2}{2}$;

(3) 当 $x > 0$ 时, $x - \dfrac{x^2}{2} < \ln(1 + x) < x$;

(4) 当 $0 < x < \dfrac{\pi}{4}$ 时, $x < \tan x < \dfrac{4}{\pi}x$;

(5) 当 $x > 0$ 时, $\mathrm{e}^x - x > 2 - \cos x$;

(6) 当 $x > 1$ 时, $\dfrac{\ln(1 + x)}{\ln x} > \dfrac{x}{1 + x}$。

4. 证明方程 $\sin x = x$ 只有一个实根。

5. 讨论方程 $\ln x = ax(a > 0)$ 有几个实根。

6. 求下列函数的极值:

(1) $y = 2x^3 - 6x^2 - 18x + 7$

(2) $y = x^2 \ln x$

(3) $y = x^{\frac{2}{3}}(x - 2)^2$

(4) $y = \arctan x - \dfrac{1}{2}\ln(1 + x^2)$

$(5) y = x^{\frac{1}{x}} (x > 0)$ $(6) y = x + e^{-x}$

7. 设 $\lim\limits_{x \to x_0} \dfrac{f(x) - f(x_0)}{(x - x_0)^2} = 1$，证明函数 $f(x)$ 在 x_0 处取得极小值。

8. 求下列函数的最大值和最小值：

$(1) y = x^4 - 2x^2 + 5, \ -2 \leqslant x \leqslant 2$ $(2) y = x + \sqrt{1-x}, \ -5 \leqslant x \leqslant 1$

$(3) y = \sin^2 x, \ -\dfrac{\pi}{4} \leqslant x \leqslant 0$ $(4) y = \arctan \dfrac{1-x}{1+x}, \ 0 \leqslant x \leqslant 1$

9. 求内接于半径为 R 的球的最大体积的圆柱体的高。

第五节　曲线的凹凸与函数的作图

一、曲线的凹凸性

在上节中我们研究了函数的单调性和极值。在函数单调增加或减少的过程中，也就是曲线上升或下降的过程中，还有一个弯曲方向的问题。

如图 3-8 所示，$y = \sin x$ 的图形在 $[0, \pi]$ 是凸的曲线弧，在 $[\pi, 2\pi]$ 是凹的曲线弧。下面我们就研究曲线的凹凸性及其判别法。

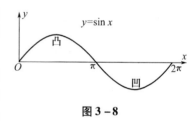

图 3-8

我们通过图 3-9(a)、图 3-9(b) 可以看出，凹弧有如下特征：如果任取两点，则连接这两点间的弦总位于这两点间的弧段的上方；而凸弧的特征恰好相反。曲线的这种性质就是曲线的凹凸性。下面我们给出凹凸性的定义。

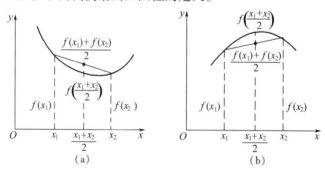

图 3-9

定义 1　设函数 $f(x)$ 在 (a, b) 上连续，如果对 (a, b) 上任意两点 x_1, x_2，恒有

$$f\left(\frac{x_1 + x_2}{2}\right) < \frac{f(x_1) + f(x_2)}{2}$$

则称曲线 $y = f(x)$ 在 (a, b) 上是凹的,也称函数 $f(x)$ 是 (a, b) 上的凹函数。

如果恒有

$$f\left(\frac{x_1 + x_2}{2}\right) > \frac{f(x_1) + f(x_2)}{2}$$

则称曲线 $y = f(x)$ 在 (a, b) 上是凸的,也称函数 $f(x)$ 是 (a, b) 上的凸函数。

如果函数 $f(x)$ 在 (a, b) 内具有二阶导数,则我们可以给出利用二阶导数的符号来判定曲线凹凸性的定理。

定理 1 设函数 $f(x)$ 在 $[a, b]$ 上连续,在 (a, b) 内具有二阶导数,那么:

(1) 若在 (a, b) 内,$f''(x) > 0$,则 $f(x)$ 在 $[a, b]$ 上的图形是凹的;

(2) 若在 (a, b) 内,$f''(x) < 0$,则 $f(x)$ 在 $[a, b]$ 上的图形是凸的。

证明 只证(1),类似地可证明(2)。

设 $\forall x_1, x_2 \in (a, b)$,不妨设 $x_1 < x_2$,取 $x_0 = \frac{x_1 + x_2}{2}$,由拉格朗日中值公式得

$$f(x_1) - f(x_0) = f'(\xi_1)(x_1 - x_0) = f'(\xi_1)\frac{x_1 - x_2}{2}(x_1 < \xi_1 < x_0)$$

$$f(x_2) - f(x_0) = f'(\xi_2)(x_2 - x_0) = f'(\xi_2)\frac{x_2 - x_1}{2}(x_0 < \xi_2 < x_2)$$

两式相加并应用拉格朗日中值公式得

$$f(x_1) + f(x_2) - 2f(x_0) = [f'(\xi_2) - f'(\xi_1)]\frac{x_2 - x_1}{2}$$

$$= f''(\xi)(\xi_2 - \xi_1)\frac{x_2 - x_1}{2} > 0(\xi_1 < \xi < \xi_2)$$

即 $\frac{f(x_1) + f(x_2)}{2} > f\left(\frac{x_1 + x_2}{2}\right)$,所以 $f(x)$ 在 $[a, b]$ 上的图形是凹的。

函数在任意区间上凹凸性的定义及判定与之相类似。

例 1 判断曲线 $y = \ln x$ 的凹凸性。

解 $y' = \frac{1}{x}, y'' = -\frac{1}{x^2}$,所以 $y = \ln x$ 在定义域 $(0, +\infty)$ 内 $y'' < 0$,由曲线凹凸性的判定定理可知,曲线 $y = \ln x$ 是凸的。

例 2 当 $x \neq y$ 时,证明:$\frac{e^x + e^y}{2} > e^{\frac{x+y}{2}}$。

证明 设 $f(x) = e^x, f'(x) = e^x, f''(x) = e^x > 0$,故曲线 $y = f(x)$ 在 $(-\infty, +\infty)$ 内是凹的,所以对任意的 $x \neq y$,恒有

$$f\left(\frac{x+y}{2}\right) < \frac{f(x)+f(y)}{2}$$

即

$$\frac{e^x + e^y}{2} > e^{\frac{x+y}{2}}$$

定义2　连续曲线 $y=f(x)$ 上凹弧与凸弧的分界点称为曲线的拐点。

由于在凹弧上 $f''(x)>0$，在凸弧上 $f''(x)<0$，所以如果 $f(x)$ 有连续的二阶导数，在拐点 $(x_0,f(x_0))$ 处应有 $f''(x_0)=0$。但反过来，满足 $f''(x)=0$ 的点 $(x_0,f(x_0))$ 不一定是拐点（例如 $y=x^4$，$y''(0)=0$，但 $(0,0)$ 不是该函数拐点）。另外，如果 $f''(x_0)$ 不存在，那么 $(x_0,f(x_0))$ 也可能是拐点（例如 $y=\sqrt[3]{x}$ 在 $x=0$ 处二阶导数不存在，但 $(0,0)$ 是该函数的拐点）。

据此，判定连续曲线 $y=f(x)$ 的凹凸区间和拐点可按下列步骤进行，设函数 $f(x)$ 在区间 I 上连续：

（1）确定函数的定义域，求出 $f''(x)$ 在 I 上为零或不存在的点。

（2）这些点将区间 I 划分成若干个区间，然后考察 $f''(x)$ 在每个区间上的符号，确定曲线 $y=f(x)$ 在各个区间上的凹凸性。

（3）若在两个相邻的部分区间上，曲线的凹凸性相反，则此分界点是拐点；若在两个相邻的部分区间上，曲线的凹凸性相同，则此分界点不是拐点。

例3　求曲线 $y=3x^5-5x^4+2x+1$ 的拐点及凹凸区间。

解　函数 $y=3x^5-5x^4+2x+1$ 的定义域为 $(-\infty,+\infty)$。

$$y'=15x^4-20x^3+2, \quad y''=60x^3-60x^2=60x^2(x-1)$$

由 $y''=0$ 得 $x_1=0$，$x_2=1$。

$x_1=0$ 及 $x_2=1$ 把定义域 $(-\infty,+\infty)$ 分成三部分，$(-\infty,0]$，$[0,1]$，$[1,+\infty)$，且有：

①在 $(-\infty,0)$ 内，$y''<0$，因此在区间 $(-\infty,0]$ 上曲线是凸的；

②在 $(0,1)$ 内，$y''<0$，因此在区间 $[0,1]$ 上曲线是凸的；

③在 $(1,+\infty)$ 内，$y''>0$，因此在区间 $[1,+\infty)$ 上曲线是凹的。

所以，$(-\infty,1]$ 为凸区间，$[1,+\infty)$ 为凹区间，$(1,1)$ 是曲线拐点。

二、函数的作图

通过前面我们关于函数的单调性、极值及曲线的凹凸性、拐点的讨论，结合函数的其他性态，我们可以比较准确地画出一个函数的图形。

描绘函数图形的一般步骤：

（1）确定函数的定义域，有无奇偶性和周期性；

（2）求出函数的单调区间和极值点，以及曲线的凹凸区间和拐点；

（3）求函数的水平渐近线和铅直渐近线；

(4)求函数在特殊点(包括间断点及一阶导数、二阶导数为零及不存在的点)处的函数值,定出图形上相应的点,结合前面的结果,连接这些点画出函数图形的大概形状。

例4 画出函数 $y = x^3 - x^2 - x + 1$ 的图形。

解 (1)函数的定义域为$(-\infty, +\infty)$。

(2) $f'(x) = 3x^2 - 2x - 1 = (3x+1)(x-1)$，$f''(x) = 6x - 2$。

$f'(x) = 0$ 的根为 $x_1 = -\dfrac{1}{3}$，$x_2 = 1$；$f''(x) = 0$ 的根为 $x_3 = \dfrac{1}{3}$，这些点将定义域分成四个区间：

$$\left(-\infty, -\frac{1}{3}\right], \left[-\frac{1}{3}, \frac{1}{3}\right], \left[\frac{1}{3}, 1\right], [1, +\infty)$$

在$\left(-\infty, -\dfrac{1}{3}\right)$内$f'(x) > 0$，$f''(x) < 0$，所以在$\left(-\infty, -\dfrac{1}{3}\right]$上的曲线弧上升而且是凸的。

同样讨论在区间$\left[-\dfrac{1}{3}, \dfrac{1}{3}\right], \left[\dfrac{1}{3}, 1\right], [1, +\infty)$上相应的曲线弧的升降与凹凸,所得结论见表3-2。

表3-2 讨论结果表

x	$\left(-\infty, -\dfrac{1}{3}\right)$	$-\dfrac{1}{3}$	$\left(-\dfrac{1}{3}, \dfrac{1}{3}\right)$	$\dfrac{1}{3}$	$\left(\dfrac{1}{3}, 1\right)$	1	$[1, +\infty)$
$f'(x)$	+	0	−	−	−	0	+
$f''(x)$	−	−	−	0	+	+	+
$f(x)$		极大		拐点		极小	

(3)当 $x \to -\infty$ 时，$y \to -\infty$；当 $x \to +\infty$ 时，$y \to +\infty$。

(4)由 $f\left(-\dfrac{1}{3}\right) = \dfrac{32}{27}$，$f\left(\dfrac{1}{3}\right) = \dfrac{16}{27}$，$f(1) = 0$ 得到函数图形上三个点：

$$\left(-\frac{1}{3}, \frac{32}{27}\right), \left(\frac{1}{3}, \frac{16}{27}\right), (1, 0)$$

再补充三个点：$(-1, 0)$，$(0, 1)$，$\left(\dfrac{3}{2}, \dfrac{5}{8}\right)$。结合前面得到的结果,就可以画出图形(见图3-10)。

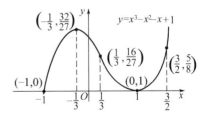

图3-10

例5 画出函数 $y = 1 + \dfrac{36x}{(x+3)^2}$ 的图形。

解 （1）函数的定义域为 $(-\infty, -3), (-3, +\infty)$。

（2）$f'(x) = \dfrac{36(3-x)}{(x+3)^3}, f''(x) = \dfrac{72(x-6)}{(x+3)^4}$。

$f'(x) = 0$ 的根为 $x_1 = 3$；$f''(x) = 0$ 的根为 $x_2 = 6$。点 $x = -3, 3, 6$ 将定义域分成四部分：
$$(-\infty, -3), (-3, 3], [3, 6], [6, +\infty)$$
各部分内函数的增减和曲线的凹凸、极值和拐点见表 3-3。

表 3-3　函数的增减和曲线的凹凸、极值和拐点

x	$(-\infty, -3)$	$(-3, 3)$	3	$(3, 6)$	6	$[6, +\infty)$
$f'(x)$	$-$	$+$	0	$-$	$-$	$-$
$f''(x)$	$-$	$-$	$-$	$-$	0	$+$
$f(x)$			极大		极小	

（3）由于 $\lim\limits_{x \to \infty} f(x) = 1$，$\lim\limits_{x \to -3} f(x) = -\infty$，所以函数图形有一条水平渐近线 $y = 1$ 和一条铅直渐近线 $x = -3$。

（4）由 $f(3) = 4, f(6) = \dfrac{11}{3}$ 得到函数图形上两个点：$M_1(3, 4), M_2\left(6, \dfrac{11}{3}\right)$。再补充四个点：$M_3(0, 1), M_4(-1, -8), M_5(-9, -8), M_6\left(-15, -\dfrac{11}{4}\right)$。最后画出函数的图形（见图 3-11）。

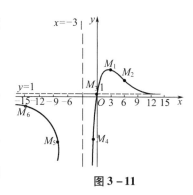

图 3-11

习 题 3-5

1. 求下列函数图形拐点及凹凸区间：

（1）$y = -x^4 - 2x^3 + 36x^2 + x$

（2）$y = \sqrt{1 + x^2}$

（3）$y = (x-1)\sqrt[3]{x^5}$

（4）$y = xe^{-x^2}$

$(5) y = x(\ln x - 2)$　　　　　　　　　　$(6) y = x + \dfrac{x}{x^2 - 1}$

2. 证明下列不等式：

$(1) \dfrac{1}{2}(x^n + y^n) > \left(\dfrac{x+y}{2}\right)^n \quad (x > 0, y > 0, x \neq y, n > 1)$；

$(2) x \ln x + y \ln y > (x+y) \ln \dfrac{x+y}{2} \quad (x > 0, y > 0, x \neq y)$。

3. 确定 a, b, c 的值，使 $f(x) = ax^3 + bx^2 + c$ 有拐点 $(1, 2)$，且过此点的切线斜率为 -1。

4. 试确定 $y = k(x^2 - 3)^2$ 中 k 的值，使曲线拐点处的法线通过原点。

5. 设 $y = f(x)$ 在 $x = x_0$ 的某邻域内具有三阶连续导数，如果 $f'(x_0) = 0$，$f''(x_0) = 0$，$f'''(x_0) \neq 0$，试问 $x = x_0$ 是否为极值点？为什么？又 $(x_0, f(x_0))$ 是否为拐点，为什么？

6. 证明在函数 $f(x)$ 的二阶可导的区间 I 内：

(1) 若曲线 $y = f(x)$ 凹的，则曲线 $y = e^{f(x)}$ 也是凹的；

(2) 若曲线 $y = f(x)$ 凸的且在 x 轴上方，则曲线 $y = \ln f(x)$ 也是凸的。

7. 画出下列函数的图形：

$(1) y = \dfrac{\ln x}{x}$　　　　　　　　　　$(2) y = \dfrac{2x - 1}{(x - 1)^2}$

$(3) y = x - 2\arctan x$　　　　　　　　$(4) y = \dfrac{(x+1)^3}{(x-1)^2}$

第六节　曲　　率

一、弧微分

设函数 $f(x)$ 在区间 (a, b) 内具有连续导数。在曲线 $y = f(x)$ 上取固定点 $M_0(x_0, y_0)$ 作为度量弧长的基点，并规定依 x 增大的方向作为曲线的正向，对曲线上任一点 $M(x, y)$，规定有向弧段 $\overparen{M_0 M}$ 的值 s（简称为弧 s）如下：s 的绝对值等于这弧段的长度，当有向弧段 $\overparen{M_0 M}$ 的方向与曲线的正向一致时，$s > 0$；相反时，$s < 0$。显然，弧 s 是 x 的函数：$s = s(x)$，而且 $s(x)$ 是 x 的单调增加函数。下面来求 $s(x)$ 的导数及微分。

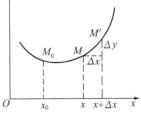

图 3 - 12

设 $x, x + \Delta x$ 为 (a, b) 内两点，在曲线上的对应点分别为 M 与 M'（图 3 - 12），设对应于 x 的增量 Δx，弧 s 的增量为 Δs，则

$$\Delta s = \overparen{M_0 M'} - \overparen{M_0 M} = \overparen{MM'}$$

所以

$$\left(\frac{\Delta s}{\Delta x}\right)^2 = \left(\frac{\overset{\frown}{MM'}}{\Delta x}\right)^2 = \left(\frac{\overset{\frown}{MM'}}{|MM'|}\right)^2 \cdot \frac{|MM'|^2}{(\Delta x)^2}$$

$$= \left(\frac{\overset{\frown}{MM'}}{|MM'|}\right)^2 \cdot \frac{(\Delta x)^2 + (\Delta y)^2}{(\Delta x)^2}$$

于是

$$\frac{\Delta s}{\Delta x} = \pm \sqrt{\left(\frac{\overset{\frown}{MM'}}{|MM'|}\right)^2 \cdot \left[1 + \left(\frac{\Delta y}{\Delta x}\right)^2\right]}$$

令 $\Delta x \to 0$，则 $M' \to M$，$\left(\dfrac{\overset{\frown}{MM'}}{|MM'|}\right)^2 \to 1$，$\dfrac{\Delta y}{\Delta x} \to y'$。因此有

$$\frac{\mathrm{d}s}{\mathrm{d}x} = \pm \sqrt{1 + y'^2}$$

由于 $s = s(x)$ 是单调增加函数，根号前应取正号，于是

$$\mathrm{d}s = \sqrt{1 + y'^2}\,\mathrm{d}x$$

这就是弧微分公式。

二、曲率及其计算公式

直觉与经验告诉我们：直线没有弯曲，圆周上每一处的弯曲程度是相同的，半径较小的圆弯曲得较半径较大的圆要厉害些，抛物线在顶点附近弯曲得比其他位置厉害些。

何为弯曲得厉害些，即用怎样的数学量来刻划曲线弯曲的程度呢？让我们先弄清曲线的弯曲与哪些因素有关。

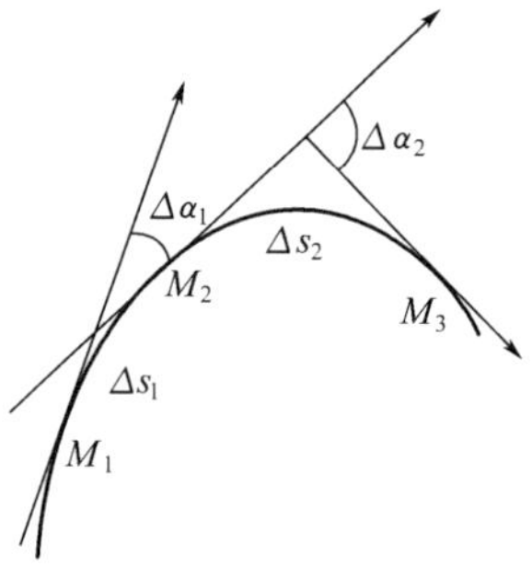

从图 3 – 13 中可以看出弧段 $\overset{\frown}{M_2M_3}$ 比弧段 $\overset{\frown}{M_1M_2}$ 弯曲的厉害，

图 3 – 13

当动点沿弧从 M_1 移动到 M_2，切线的转角为 $\Delta\alpha_1$，当动点沿弧从 M_2 移动到 M_3，切线的转角为 $\Delta\alpha_2$，显然这里 $\Delta\alpha_1 < \Delta\alpha_2$。因此曲线的弯曲程度和切线转角有关。

但是切线的转角还不能完全反应曲线的弯曲程度。从图3 – 14中可以看出，弧段 $\overset{\frown}{MM'}$ 与弧段 $\overset{\frown}{NN'}$ 的切线转角相同，但弯曲程度却不相同，短弧段比长弧段弯曲得厉害。因此，曲线的弯曲程度也与弧段的长度有关。

下面，我们给出刻划曲线弯曲程度的数学量——曲率的定义。

设曲线 C（见图 3 – 15）上的点 M 对应于弧 s，切线的倾角为 α，曲线上的另一点 M' 对应于弧 $s + \Delta s$，切线的倾角为 $\alpha + \Delta\alpha$。那么，弧段 $\overset{\frown}{MM'}$ 的长度为 $|\Delta s|$，当切点从 M 移到点 M' 时，切线转过的角度为 $|\Delta\alpha|$。

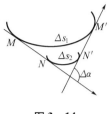

图 3－14

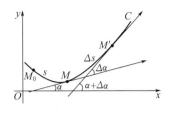

图 3－15

比值 $\left|\dfrac{\Delta\alpha}{\Delta s}\right|$ 表示单位弧段上的切线转角, 刻划了弧 $\overset{\frown}{MM'}$ 的平均弯曲程度, 称它为弧段 $\overset{\frown}{MM'}$

的平均曲率。记作 $\overline{K}$, 即

$$\overline{K} = \left|\frac{\Delta\alpha}{\Delta s}\right|$$

当 $\Delta s \to 0$ 时(即 $M' \to M$), 平均曲率的极限就称为曲线在点 M 处的曲率, 记作 K, 即

$$K = \lim_{\Delta s \to 0}\left|\frac{\Delta\alpha}{\Delta s}\right|$$

当 $\lim\limits_{\Delta s \to 0}\dfrac{\Delta\alpha}{\Delta s} = \dfrac{\mathrm{d}\alpha}{\mathrm{d}s}$ 存在时, 有 $K = \left|\dfrac{\mathrm{d}\alpha}{\mathrm{d}s}\right|$。

对于直线而言, 切线与直线本身重合, 当点沿直线运动时, 切线的转角 $\Delta\alpha = 0$, 从而

$K = \left|\dfrac{\mathrm{d}\alpha}{\mathrm{d}s}\right| = 0$, 这说明直线上处处曲率都为零, 也就是说直线是不弯曲的。

对于半径为 R 的圆, 由图 3－16 可见动点从 M 移到 M' 时, 切

线的转角 $\Delta\alpha$ 与弧 $\overset{\frown}{MM'}$ 所对应的中心角是相同的, 所以 $\Delta s = R\Delta\alpha$,

从而 $K = \left|\dfrac{\mathrm{d}\alpha}{\mathrm{d}s}\right| = \dfrac{1}{R}$。若 M 是圆周上任意一点, 则圆上各点处的曲

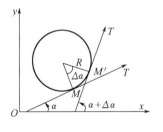

图 3－16

率都相同且都等于半径的倒数, 半径越小, 圆弯曲的越厉害。

由上述定义知, 曲率是一个局部概念, 谈曲线的弯曲应该具

体地指出是曲线在哪一点处的弯曲, 这样才准确。

下面我们给出曲率的计算公式。

设曲线的直角坐标方程为 $y = f(x)$, 且 $f(x)$ 具有二阶导数。

因为 $\tan\alpha = y'$ (α 是曲线的切线与 x 轴正向夹角), 所以两边对 x 求导得

$$\sec^2\alpha \cdot \frac{\mathrm{d}\alpha}{\mathrm{d}x} = y''$$

$$\frac{\mathrm{d}\alpha}{\mathrm{d}x} = \frac{y''}{1 + \tan^2\alpha} = \frac{y''}{1 + (y')^2}$$

于是

$$\mathrm{d}\alpha = \frac{y''}{1 + (y')^2}\mathrm{d}x$$

又由于

$$\mathrm{d}s = \sqrt{1 + (y')^2}\mathrm{d}x$$

从而

$$K = \left| \frac{\mathrm{d}\alpha}{\mathrm{d}s} \right| = \frac{|y''|}{(1 + y'^2)^{\frac{3}{2}}}$$

假设曲线方程由参数方程 $\begin{cases} x = \varphi(t) \\ y = \phi(t) \end{cases}$ 给出，则

$$y' = \frac{\phi'(t)}{\varphi'(t)}, \quad y'' = \frac{\phi''(t)\varphi'(t) - \varphi''(t)\phi'(t)}{[\varphi'(t)]^3}$$

从而

$$K = \frac{|\phi''(t)\varphi'(t) - \varphi''(t)\phi'(t)|}{[(\varphi'(t))^2 + (\phi'(t))^2]^{\frac{3}{2}}}$$

例1 求曲线 $xy = 1$ 在点 $(1,1)$ 处的曲率。

解 由 $y = \dfrac{1}{x}$ 得

$$y' = -\frac{1}{x^2}, \quad y'' = \frac{2}{x^3}$$

故

$$y'|_{x=1} = -1, \quad y''|_{x=1} = 2$$

由曲率的计算公式知曲线 $xy = 1$ 在点 $(1,1)$ 处的曲率为

$$K = \frac{2}{[1 + (-1)^2]^{\frac{3}{2}}} = \frac{\sqrt{2}}{2}$$

例2 抛物线 $y = ax^2 + bx + c$ 上哪一点处的曲率最大？

解 由 $y = ax^2 + bx + c$ 得

$$y' = 2ax + b, \quad y'' = 2a$$

故

$$K(x) = \frac{|2a|}{[1 + (2ax + b)^2]^{\frac{3}{2}}}$$

要使 $K(x)$ 最大，只要分母最小即可。即 $x = -\dfrac{b}{2a}$ 时，$K(x)$ 取得最大值，也就是说抛物线 $y = ax^2 + bx + c$ 在顶点处的曲率最大。

三、曲率圆及曲率半径

设曲线 $y = f(x)$ 在点 $M(x,y)$ 处的曲率为 $K(K \neq 0)$。在点 M 处的曲线的法线上，在凹的

一侧取一点 D，使 $|DM| = \dfrac{1}{K} = \rho$。以 D 为圆心，ρ 为半径作圆（见图 3–17），这个圆叫作曲线在点 M 处的曲率圆，曲率圆的圆心 D 叫作曲线在点 M 处的曲率中心，曲率圆的半径 ρ 叫作曲线在点 M 处的曲率半径。

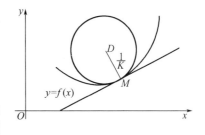

图 3–17

根据上述定义，曲率圆与曲线在点 M 处有相同的切线和曲率，且在点 M 附近有相同的凹向。因此，在实际问题中，常常用曲率圆在点 M 附近的一段圆弧来近似代替曲线弧，以使问题简化。

曲线在点 M 处的曲率 $K(K \neq 0)$ 与曲线在点 M 处的曲率半径 ρ 有如下关系：

$$\rho = \frac{1}{K}, \quad K = \frac{1}{\rho}$$

这就是说，曲线上一点处的曲率半径与曲线在该点处的曲率互为倒数。

习 题 3–6

1. 求曲线 $y = \ln\left(x + \sqrt{1 + x^2}\right)$ 在点 $(0,0)$ 处的曲率。

2. 求曲线 $y = \tan x$ 在点 $\left(\dfrac{\pi}{4}, 1\right)$ 处的曲率及曲率半径。

3. 求椭圆 $\begin{cases} x = a\cos t \\ y = b\sin t \end{cases}$ $(a \geqslant b > 0, 0 \leqslant t \leqslant 2\pi)$ 上曲率最大和最小的点。

4. 设 $y = ax^2 + bx + c$ 过点 $(1,2)$，且该点曲率圆为 $\left(x - \dfrac{1}{2}\right)^2 + \left(y - \dfrac{5}{2}\right)^2 = \dfrac{1}{2}$，求 a, b, c。

5. 对数曲线 $y = \ln x$ 上哪一点处的曲率半径最小？求出该点处的曲率半径。

第四章 不定积分

前面我们讨论了求一个已知函数的导数问题,本章将讨论它的反问题,即寻求一个可导函数,使得它的导数等于这个已知函数,这是积分学的基本问题之一。

第一节 不定积分的概念与性质

一、原函数与不定积分的概念

若已知质点做变速直线运动,其运动方程为 $s = s(t)$,确定质点在某时刻的瞬时速度问题,在第二章中已经解决。但在实际问题中还常常会遇到相反的问题,即已知物体的运动速度 $v(t) = 2t$,求路程函数 $s(t)$,我们容易知道 $s(t) = t^2$,t^2 就是速度函数 $v(t) = 2t$ 的一个原来的函数,这就形成了"原函数"的概念。

定义 1 设 $f(x)$ 是定义在区间 I 上的已知函数,如果存在一个可导函数 $F(x)$,使得对 $\forall x \in I$ 有

$$F'(x) = f(x) \text{ 或 } dF(x) = f(x)dx$$

则称函数 $F(x)$ 是 $f(x)$ 在该区间 I 上的一个原函数。

例如,x^3 和 $x^3 - 1$ 都是 $3x^2$ 在 $(-\infty, +\infty)$ 上的原函数;又如,因为 $(\sin x)' = \cos x$,所以 $\sin x$ 是 $\cos x$ 的一个原函数。

关于原函数,我们首先要问:一个函数具备什么条件,它的原函数一定存在?这个问题将在下一章中讨论,这里先给出一个结论。

结论(原函数存在定理) 如果函数 $f(x)$ 在区间 I 上连续,则在区间 I 上一定存在可导函数 $F(x)$,使得对于任意 $x \in I$,都有 $F'(x) = f(x)$,即连续函数一定有原函数。

下面我们还要说明两点:

第一,如果函数 $f(x)$ 在区间 I 内有原函数 $F(x)$,使对任一 $x \in I$,都有 $F'(x) = f(x)$,那么,对任何常数 C,显然也有

$$[F(x) + C]' = f(x)$$

即对任何常数 C,函数 $F(x) + C$ 也是 $f(x)$ 的原函数。这说明,如果 $f(x)$ 有一个原函数,那么 $f(x)$ 就有无穷多个原函数。

第二,如果 $F(x)$ 和 $G(x)$ 是函数 $f(x)$ 在区间 I 内的任意两个不同的原函数,则 $F(x)$ 和 $G(x)$ 只相差一个常数。

这是因为 $[G(x) - F(x)]' = G'(x) - F'(x) = f(x) - f(x) = 0$，所以 $G(x) = F(x) + C$，即函数 $f(x)$ 的任意两个原函数之间仅相差一个常数，且 $F(x) + C$ 包含了函数 $f(x)$ 的所有原函数。

由以上两点说明，我们引入下述定义。

定义 2 函数 $f(x)$ 的所有原函数 $F(x) + C$（C 为任意常数），称为 $f(x)$ 的不定积分，记作 $\int f(x) \mathrm{d}x$，即

$$\int f(x) \mathrm{d}x = F(x) + C$$

其中，$\int$ 称为不定积分号；$f(x)$ 称为被积函数；$f(x) \mathrm{d}x$ 称为被积表达式；x 称为积分变量；C 为积分常量。

例如，对于 $\int \dfrac{\mathrm{d}x}{1 + x^2}$，由于 $(\arctan x)' = \dfrac{1}{1 + x^2}$，得到 $\arctan x$ 是 $\dfrac{1}{1 + x^2}$ 的一个原函数，所以

$$\int \frac{\mathrm{d}x}{1 + x^2} = \arctan x + C$$

又如，求 $\int x^\alpha \mathrm{d}x$。当 $\alpha \neq -1$ 时，我们知道，$(x^{\alpha+1})' = (\alpha + 1) x^\alpha$，亦有 $\left(\dfrac{1}{\alpha + 1} x^{\alpha+1}\right)' = x^\alpha$，即 $\dfrac{1}{\alpha + 1} x^{\alpha+1}$ 是 x^α 的一个原函数，因此 $\int x^\alpha \mathrm{d}x = \dfrac{1}{\alpha + 1} x^{\alpha+1} + C$；当 $\alpha = -1$ 时，我们所要求的不定积分为 $\int \dfrac{1}{x} \mathrm{d}x$。因为 $(\ln|x|)' = \dfrac{1}{x}$，所以

$$\int \frac{1}{x} \mathrm{d}x = \ln|x| + C$$

二、不定积分的性质

性质 1 两个函数代数和的积分等于分别积分的代数和。即

$$\int [f(x) \pm g(x)] \mathrm{d}x = \int f(x) \mathrm{d}x \pm \int g(x) \mathrm{d}x$$

事实上

$$\left[\int f(x) \mathrm{d}x \pm \int g(x) \mathrm{d}x\right]' = \left[\int f(x) \mathrm{d}x\right]' \pm \left[\int g(x) \mathrm{d}x\right]' = f(x) \pm g(x)$$

推广 有限个函数的代数和的积分等于分别积分的代数和。

$$\int [f_1(x) \pm f_2(x) \pm \cdots \pm f_n(x)] \mathrm{d}x = \int f_1(x) \mathrm{d}x \pm \int f_2(x) \mathrm{d}x \pm \cdots \pm \int f_n(x) \mathrm{d}x$$

性质 2 非零的常数因子可以提到积分符号外。即

$$\int kf(x)\,dx = k\int f(x)\,dx\,(k \text{ 为非零常数})$$

性质3 $\dfrac{d}{dx}\left(\int f(x)\,dx\right) = f(x)$ 或 $\left(d\left(\int f(x)\,dx\right) = f(x)\,dx\right)$。

性质4 $\int F'(x)\,dx = F(x) + C$ 或 $\left(\int dF(x) = F(x) + C\right)$。

性质3和性质4表明，先求积分再求导数或微分，两者的作用互相抵消；先求微分后求积分，两者作用抵消后，再加上任意常数 C。例如

$$\left(\int \sin x\,dx\right)' = (-\cos x + C)' = \sin x$$

$$\int d\sin x = \int \cos x\,dx = \sin x + C$$

三、不定积分的几何意义

$f(x)$ 的一个原函数 $F(x)$ 的图形称为函数 $f(x)$ 的积分曲线，它的方程是 $y = F(x)$。如果将这条积分曲线沿 y 轴方向平行移动长度 C 后，我们就得到另一条积分曲线 $y = F(x) + C$。所以不定积分的图形就是这样获得的全部积分曲线构成的曲线族。又因不论常数 C 取什么值，都有 $[F(x) + C]' = f(x)$，所以，如果在每一条积分曲线上横坐标相同的点处作切线，由于斜率均为 $f(x)$，故这些切线都是彼此平行的（图4-1）。

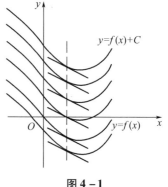

图4-1

例1 已知点 M 在直线上运动的速度 v 和时间 t 的关系为 $v = at$，其中 a 是常数，求距离 s 和时间 t 的关系。已知当 $t = 0$ 时，$s = 0$。

解 按导数的物理意义知道 $\dfrac{ds}{dt} = v = at$，所以

$$s = \int v\,dt = \int at\,dt = \frac{1}{2}at^2 + s_0\,(s_0 \text{ 是常数})$$

不难验证，将所得的 s 对 t 求导，即得 at，把 s_0 看作任意常数，则 $s = \dfrac{1}{2}at^2 + s_0$ 表示函数族，所求函数必包含在这函数族中，又因 $t = 0$ 时，$s = 0$，得 $s_0 = 0$，因此，所求点 M 的运动规律为 $s = \dfrac{1}{2}at^2$。

例2 求经过点 $(1,1)$，且其切线斜率为 $3x^2$ 的曲线方程。

解 由导数的几何意义知，$y' = 3x^2$，而 x^3 是 $3x^2$ 的一个原函数，所以由不定积分的定义及几何意义知，其全部积分曲线为

$$y = \int 3x^2\,dx = x^3 + C$$

又曲线过点 $(1,1)$,得 $1 = 1^3 + C$,知 $C = 0$,所以曲线为 $y = x^3$ 。

四、基本积分公式

因为求不定积分是求导数的逆运算,所以由基本导数公式可以得到基本积分公式:

(1) $\int k\mathrm{d}x = kx + C,(k$ 为常数$)$;

(2) $\int x^\alpha \mathrm{d}x = \dfrac{x^{\alpha+1}}{\alpha+1} + C,(\alpha \neq -1)$;

(3) $\int \dfrac{1}{x}\mathrm{d}x = \ln |x| + C,(x \neq 0)$;

(4) $\int a^x \mathrm{d}x = \dfrac{a^x}{\ln a} + C,(a > 0,a \neq 1)$;

(5) $\int \mathrm{e}^x \mathrm{d}x = \mathrm{e}^x + C$;

(6) $\int \sin x\mathrm{d}x = -\cos x + C$;

(7) $\int \cos x\mathrm{d}x = \sin x + C$;

(8) $\int \sec^2 x\mathrm{d}x = \tan x + C$;

(9) $\int \csc^2 x\mathrm{d}x = -\cot x + C$;

(10) $\int \sec x \cdot \tan x\mathrm{d}x = \sec x + C$;

(11) $\int \csc x \cdot \cot x\mathrm{d}x = -\csc x + C$;

(12) $\int \dfrac{\mathrm{d}x}{\sqrt{1-x^2}} = \arcsin x + C(= -\arccos x + C)$;

(13) $\int \dfrac{1}{1+x^2}\mathrm{d}x = \arctan x + C(= -\mathrm{arccot}\, x + C)$ 。

其中(3)可按 $x > 0$ 及 $x < 0$ 两种情况分别验证。

此外,我们再给出一些常用的积分基本公式,这几个积分公式的推导还是利用了积分运算是微分运算的逆运算的性质,即只要对等式右边的函数求导,以考察其是否等于左边的被积函数即可。

(14) $\int \mathrm{sh}\, x\mathrm{d}x = \mathrm{ch}\, x + C$;

(15) $\int \mathrm{ch}\, x\mathrm{d}x = \mathrm{sh}\, x + C$;

(16) $\int \dfrac{1}{\sqrt{a^2 - x^2}}\mathrm{d}x = \arcsin \dfrac{x}{a} + C(a > 0)$；

(17) $\int \dfrac{1}{a^2 + x^2}\mathrm{d}x = \dfrac{1}{a}\arctan \dfrac{x}{a} + C(a > 0)$；

(18) $\int \dfrac{1}{a^2 - x^2}\mathrm{d}x = \dfrac{1}{2a}\ln \left| \dfrac{a + x}{a - x} \right| + C(a > 0)$；

(19) $\int \dfrac{1}{\sqrt{x^2 \pm a^2}}\mathrm{d}x = \ln \left| x + \sqrt{x^2 \pm a^2} \right| + C(a > 0)$；

(20) $\int \tan x\mathrm{d}x = -\ln \left| \cos x \right| + C$；

(21) $\int \cot x\mathrm{d}x = \ln \left| \sin x \right| + C$；

(22) $\int \sec x\mathrm{d}x = \ln \left| \sec x + \tan x \right| + C$；

(23) $\int \csc x\mathrm{d}x = \ln \left| \csc x - \cot x \right| + C$。

以上公式要熟练掌握，下面介绍几个利用不定积分的性质及基本公式进行计算的例题。

例3 求 $\int \dfrac{1}{\sqrt[3]{x^2}}\mathrm{d}x$。

解
$$\int \dfrac{1}{\sqrt[3]{x^2}}\mathrm{d}x = \int x^{-\frac{2}{3}}\mathrm{d}x = \dfrac{1}{-\dfrac{2}{3} + 1}x^{-\frac{2}{3}+1} + C = 3\sqrt[3]{x} + C$$

例4 求 $\int \dfrac{3 - 2x^2}{\sqrt{x\sqrt{x}}}\mathrm{d}x$。

解
$$\int \dfrac{3 - 2x^2}{\sqrt{x\sqrt{x}}}\mathrm{d}x = \int \dfrac{3 - 2x^2}{x^{\frac{3}{4}}}\mathrm{d}x = 3\int x^{-\frac{3}{4}}\mathrm{d}x - 2\int x^{\frac{5}{4}}\mathrm{d}x$$

$$= 3 \cdot \dfrac{1}{-\dfrac{3}{4} + 1}x^{-\frac{3}{4}+1} - 2 \cdot \dfrac{1}{\dfrac{5}{4} + 1}x^{\frac{5}{4}+1} + C$$

$$= 12\sqrt[4]{x} - \dfrac{8}{9}x^2\sqrt[4]{x} + C$$

说明逐项求积分后，每个不定积分都含有任意常数，由于任意常数之和仍为任意常数，所以只需写一个任意常数 C 即可。

例5 求 $\int (\mathrm{e}^x - 3\cos x + \sec^2 x + 5)\mathrm{d}x$。

解 $\int(e^x - 3\cos x + \sec^2 x + 5)dx = \int e^x dx - 3\int\cos xdx + \int\sec^2 xdx + 5\int dx$

$$= e^x - 3\sin x + \tan x + 5x + C$$

例 6 求 $\int(5^x e^x + \cot^2 x)dx$。

解 $\int(5^x e^x + \cot^2 x)dx = \int 5^x e^x dx + \int\cot^2 xdx = \int(5e)^x dx + \int(\csc^2 x - 1)dx$

$$= \frac{1}{\ln(5e)}(5e)^x + \int\csc^2 xdx - \int dx$$

$$= \frac{5^x e^x}{\ln 5 + 1} - \cot x - x + C$$

例 7 求 $\int\dfrac{x^4}{1 + x^2}dx$。

解 $\int\dfrac{x^4}{1 + x^2}dx = \int\dfrac{x^4 - 1 + 1}{x^2 + 1}dx = \int\dfrac{x^4 - 1}{x^2 + 1}dx + \int\dfrac{1}{1 + x^2}dx$

$$= \int\dfrac{(x^2 - 1)(x^2 + 1)}{x^2 + 1}dx + \int\dfrac{1}{1 + x^2}dx$$

$$= \int(x^2 - 1)dx + \arctan x$$

$$= \dfrac{1}{3}x^3 - x + \arctan x + C$$

例 8 求 $\int\dfrac{1}{\sin^2\dfrac{x}{2}\cos^2\dfrac{x}{2}}dx$。

解 $\int\dfrac{1}{\sin^2\dfrac{x}{2}\cos^2\dfrac{x}{2}}dx = \int\dfrac{4}{\sin^2 x}dx = 4\int\csc^2 xdx = -4\cot x + C$

例 9 求 $\int\dfrac{1}{\sin^2 x\cos^2 x}dx$。

解 $\int\dfrac{1}{\sin^2 x\cos^2 x}dx = \int\dfrac{\sin^2 x + \cos^2 x}{\sin^2 x\cos^2 x}dx = \int\dfrac{1}{\cos^2 x}dx + \int\dfrac{1}{\sin^2 x}dx$

$$= \int\sec^2 xdx + \int\csc^2 xdx = \tan x - \cot x + C$$

例 10 求 $\int\dfrac{\sqrt{1 - x^2}}{\sqrt{1 - x^4}}dx$。

解 $\int\dfrac{\sqrt{1 - x^2}}{\sqrt{1 - x^4}}dx = \int\dfrac{1}{\sqrt{1 + x^2}}dx = \ln(x + \sqrt{x^2 + 1}) + C$

例 11 求 $f(x) = \begin{cases} -\sin x, & x \geq 0 \\ x, & x < 0 \end{cases}$，求 $\int f(x)\mathrm{d}x$。

解 因为在 $x = 0$ 处有 $\lim\limits_{x \to 0^-} f(x) = \lim\limits_{x \to 0^+} f(x) = f(0) = 0$，所以，$f(x)$ 在 $(-\infty, +\infty)$ 上的原函数 $F(x)$ 一定存在，而且是一个连续可导的函数，且

$$F(x) = \int f(x)\mathrm{d}x = \begin{cases} \int(-\sin x)\mathrm{d}x, & x \geq 0 \\ \int x\mathrm{d}x, & x < 0 \end{cases} = \begin{cases} \cos x + C, & x \geq 0 \\ \dfrac{1}{2}x^2 + C_1, & x < 0 \end{cases}$$

根据 $F(x)$ 在 $x = 0$ 处的连续性，由 $\lim\limits_{x \to 0^-} F(x) = \lim\limits_{x \to 0^+} F(x) = F(0)$，得 $1 + C = C_1$，从而有

$$\int f(x)\mathrm{d}x = \begin{cases} \cos x + C, & x \geq 0 \\ \dfrac{1}{2}x^2 + 1 + C, & x < 0 \end{cases}$$

需要指出的是，连续函数一定有原函数，但连续函数的原函数不一定是初等函数。

习 题 4-1

1. 已知 $f(x)$ 的一个导函数为 x^2，求 $f(x)$ 的全体原函数。

2. 在积分曲线族 $y = \int 5x^2\mathrm{d}x$ 中，求通过点 $(\sqrt{3}, 5\sqrt{3})$ 的曲线。

3. 一曲线通过点 $(\mathrm{e}^2, 3)$，且在任一点处切线的斜率等于该点横坐标的倒数，求该曲线的方程。

4. 证明：函数 $\dfrac{1}{2}\mathrm{e}^{2x}$，$\mathrm{e}^x \mathrm{sh}\, x$ 和 $\mathrm{e}^x \mathrm{ch}\, x$ 都是 $\dfrac{\mathrm{e}^x}{\mathrm{ch}\, x - \mathrm{sh}\, x}$ 的原函数。

5. 求下列各不定积分：

(1) $\displaystyle\int \frac{1}{x^2}\mathrm{d}x$

(2) $\displaystyle\int \frac{\mathrm{d}h}{\sqrt{2gh}}$（$g$ 是常数）

(3) $\displaystyle\int \sqrt[m]{y^n}\mathrm{d}y$（$m, n$ 为正整数）

(4) $\displaystyle\int (\sqrt{x} + 1)(\sqrt{x^3} - 1)\mathrm{d}x$

(5) $\displaystyle\int \frac{(1+x)^3}{x^2}\mathrm{d}x$

(6) $\displaystyle\int \frac{x^3 - 27}{x - 3}\mathrm{d}x$

(7) $\displaystyle\int \frac{x^2 - 2\sqrt{2}x + 2}{x - \sqrt{2}}\mathrm{d}x$

(8) $\displaystyle\int \frac{1 + 2x^2}{x^2(1 + x^2)}\mathrm{d}x$

(9) $\displaystyle\int (3^x + 5^x \mathrm{e}^{x+1})\mathrm{d}x$

(10) $\displaystyle\int \frac{2 \cdot 3^x - 5 \cdot 2^x}{3^x}\mathrm{d}x$

(11) $\displaystyle\int \left(\frac{3x^4}{1 + x^2} - \sin x + \mathrm{e}^x - 3\right)\mathrm{d}x$

(12) $\displaystyle\int \cos^2 \frac{x}{2}\mathrm{d}x$

(13) $\displaystyle\int \frac{\cos 2x}{\cos x - \sin x}\mathrm{d}x$

(14) $\displaystyle\int \frac{1}{1+\cos 2x}\mathrm{d}x$

(15) $\displaystyle\int (2\tan x + 3\cot x)^2\mathrm{d}x$

(16) $\displaystyle\int \frac{\cos 2x}{\cos^2 x \sin^2 x}\mathrm{d}x$

(17) $\displaystyle\int \frac{\sin^2 x}{\sin 2x \cdot \cos x}\mathrm{d}x$

(18) $\displaystyle\int \frac{1+\cos^2 x}{1+\cos 2x}\mathrm{d}x$

(19) $\displaystyle\int \left(\frac{5}{3+x^2} - \frac{3}{\sqrt{2-x^2}}\right)\mathrm{d}x$

(20) $\displaystyle\int \frac{\cos 2x}{\sin x}\mathrm{d}x$

(21) $\displaystyle\int (a\mathrm{ch}\, x + b\mathrm{sh}\, x)\mathrm{d}x$

第二节 换元积分法

由于利用基本积分表与积分的性质所能计算的不定积分是非常有限的,因此有必要进一步研究不定积分的求法。本节把复合函数的微分法反过来用于求不定积分,利用中间变量的代换得到复合函数的积分法,称为换元积分法,简称换元法。换元法通常分成两类,下面先介绍第一类换元法。

一、第一类换元法

定理 1 设 $f(u)$ 是 u 的连续函数,且 $\displaystyle\int f(u)\,\mathrm{d}u = F(u) + C$, $u = \varphi(x)$ 有连续的导数 $\varphi'(x)$,则

$$\int f[\varphi(x)]\varphi'(x)\mathrm{d}x = F[\varphi(x)] + C = \left[\int f(u)\mathrm{d}u\right]_{u=\varphi(x)}$$

证明 只需证明 $\dfrac{\mathrm{d}F[\varphi(x)]}{\mathrm{d}x} = f[\varphi(x)]\varphi'(x)$ 即可。因为

$$\frac{\mathrm{d}F[\varphi(x)]}{\mathrm{d}x} = F'[\varphi(x)]\varphi'(x)$$

又由 $F'(u) = f(u)$,故

$$\frac{\mathrm{d}F[\varphi(x)]}{\mathrm{d}x} = f[\varphi(x)]\varphi'(x)$$

说明 $F[\varphi(x)]$ 为 $f[\varphi(x)]\varphi'(x)$ 的原函数,所以有

$$\int f[\varphi(x)]\varphi'(x)\mathrm{d}x = F[\varphi(x)] + C$$

第一类换元积分法也叫凑微分法,可以用下列式子表示:

$$\int f[\varphi(x)]\varphi'(x)\mathrm{d}x \underline{\underline{\text{凑微分}}} \int f[\varphi(x)]\mathrm{d}\varphi(x) \xrightarrow[\varphi(x)=u]{\text{变量替换}} \int f(u)\mathrm{d}u = F(u) + C$$

$$\xrightarrow[u=\varphi(x)]{\text{变量替换}} F[\varphi(x)] + C$$

例1 求 $\displaystyle\int \cos(2x+1)\mathrm{d}x$。

解 被积函数 $\cos(2x+1)$ 是复合函数，由 $\cos u$ 与 $u=2x+1$ 复合而成。为了凑出 $\mathrm{d}u$，需要常数因子2。并注意常数 C 的微分 $\mathrm{d}C=0$，因此可以改变系数凑出这个因子，则

$$\cos(2x+1)\mathrm{d}x = \frac{1}{2}\cos(2x+1)\cdot 2\mathrm{d}x = \frac{1}{2}\cos(2x+1)\mathrm{d}(2x+1)$$

从而令 $u=2x+1$，便有

$$\int \cos(2x+1)\mathrm{d}x = \int \frac{1}{2}\cos(2x+1)\mathrm{d}(2x+1) = \frac{1}{2}\int \cos u\,\mathrm{d}u$$

$$= \frac{1}{2}\sin u + C = \frac{1}{2}\sin(2x+1) + C$$

一般地，若 $\displaystyle\int f(u)\mathrm{d}u = F(u)+C$，则积分 $\displaystyle\int f(ax+b)\mathrm{d}x\,(a\neq0)$ 总可以作变换 $u=ax+b$，把它化为

$$\int f(ax+b)\mathrm{d}x = \frac{1}{a}\int f(ax+b)\mathrm{d}(ax+b) = \frac{1}{a}\left[\int f(u)\mathrm{d}u\right]_{u=ax+b}$$

$$= \frac{1}{a}\left[F(u)+C_1\right]_{u=ax+b} = \frac{1}{a}F(ax+b)+C$$

例2 求 $\displaystyle\int \frac{1}{7x+3}\mathrm{d}x$。

解
$$\int \frac{1}{7x+3}\mathrm{d}x = \frac{1}{7}\int \frac{1}{7x+3}\mathrm{d}(7x+3)$$

$$\xrightarrow[]{\text{令 } u=7x+3} \frac{1}{7}\int \frac{1}{u}\mathrm{d}u = \frac{1}{7}\ln|u| + C$$

$$\xrightarrow[]{\text{代回 } u=7x+3} \frac{1}{7}\ln|7x+3| + C$$

例3 求 $\displaystyle\int 3x\mathrm{e}^{x^2}\mathrm{d}x$。

解 被积函数中含有 e^{x^2} 项，所以设 $u=x^2$，则 $2x\mathrm{d}x=\mathrm{d}x^2=\mathrm{d}u$，所以

$$\int 3x\mathrm{e}^{x^2}\mathrm{d}x = \frac{3}{2}\int \mathrm{e}^{x^2}\mathrm{d}x^2 = \frac{3}{2}\int \mathrm{e}^u\mathrm{d}u = \frac{3}{2}\mathrm{e}^u + C \xrightarrow[]{\text{代回 } u=x^2} \frac{3}{2}\mathrm{e}^{x^2} + C$$

例4 求 $\displaystyle\int x^2\sqrt{3-2x^3}\mathrm{d}x$。

解 设 $u=3-2x^3$，$\mathrm{d}u=-6x^2\mathrm{d}x$，即 $x^2\mathrm{d}x=-\dfrac{1}{6}\mathrm{d}u$，则

$$\int x^2 \sqrt{3-2x^3}\,dx = \int \sqrt{u}\left(-\frac{1}{6}du\right) = -\frac{1}{6}\int \sqrt{u}\,du$$

$$= \left[-\frac{1}{6}\frac{1}{\frac{1}{2}+1}u^{\frac{1}{2}+1}+C\right]_{u=3-2x^3}$$

$$= -\frac{1}{9}(3-2x^3)^{\frac{3}{2}}+C$$

说明 第一换元法可以连续使用几次,但无论如何其积分结果要用原积分变量来表示,当运算熟练以后,可以不必把中间变量 u 写出来而直接计算下去。

例 5 求 $\int \dfrac{\ln x}{x}dx$。

解
$$\int \frac{\ln x}{x}dx = \int \ln x\,d\ln x = \frac{1}{2}(\ln x)^2 + C$$

例 6 求 $\int \dfrac{\sqrt{\ln x}+3}{x}dx$。

解
$$\int \frac{\sqrt{\ln x}+3}{x}dx = \int \frac{\sqrt{\ln x}}{x}dx + 3\int \frac{1}{x}dx = \int \sqrt{\ln x}\,d(\ln x) + 3\int d(\ln x)$$

$$= \frac{2}{3}(\ln x)^{\frac{3}{2}} + 3\ln x + C$$

例 7 求 $\int \dfrac{1}{1-3e^x}dx$。

解
$$\int \frac{1}{1-3e^x}dx = \int \frac{(1-3e^x)+3e^x}{1-3e^x}dx = \int dx - \int \frac{d(1-3e^x)}{1-3e^x} = x - \ln\left|1-3e^x\right| + C$$

例 8 求 $\int \dfrac{\arcsin\dfrac{x}{2}}{\sqrt{4-x^2}}dx$。

解
$$\int \frac{\arcsin\dfrac{x}{2}}{\sqrt{4-x^2}}dx = \int \arcsin\frac{x}{2}\cdot\frac{1}{2}\cdot\frac{1}{\sqrt{1-\left(\dfrac{x}{2}\right)^2}}dx = \int \frac{\arcsin\dfrac{x}{2}}{\sqrt{1-\left(\dfrac{x}{2}\right)^2}}d\left(\frac{x}{2}\right)$$

$$= \int \arcsin\frac{x}{2}\,d\left(\arcsin\frac{x}{2}\right) = \frac{1}{2}\left(\arcsin\frac{x}{2}\right)^2 + C$$

例 9 求 $\int \tan x\,dx$。

解
$$\int \tan x\,dx = \int \frac{\sin x}{\cos x}dx = -\int \frac{d\cos x}{\cos x} = -\ln\left|\cos x\right| + C$$

类似地,可得 $\int \cot x\,dx = \ln\left|\sin x\right| + C$。

由以上例题可以看出，"凑微分法"就是在被积表达式中凑出一个中间变量的微分，并把被积函数化为关于中间变量的较为简单的函数，从而使所给积分转化为基本积分表中已有的积分形式。为了帮助大家更好地掌握凑微分法，先介绍几个常用的凑微分公式。

（1）$\int f(ax+b)\mathrm{d}x = \dfrac{1}{a}\int f(ax+b)\mathrm{d}(ax+b)$，$a\neq 0$；

（2）$\int f(ax^{\mu+1}+b)x^{\mu}\mathrm{d}x = \dfrac{1}{(\mu+1)a}\int f(ax^{\mu+1}+b)\mathrm{d}(ax^{\mu+1}+b)$，其中 μ 是实数，且 $a\neq 0, \mu\neq -1$；

（3）$\int f(a\ln|x|+b)\dfrac{1}{x}\mathrm{d}x = \dfrac{1}{a}\int f(a\ln|x|+b)\mathrm{d}(a\ln|x|+b)$，其中 $a\neq 0$；

（4）$\int f(a\mathrm{e}^x+b)\mathrm{e}^x\mathrm{d}x = \dfrac{1}{a}\int f(a\mathrm{e}^x+b)\mathrm{d}(a\mathrm{e}^x+b)$，其中 $a\neq 0$；

（5）$\int f(\cos x)\sin x\mathrm{d}x = -\int f(\cos x)\mathrm{d}(\cos x)$；

（6）$\int f(\sin x)\cos x\mathrm{d}x = \int f(\sin x)\mathrm{d}(\sin x)$；

（7）$\int f(\tan x)\sec^2 x\mathrm{d}x = \int f(\tan x)\mathrm{d}(\tan x)$；

（8）$\int f(\cot x)\csc^2 x\mathrm{d}x = -\int f(\cot x)\mathrm{d}(\cot x)$；

（9）$\int f(\arcsin x)\dfrac{1}{\sqrt{1-x^2}}\mathrm{d}x = \int f(\arcsin x)\mathrm{d}(\arcsin x)$；

（10）$\int f(\arctan x)\dfrac{1}{1+x^2}\mathrm{d}x = \int f(\arctan x)\mathrm{d}(\arctan x)$。

下面再举一些积分的例子，它们的被积函数中含有三角函数，在计算中常常用到一些三角恒等式。

例 10　求 $\int\cos^4 x\mathrm{d}x$。

解　由于 $\cos^4 x = (\cos^2 x)^2 = \left(\dfrac{1+\cos 2x}{2}\right)^2 = \dfrac{1}{4}(1+2\cos 2x+\cos^2 2x)$

$$= \dfrac{1}{4}\left(1+2\cos 2x+\dfrac{1+\cos 4x}{2}\right) = \dfrac{1}{4}\left(\dfrac{3}{2}+2\cos 2x+\dfrac{1}{2}\cos 4x\right)$$

所以　$\int\cos^4 x\mathrm{d}x = \dfrac{1}{4}\int\left(\dfrac{3}{2}+2\cos 2x+\dfrac{1}{2}\cos 4x\right)\mathrm{d}x$

$$= \dfrac{1}{4}\left(\dfrac{3}{2}x+\int\cos 2x\mathrm{d}2x+\dfrac{1}{2}\int\cos 4x\cdot\dfrac{1}{4}\mathrm{d}4x\right)$$

$$= \dfrac{3}{8}x+\dfrac{1}{4}\sin 2x+\dfrac{1}{32}\sin 4x+C$$

例 11 求 $\int \sin^2 x \cdot \cos^5 x \mathrm{d}x$。

解
$$\int \sin^2 x \cdot \cos^5 x \mathrm{d}x = \int \sin^2 x \cdot \cos^4 x \cdot \cos x \mathrm{d}x = \int \sin^2 x \cdot (1 - \sin^2 x)^2 \mathrm{d}\sin x$$

$$= \int (\sin^2 x - 2\sin^4 x + \sin^6 x) \mathrm{d}\sin x$$

$$= \frac{1}{3}\sin^3 x - \frac{2}{5}\sin^5 x + \frac{1}{7}\sin^7 x + C$$

例 12 求 $\int \csc x \mathrm{d}x$。

解
$$\int \csc x \mathrm{d}x = \int \frac{\mathrm{d}x}{\sin x} = \int \frac{\sin x \mathrm{d}x}{\sin^2 x} = -\int \frac{\mathrm{d}\cos x}{1 - \cos^2 x} = \int \frac{\mathrm{d}\cos x}{\cos^2 x - 1}$$

$$= \frac{1}{2}\ln \left| \frac{\cos x - 1}{\cos x + 1} \right| + C = \frac{1}{2}\ln \left| \frac{(\cos x - 1)^2}{(\cos x + 1)(\cos x - 1)} \right| + C$$

$$= \frac{1}{2}\ln \left| \frac{(\cos x - 1)^2}{\sin^2 x} \right| + C = \frac{1}{2}\ln \left| \frac{1 - \cos x}{\sin x} \right|^2 + C$$

$$= \ln \left| \frac{1 - \cos x}{\sin x} \right| + C = \ln |\csc x - \cot x| + C$$

同理可得 $\int \sec x \mathrm{d}x = \ln |\sec x + \tan x| + C$。

以上这些结果都是常用公式。

例 13 求 $\int \sin 2x \cos 3x \mathrm{d}x$。

解 利用积化和差公式,得 $\sin 2x \cos 3x = \frac{1}{2}(\sin 5x - \sin x)$。

$$\int \sin 2x \cos 3x \mathrm{d}x = \frac{1}{2}\int (\sin 5x - \sin x) \mathrm{d}x = \frac{1}{2}\int \sin 5x \mathrm{d}x - \frac{1}{2}\int \sin x \mathrm{d}x$$

$$= -\frac{1}{10}\cos 5x + \frac{1}{2}\cos x + C$$

当被积函数为 $\sin ax \cos bx$,$\sin ax \sin bx$ 或 $\cos ax \cos bx$ 的形式时,常用积化和差公式将被积函数化简后再积分。

例 14 求 $\int \csc^4 x \mathrm{d}x$。

解
$$\int \csc^4 x \mathrm{d}x = \int \csc^2 x \cdot \csc^2 x \mathrm{d}x = -\int (\cot^2 x + 1) \mathrm{d}\cot x = -\frac{1}{3}\cot^3 x - \cot x + C$$

上述各例用的都是第一类换元法,即形如 $u = \varphi(x)$ 的变量代换。因为做这些代换没有一般规律可循,且有时需要一些技巧,因此,要掌握换元法,除了一些典型例子外,还要做大量的练习。

二、第二类换元法

在第一类换元法中,常常是把一个较复杂的积分 $\int f[\varphi(x)]\varphi'(x)\mathrm{d}x$ 化为基本积分公式的形式,进而计算出积分。但是我们常常还会遇到另一类问题,即积分 $\int f(x)\mathrm{d}x$ 不符合基本积分公式的形式,必须用一个新的变量 t 的函数 $\varphi(t)$ 去代替 x,即令 $x=\varphi(t)$,把积分 $\int f(x)\mathrm{d}x$ 化成可以利用基本积分公式计算的形式。对于这种第二类换元法我们给出下面定理。

定理 2 设函数 $x=\varphi(t)$ 为单调、可导函数,且 $\varphi'(t)\neq0$,设 $f[\varphi(t)]\varphi'(t)$ 具有原函数 $F(t)$,则有

$$\int f(x)\mathrm{d}x = \left[\int f[\varphi(t)]\varphi'(t)\mathrm{d}t\right]_{t=\varphi^{-1}(x)} = \left[F(t)+C\right]_{t=\varphi^{-1}(x)}$$
$$= F[\varphi^{-1}(x)]+C$$

其中 $t=\varphi^{-1}(x)$ 是 $x=\varphi(t)$ 的反函数。

证明 设 $\int f[\varphi(t)]\varphi'(t)\mathrm{d}t = F(t)+C$,只需证 $[F(\varphi^{-1}(x))+C]'=f(x)$。而

$$\frac{\mathrm{d}}{\mathrm{d}x}F(\varphi^{-1}(x)) = \frac{\mathrm{d}F(t)}{\mathrm{d}t}\cdot\frac{\mathrm{d}t}{\mathrm{d}x} = f[\varphi(t)]\varphi'(t)\cdot\frac{1}{\varphi'(t)}$$
$$= f[\varphi(t)] = f(x)$$

说明 $F(\varphi^{-1}(x))$ 是 $f(x)$ 的原函数,所以有 $\int f(x)\mathrm{d}x = F[\varphi^{-1}(x)]+C$。即

$$\int f(x)\mathrm{d}x = \left[\int f[\varphi(t)]\varphi'(t)\mathrm{d}t\right]_{t=\varphi^{-1}(x)}$$

说明 在运用第一类换元法时,新变量 u 可以出现,也可以不出现。但运用第二类换元法时,新变量 t 一定出现,而且最后要由新变量 t 回到旧变量 x。这就要求所设函数 $x=\varphi(t)$ 的反函数 $t=\varphi^{-1}(x)$ 存在,且从定理的证明可以看出其反函数还需可导。故第二换元法对替换公式 $x=\varphi(t)$ 要求 $\varphi(t)$ 单调可微,且 $\varphi'(t)\neq0$。第二类换元法主要用来解决被积函数中含有根号的函数的积分。这种积分也叫**无理根式的积分**。

下面举例说明定理 2 的应用。

例 15 求 $\int\sqrt{a^2-x^2}\,\mathrm{d}x\,(a>0)$。

解 积分难点在于被积函数中的根号,为去掉根号,令 $x=a\sin t$,其中 $-\dfrac{\pi}{2}<t<\dfrac{\pi}{2}$,则 $\mathrm{d}x=a\cos t\mathrm{d}t$,$\sqrt{a^2-x^2}=a\cos t$,则

$$\int\sqrt{a^2-x^2}\,\mathrm{d}x = \int a\cos t\cdot a\cos t\mathrm{d}t = a^2\int\cos^2t\mathrm{d}t$$

$$= a^2 \int \frac{1 + \cos 2t}{2} \mathrm{d}t = \frac{a^2}{2}\left(t + \frac{1}{2}\sin 2t\right) + C$$

回代变量,则

$$\int \sqrt{a^2 - x^2}\,\mathrm{d}x = \frac{a^2}{2}\left(\arcsin\frac{x}{a} + \frac{x\sqrt{a^2 - x^2}}{a^2}\right) + C$$

$$= \frac{a^2}{2}\arcsin\frac{x}{a} + \frac{x}{2}\sqrt{a^2 - x^2} + C$$

说明　(1)解此题时,在将 $x = a\sin t$ 代入被积表达式后,出现了 $\sqrt{\cos^2 t} = \cos t$,这里没有绝对值符号是因为 $t \in \left(-\frac{\pi}{2}, \frac{\pi}{2}\right)$,$\cos t > 0$,其他两种三角换元也有类似的情况,以后不再重述。

(2)利用三角换元法做题时,需将新变量 t 的三角函数回代成旧变量 x 的函数,这利用三角公式可以办到,但更简单的办法是画一个直角三角形,如图 $4-2$ 所示。将一个锐角设成 t,再根据所设变量替换以及勾股定理将三边标出,最后利用直角三角形的三角函数的定义,即可将 t 的三角函数对换成 x 的函数。

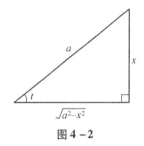

图 $4-2$

(3)在被积函数中若含有 $\sqrt{a^2 - x^2}$,$\sqrt{a^2 + x^2}$,$\sqrt{x^2 - a^2}$ $(a > 0)$,为去根号,可分别设:$x = a\sin t, t \in \left(-\frac{\pi}{2}, \frac{\pi}{2}\right)$;$x = a\tan t$,$t \in \left(-\frac{\pi}{2}, \frac{\pi}{2}\right)$;$x = a\sec t, t \in \left(0, \frac{\pi}{2}\right)$ 或 $\left(-\frac{\pi}{2}, 0\right)$。我们将这三种替换统称为三角换元。

例 16　求 $\displaystyle\int \frac{1}{x\sqrt{1 + x^2}}\mathrm{d}x$。

解　设 $x = \tan t$,则 $\mathrm{d}x = \sec^2 t\,\mathrm{d}t$,$\sqrt{1 + x^2} = \sqrt{1 + \tan^2 t} = \sec t$,于是

$$\int \frac{1}{x\sqrt{1 + x^2}}\mathrm{d}x = \int \frac{\sec^2 t\,\mathrm{d}t}{\tan t \cdot \sec t} = \int \frac{\sec t}{\tan t}\mathrm{d}t = \int \csc t\,\mathrm{d}t = \ln|\csc t - \cot t| + C$$

$$= \ln\left|\frac{\sqrt{1 + x^2} - 1}{x}\right| + C\,(\text{见图 } 4-3)$$

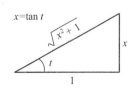

例 17　求 $\displaystyle\int \frac{1}{x^2\sqrt{x^2 - 9}}\mathrm{d}x$。

图 $4-3$

解法1　设 $x = 3\sec t, t \in \left(0, \dfrac{\pi}{2}\right), \mathrm{d}x = 3\sec t\tan t\mathrm{d}t$，则 $\sqrt{x^2 - 9} = 3\tan t$，于是

$$\int \frac{1}{x^2 \sqrt{x^2 - 9}}\mathrm{d}x = \int \frac{3\sec t \cdot \tan t\mathrm{d}t}{9\sec^2 t \cdot 3\tan t} = \frac{1}{9}\int \cos t\mathrm{d}t = \frac{1}{9}\sin t + C = \frac{\sqrt{x^2 - 9}}{9x} + C$$

（见图 4 - 4）

必须指出,如何选择变量代换要根据被积函数的不同情况灵活运用,不可呆板地拘泥于某一种代换,比如本节例17还可以有下列解法。

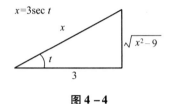

图 4 - 4

解法2　设 $x = \dfrac{1}{t}, t > 0$，则 $\mathrm{d}x = -\dfrac{1}{t^2}\mathrm{d}t$，于是

$$\int \frac{1}{x^2 \sqrt{x^2 - 9}}\mathrm{d}x = \int t^2 \cdot \frac{-\dfrac{1}{t^2}\mathrm{d}t}{\sqrt{\dfrac{1}{t^2} - 9}} = -\int \frac{t\mathrm{d}t}{\sqrt{1 - 9t^2}} = \frac{1}{18}\int \frac{\mathrm{d}(1 - 9t^2)}{\sqrt{1 - 9t^2}}$$

$$= \frac{1}{9}\sqrt{1 - 9t^2} + C = \frac{1}{9}\sqrt{1 - \frac{9}{x^2}} + C = \frac{\sqrt{x^2 - 9}}{9x} + C$$

同理,令 $x = \dfrac{1}{t}, t < 0$ 时,原式 $= \dfrac{\sqrt{x^2 - 9}}{9x} + C$。

综上,原式 $= \dfrac{\sqrt{x^2 - 9}}{9x} + C$。

说明　$x = \dfrac{1}{t}$ 的替换称为倒代换,这种替换往往可以消去分母中的因子 x^n（n 为正整数）。

习 题 4 - 2

1. 在下列各式等号右端的横线处填入适当的系数,使等式成立,例如 $\mathrm{d}x = \dfrac{1}{8}\mathrm{d}(8x + 9)$。

（1）$\mathrm{d}x = $ ____ $\mathrm{d}(3x)$

（2）$\mathrm{d}x = $ ____ $\mathrm{d}(4x + 5)$

（3）$x\mathrm{d}x = $ ____ $\mathrm{d}x^2$

（4）$x^2\mathrm{e}^{x^3}\mathrm{d}x = $ ____ $\mathrm{d}(\mathrm{e}^{x^3})$

（5）$2^x\mathrm{d}x = $ ____ $\mathrm{d}(2^x)$

（6）$\dfrac{\ln^2 x}{x}\mathrm{d}x = $ ____ $\mathrm{d}(\ln^3 x)$

$(7) e^{(-3x)} dx = \underline{\quad} d[e^{(-3x)}]$

$(8) \dfrac{dx}{\sqrt{x}} = \underline{\quad} d\sqrt{x}$

$(9) \sin \dfrac{3}{2} x dx = \underline{\quad} d\left(\cos \dfrac{3}{2} x\right)$

$(10) \dfrac{dx}{x} = \underline{\quad} d(3 - 5\ln|x|)$

$(11) \dfrac{dx}{1 + 4x^2} = \underline{\quad} d(\arctan 2x)$

$(12) \dfrac{dx}{\sqrt{1 - x^2}} = \underline{\quad} d(2 + \arccos x)$

$(13) \dfrac{x dx}{\sqrt{1 - x^2}} = \underline{\quad} d\sqrt{1 - x^2}$

$(14) \dfrac{x dx}{\sqrt{a^2 + x^2}} = \underline{\quad} d\sqrt{a^2 + x^2}$

$(15) \dfrac{dx}{\sqrt{1 - 4x^2}} = \underline{\quad} d(\arccos 2x + 3)$

$(16) \csc^2 9x dx = \underline{\quad} d(\cot 9x)$

$(17) \sec^2(3x + 2) dx = \underline{\quad} d[\tan(3x + 2)]$

$(18) \dfrac{1}{\sqrt{e^{2x} - 1}} dx = \underline{\quad} d(\arcsin e^{-x})$

2. 用第一类换元法求下列各不定积分(其中 a, b, α, β 均为常数):

$(1) \displaystyle\int \cos 3x dx$

$(2) \displaystyle\int \sin(2x + 3) dx$

$(3) \displaystyle\int (ax + b)^k dx (a \neq 0, k \neq -1)$

$(4) \displaystyle\int \dfrac{1}{\sqrt[3]{3 - 2x}} dx$

$(5) \displaystyle\int \dfrac{1}{2x - 8} dx$

$(6) \displaystyle\int \cos(\alpha - \beta x) dx (\beta \neq 0)$

$(7) \displaystyle\int 3^{-x} dx$

$(8) \displaystyle\int \dfrac{x^2}{1 + 4x^3} dx$

$(9) \displaystyle\int 2x \sqrt{1 + x^2} dx$

$(10) \displaystyle\int x^2 \sqrt[5]{x^3 + 4} dx$

$(11) \displaystyle\int \dfrac{x^3}{\sqrt[3]{x^4 + 16}} dx$

$(12) \displaystyle\int x^2 e^{-x^3} dx$

$(13) \displaystyle\int \dfrac{1}{x \ln^2 x} dx$

$(14) \displaystyle\int \dfrac{1}{x \ln x \ln \ln x} dx$

$(15) \displaystyle\int \dfrac{1}{e^x + e^{-x}} dx$

$(16) \displaystyle\int \dfrac{1}{(\arcsin x)^2 \sqrt{1 - x^2}} dx$

$(17) \displaystyle\int \dfrac{10^{2\arccos x}}{\sqrt{1 - x^2}} dx$

$(18) \displaystyle\int \dfrac{\sin x}{\cos^3 x} dx$

$(19) \displaystyle\int \dfrac{\sin x + \cos x}{\sqrt[3]{\sin x - \cos x}} dx$

$(20) \displaystyle\int \cos^3 x dx$

$(21) \displaystyle\int \sin 2x \cos 3x dx$

$(22) \displaystyle\int \cos x \cos \dfrac{x}{2} dx$

$(23)\int \dfrac{1-x}{\sqrt{9-4x^2}}dx$ $\qquad$ $(24)\int \dfrac{1}{2x^2-1}dx$

$(25)\int \tan^3 x \sec x dx$ $\qquad$ $(26)\int \dfrac{\arctan \sqrt{x}}{\sqrt{x}(1+x)}dx$

$(27)\int \dfrac{1+\ln x}{(x\ln x)^2}dx$ $\qquad$ $(28)\int \dfrac{\ln \tan x}{\cos x \sin x}dx$

$(29)\int \dfrac{1}{x\sqrt{x^2-1}}dx$ $\qquad$ $(30)\int x^3 \sqrt[3]{1+x^2}dx$

$(31)\int \dfrac{x^5}{\sqrt[3]{1+x^3}}dx$ $\qquad$ $(32)\int \dfrac{e^x}{e^x+2+2e^{-x}}dx$

$(33)\int \dfrac{x+1}{x(1+xe^x)}dx$ $\qquad$ $(34)\int \dfrac{1}{\sqrt{1+e^{2x}}}dx$

$(35)\int \dfrac{1+\ln x}{2+(x\ln x)^2}dx$ $\qquad$ $(36)\int \dfrac{1}{\sqrt{2+\tan^2 x}}dx$

3. 用第二类换元法求下列各不定积分：

$(1)\int \dfrac{1}{x\sqrt{x^2-1}}dx$ $\qquad$ $(2)\int \dfrac{1}{\sqrt{(x^2+1)^3}}dx$

$(3)\int \dfrac{\sqrt{x^2-9}}{x}dx$ $\qquad$ $(4)\int \dfrac{x^2}{(x^2+1)^2}dx$

$(5)\int \dfrac{x^4}{\sqrt{(1-x^2)^3}}dx$ $\qquad$ $(6)\int \dfrac{1}{\sqrt{4x^2+9}}dx$

$(7)\int \dfrac{\sqrt{a^2-x^2}}{x^4}dx(a>0)$ $\qquad$ $(8)\int \dfrac{dx}{x^2\sqrt{a^2+x^2}}(a>0)$

第三节　分部积分法

通过上节可知，运用换元法求积分的主导思想是设法将一个积分化为另一个易于用积分基本公式进行计算的积分。换元积分法虽然是一种应用范围很广的积分法则，但当被积函数是两种不同类型的函数乘积时，例如$\int x\sin x dx$，$\int e^x \cos x dx$，$\int x\arctan x dx$ 等，换元积分法就不一定有效。本节我们将利用两个函数乘积的求导公式，推导出解决这类积分行之有效的基本方法——分部积分法。

利用导数运算中的乘法公式，可有

$$[u(x)v(x)]' = u'(x)v(x) + u(x)v'(x)$$

或等价地有

$$u(x)v'(x) = [u(x)v(x)]' - u'(x)v(x)$$

当 $u'(x),v'(x)$ 连续时,对上式两端取不定积分,即有

$$\int u(x)v'(x)\mathrm{d}x = u(x)v(x) - \int v(x)u'(x)\mathrm{d}x$$

将上式简记为

$$\int u\mathrm{d}v = uv - \int v\mathrm{d}u \qquad\qquad (4-1)$$

式(4-1)所表示的方法称为**分部积分法**。这一方法的实质是:直接求解 $\int u\mathrm{d}v$ 可能有困难,而上式则将问题转化为求解 $\int v\mathrm{d}u = \int v(x)u'(x)\mathrm{d}x$。应用这一方法的核心是合理选取被积式中的 $u(x)$ 与 $v(x)$,使转化后的积分可以求解。

例1 求 $\int x\mathrm{e}^x\mathrm{d}x$。

解 被积函数是幂函数与指数函数的乘积,用分部积分法设 $u=x,v'=\mathrm{e}^x$,则 $\mathrm{d}u=\mathrm{d}x,v=\mathrm{e}^x$。由式(4-1)得

$$\int x\cdot\mathrm{e}^x\mathrm{d}x = x\cdot\mathrm{e}^x - \int \mathrm{e}^x\mathrm{d}x = x\mathrm{e}^x - \mathrm{e}^x + C = \mathrm{e}^x(x-1) + C$$

例2 求 $\int x\sin x\mathrm{d}x$。

解 被积函数是幂函数与三角函数的乘积,选择幂函数为 u。

设 $u=x,v'=\sin x$,则 $\mathrm{d}u=\mathrm{d}x,v=-\cos x$,于是

$$\int x\sin x\mathrm{d}x = \int x\mathrm{d}(-\cos x)$$

$$= -x\cos x - \int(-\cos x)\mathrm{d}x$$

$$= -x\cos x + \sin x + C$$

在使用分部积分法时要考虑下面两点:

(1)所求积分较易凑成 $\int u\mathrm{d}v$ 的形式;

(2)转换后的积分 $\int v\mathrm{d}u$ 要比原积分 $\int u\mathrm{d}v$ 容易求出。

例3 求 $\int x\arcsin x\mathrm{d}x$。

解 被积函数是幂函数与反三角函数的乘积,选择反三角函数为 u。

设 $u=\arcsin x,v'=x$,则

$$\mathrm{d}u = \frac{1}{\sqrt{1 - x^2}}\mathrm{d}x, v = \frac{1}{2}x^2$$

于是

$$\int \arcsin x \cdot x\mathrm{d}x = \int \arcsin x\mathrm{d}\left(\frac{1}{2}x^2\right) = \frac{1}{2}x^2 \cdot \arcsin x - \frac{1}{2}\int x^2 \cdot \frac{1}{\sqrt{1 - x^2}}\mathrm{d}x$$

$$= \frac{1}{2}x^2\arcsin x + \frac{1}{2}\int \frac{1 - x^2 - 1}{\sqrt{1 - x^2}}\mathrm{d}x$$

$$= \frac{1}{2}x^2\arcsin x + \frac{1}{2}\int \sqrt{1 - x^2}\mathrm{d}x - \frac{1}{2}\int \frac{1}{\sqrt{1 - x^2}}\mathrm{d}x$$

$$= \frac{1}{2}x^2\arcsin x + \frac{1}{4}x\sqrt{1 - x^2} - \frac{1}{4}\arcsin x + C$$

分部积分法运用熟练后，设 $u, \mathrm{d}v$ 的步骤可以不必写出。

例4 求 $\int x\ln x\mathrm{d}x$。

解 被积函数是幂函数与对数函数的乘积，选择对数函数为 u。

$$\int x\ln x\mathrm{d}x = \int \ln x\mathrm{d}\left(\frac{1}{2}x^2\right) = \frac{1}{2}x^2 \cdot \ln x - \int \frac{1}{2}x^2 \cdot \mathrm{d}(\ln x)$$

$$= \frac{1}{2}x^2\ln x - \frac{1}{2}\int x\mathrm{d}x = \frac{1}{2}x^2\ln x - \frac{1}{4}x^2 + C$$

从以上各例看出，当被积函数是两种不同类型函数的乘积时，可考虑用分部积分法，选择 u 的过程可归纳如下：

（1）当被积函数是幂函数和指数函数或三角函数的乘积时，设幂函数为 u；

（2）当被积函数是幂函数和对数函数或反三角函数的乘积时，设对数函数或反三角函数为 u。

下面几个例子中所用的方法也是比较典型的。

例5 求 $\int \arctan x\mathrm{d}x$。

解 被积函数仅有一个函数，此时可以将 $\arctan x\mathrm{d}x$ 看成标准的 $u\mathrm{d}v$ 型。其中 $u = \arctan x$，$\mathrm{d}v = \mathrm{d}x$，$\mathrm{d}u = \frac{1}{1 + x^2}\mathrm{d}x, v = x$，有

$$\int \arctan x\mathrm{d}x = x\arctan x - \int \frac{x}{1 + x^2}\mathrm{d}x = x\arctan x - \frac{1}{2}\int \frac{\mathrm{d}(1 + x^2)}{1 + x^2}$$

$$= x\arctan x - \frac{1}{2}\ln(1 + x^2) + C$$

例6 求 $\int x^2\mathrm{e}^{-2x}\mathrm{d}x$。

解 设 $u = x^2, \mathrm{d}v = \mathrm{e}^{-2x}\mathrm{d}x$, 得

$$\int x^2 \mathrm{e}^{-2x}\mathrm{d}x = x^2\left(-\frac{1}{2}\mathrm{e}^{-2x}\right) + \int x\mathrm{e}^{-2x}\mathrm{d}x$$

对 $\int x\mathrm{e}^{-2x}\mathrm{d}x$ 继续使用分部积分法得

$$\int x\mathrm{e}^{-2x}\mathrm{d}x = x\left(-\frac{1}{2}\mathrm{e}^{-2x}\right) + \frac{1}{2}\int \mathrm{e}^{-2x}\mathrm{d}x = -\left(\frac{x}{2} + \frac{1}{4}\right)\mathrm{e}^{-2x} + C$$

所以

$$\int x^2 \mathrm{e}^{-2x}\mathrm{d}x = -\left(\frac{x^2}{2} + \frac{x}{2} + \frac{1}{4}\right)\mathrm{e}^{-2x} + C$$

例 7 求 $\int \mathrm{e}^x \sin x\mathrm{d}x$。

解 $\int \mathrm{e}^x \sin x\mathrm{d}x = \int \sin x\mathrm{d}\mathrm{e}^x = \mathrm{e}^x \sin x - \int \mathrm{e}^x \mathrm{d}\sin x = \mathrm{e}^x \sin x - \int \mathrm{e}^x \cos x\mathrm{d}x$

注意到 $\int \mathrm{e}^x \cos x\mathrm{d}x$ 与所求积分是同一类型的,需要再用一次分部积分,则

$$
\begin{aligned}
\int \mathrm{e}^x \sin x\mathrm{d}x &= \mathrm{e}^x \sin x - \int \cos x\mathrm{d}\mathrm{e}^x \\
&= \mathrm{e}^x \sin x - \left(\mathrm{e}^x \cos x - \int \mathrm{e}^x \mathrm{d}\cos x\right) \\
&= \mathrm{e}^x \sin x - \mathrm{e}^x \cos x - \int \mathrm{e}^x \sin x\mathrm{d}x
\end{aligned}
$$

所以

$$\int \mathrm{e}^x \sin x\mathrm{d}x = \frac{1}{2}\mathrm{e}^x(\sin x - \cos x) + C$$

说明:(1)当被积函数是指数函数与三角函数的乘积时,选择哪个函数为 u 都可以,且在积分过程中一定会出现原积分的形式,故属循环积分类。这时要把等式看作以原积分为未知量的方程,解之,即得所求积分。

(2)本例中当把 $\int \mathrm{e}^x \sin x\mathrm{d}x$ 移到左端后,右端已没有未算出的不定积分了,所以右边应加上任意常数 C。

例 8 求 $\int \sec^3 x\mathrm{d}x$。

解

$$
\begin{aligned}
\int \sec^3 x\mathrm{d}x &= \int \sec x \cdot \sec^2 x\mathrm{d}x = \int \sec x\mathrm{d}\tan x \\
&= \sec x\tan x - \int \tan x\mathrm{d}\sec x \\
&= \sec x\tan x - \int \sec x\tan^2 x\mathrm{d}x
\end{aligned}
$$

$$= \sec x \tan x - \int \sec x (\sec^2 x - 1) \, dx$$

$$= \sec x \tan x - \int (\sec^3 x - \sec x) \, dx$$

$$= \sec x \tan x - \int \sec^3 x \, dx + \int \sec x \, dx$$

$$= \sec x \tan x + \ln |\sec x + \tan x| - \int \sec^3 x \, dx$$

移项得

$$\int \sec^3 x \, dx = \frac{1}{2}(\sec x \tan x + \ln |\sec x + \tan x|) + C$$

例 9 试建立 $I_n = \int \dfrac{1}{(x^2 + a^2)^n} dx$ 的计算公式。

解 当 $n > 1$ 时，有

$$I_{n-1} = \int \frac{dx}{(x^2 + a^2)^{n-1}} = \frac{x}{(x^2 + a^2)^{n-1}} - \int x \, d\left[\frac{1}{(x^2 + a^2)^{n-1}}\right]$$

$$= \frac{x}{(x^2 + a^2)^{n-1}} - \int \frac{x \cdot [-(n-1)(x^2 + a^2)^{n-2}] \cdot 2x}{(x^2 + a^2)^{2n-2}} dx$$

$$= \frac{x}{(x^2 + a^2)^{n-1}} + 2(n-1) \int \frac{x^2}{(x^2 + a^2)^n} dx$$

$$= \frac{x}{(x^2 + a^2)^{n-1}} + 2(n-1) \int \frac{x^2 + a^2 - a^2}{(x^2 + a^2)^n} dx$$

$$= \frac{x}{(x^2 + a^2)^{n-1}} + 2(n-1) \left[\int \frac{dx}{(x^2 + a^2)^{n-1}} - \int \frac{a^2}{(x^2 + a^2)^n} dx\right]$$

$$= \frac{x}{(x^2 + a^2)^{n-1}} + 2(n-1)(I_{n-1} - a^2 I_n)$$

于是

$$I_n = \frac{1}{2a^2(n-1)}\left[\frac{x}{(x^2 + a^2)^{n-1}} + (2n-3)I_{n-1}\right]$$

由此作递推公式，并由 $I_1 = \dfrac{1}{a}\arctan \dfrac{x}{a} + C$，即得 I_n。

习 题 4 - 3

1. 用分部积分法求下列不定积分(其中 α,β 均为常数)。

(1) $\int x\sin x\mathrm{d}x$

(2) $\int \ln x\mathrm{d}x$

(3) $\int \arcsin x\mathrm{d}x$

(4) $\int x^2\arctan x\mathrm{d}x$

(5) $\int x^2\cos x\mathrm{d}x$

(6) $\int x^2\ln x\mathrm{d}x$

(7) $\int x^2\mathrm{e}^{3x}\mathrm{d}x$

(8) $\int \mathrm{e}^{-2x}\sin\frac{x}{2}\mathrm{d}x$

(9) $\int x\cos\frac{x}{2}\mathrm{d}x$

(10) $\int \ln^2 x\mathrm{d}x$

(11) $\int \ln\left(x+\sqrt{x^2+1}\right)\mathrm{d}x$

(12) $\int \sin(\ln x)\mathrm{d}x$

(13) $\int (x^2-5x+7)\cos 2x\mathrm{d}x$

(14) $\int \frac{\ln(\ln x)}{x}\mathrm{d}x$

(15) $\int \mathrm{e}^{\alpha x}\cos\beta x\mathrm{d}x$

(16) $\int x\cos^2 x\mathrm{d}x$

(17) $\int (\arcsin x)^2\mathrm{d}x$

(18) $\int \mathrm{e}^x\sin^2 x\mathrm{d}x$

(19) $\int \frac{\ln\sin x}{\cos^2 x}\mathrm{d}x$

(20) $\int \csc^3 x\mathrm{d}x$

(21) $\int \frac{x\cos x}{\sin^3 x}\mathrm{d}x$

(22) $\int \frac{\arcsin x\cdot\mathrm{e}^{\arcsin x}}{\sqrt{1-x^2}}\mathrm{d}x$

(23) $\int \frac{x\arctan x}{\sqrt{1+x^2}}\mathrm{d}x$

(24) $\int x^n\ln x\mathrm{d}x$

2. 建立 $I_n=\int\frac{1}{x^n\sqrt{1+x^2}}\mathrm{d}x(n\geqslant 2)$ 的递推公式。

3. 求 $\int xf'(2x)\mathrm{d}x$,其中 $f(x)$ 的原函数为 $\frac{\sin x}{x}$。

第四节　几种特殊类型函数的积分

前面已经介绍了求不定积分的两个基本方法——换元积分法与分部积分法,下面我们再讨论几种比较简单的特殊类型函数的积分。

一、有理函数的不定积分

设 $P_n(x)$, $Q_m(x)$ 分别是 n 次和 m 次多项式,对于有理函数

$$\frac{P_n(x)}{Q_m(x)} = \frac{a_0 x^n + a_1 x^{n-1} + \cdots + a_{n-1} x + a_n}{b_0 x^m + b_1 x^{m-1} + \cdots + b_{m-1} x + b_m}$$

其中 m 和 n 都是非负整数, $a_0, a_1, a_2, \cdots, a_n$ 及 $b_0, b_1, b_2, \cdots, b_m$ 都是实数,并且 $a_0 \neq 0$, $b_0 \neq 0$。

当 $n < m$ 时,称 $\dfrac{P_n(x)}{Q_n(x)}$ 为有理真分式;当 $n \geq m$ 时,称 $\dfrac{P_n(x)}{Q_n(x)}$ 为有理假分式。利用多项式除法,有理假分式可以化成多项式与有理真分式之和。

例1　将 $\dfrac{x^4 + 2x^3 + x^2 + 2x + 1}{x^2 - x + 1}$ 化为多项式与有理真分式之和。

解　因为

$$x^4 + 2x^3 + x^2 + 2x + 1 = (x^2 + 3x + 3)(x^2 - x + 1) + 2x - 2$$

所以

$$\frac{x^4 + 2x^3 + x^2 + 2x + 1}{x^2 - x + 1} = x^2 + 3x + 3 + \frac{2x - 2}{x^2 - x + 1}$$

由于多项式的不定积分可用幂函数的不定积分与线性运算法则求出,因此研究有理函数的不定积分就转化为研究有理真分式的不定积分。而有理真分式的不定积分可以归结为一些简单分式的不定积分,步骤如下所述。

第一步, $Q_m(x)$ 在实数范围内可分解为

$$Q_m(x) = x^m + b_1 x^{m-1} + b_2 x^{m-2} + \cdots + b_{m-1} x + b_m$$
$$= (x - \alpha)^k \cdots (x - \beta)^t (x^2 + px + q)^r \cdots (x^2 + ux + v)^s$$

其中, $\alpha, \cdots, \beta; p, q, \cdots, u, v$ 均为实数; $k, \cdots, t; r, \cdots, s$ 均为正整数,且

$$k + \cdots + t + 2(r + \cdots + s) = m, p^2 - 4q < 0, \cdots, u^2 - 4v < 0$$

第二步, $\dfrac{P_n(x)}{Q_m(x)}$ 必可唯一地分解成若干个部分分式之和:

$$\frac{P_n(x)}{Q_m(x)} = \frac{a_1}{x - \alpha} + \frac{a_2}{(x - \alpha)^2} + \cdots + \frac{a_k}{(x - \alpha)^k} + \cdots +$$

$$\frac{b_1}{x - \beta} + \frac{b_2}{(x - \beta)^2} + \cdots + \frac{b_t}{(x - \beta)^t} +$$

$$\frac{c_1 x + d_1}{x^2 + px + q} + \frac{c_2 x + d_2}{(x^2 + px + q)^2} + \cdots + \frac{c_r x + d_r}{(x^2 + px + q)^r} + \cdots +$$

$$\frac{e_1 x + f_1}{x^2 + ux + v} + \frac{e_2 x + f_2}{(x^2 + ux + v)^2} + \cdots + \frac{e_s x + f_s}{(x^2 + ux + v)^s}$$

其中 $a_1, \cdots, a_k; b_1, \cdots, b_t; c_1, \cdots, c_r, d_1, \cdots, d_r; e_1, \cdots, e_s; f_1, \cdots, f_s$ 为待定系数。

第三步,确定待定系数,将部分分式通分相加,则所得分子与分式的分子 $P_n(x)$ 恒等,两个恒等的多项式,同次幂系数必相等,由此得到一关于待定系数的线性方程组,这组方程的解就是所需要确定的系数,这种方法称为待定系数法。如待定系数较多时,用这种方法解方程组很复杂,我们经常用更灵活的方法,由于两个多项式恒等,即两边的 x 同取任何实数时都相等,所以可以将 x 的某些特殊值(如 $Q_m(x) = 0$ 的根)代入这两个恒等的多项式,可直接求得某几个待定常数的值或一组比较简单的方程,从而较容易地求出待定系数的值,这种方法称为赋值法。

例 2 将 $\dfrac{x - 5}{x^3 - 3x^2 + 4}$ 分解成部分分式之和。

解 因为

$$x^3 - 3x^2 + 4 = x^3 + 1 - 3(x^2 - 1) = (x + 1)(x^2 - x + 1) - 3(x + 1)(x - 1)$$
$$= (x + 1)(x^2 - x + 1 - 3x + 3) = (x + 1)(x - 2)^2$$

所以

$$\frac{x - 5}{x^3 - 3x^2 + 4} = \frac{a}{x + 1} + \frac{b}{x - 2} + \frac{c}{(x - 2)^2}$$

通分并消去分母,得

$$x - 5 \equiv (a + b)x^2 + (-4a - b + c)x + 4a - 2b + c$$

将 $x = 0, -1, 2$ 代入上述恒等式,得

$$\begin{cases} 4a - 2b + c = -5 \\ 9a = -6 \\ 3c = -3 \end{cases}$$

解得 $a = -\dfrac{2}{3}, b = \dfrac{2}{3}, c = -1$,于是

$$\frac{x - 5}{x^3 - 3x^2 + 4} = -\frac{\frac{2}{3}}{x + 1} + \frac{\frac{2}{3}}{x - 2} - \frac{1}{(x - 2)^2}$$

例 3 求 $\displaystyle\int \frac{2x + 3}{x^2 + 6x + 8} dx$。

解 因为

$$\frac{2x + 3}{x^2 + 6x + 8} = \frac{2x + 3}{(x + 2)(x + 4)} = -\frac{1}{2} \cdot \frac{1}{x + 2} + \frac{5}{2} \cdot \frac{1}{x + 4}$$

所以

$$\int \frac{2x+3}{x^2+6x+8}dx = \int\left(-\frac{1}{2}\cdot\frac{1}{x+2}+\frac{5}{2}\cdot\frac{1}{x+4}\right)dx = -\frac{1}{2}\ln|x+2|+\frac{5}{2}\ln|x+4|+C$$

例4 求 $\int \dfrac{1}{(x+1)(x^2+1)}dx$。

解 因为

$$\frac{1}{(x+1)(x^2+1)} = \frac{1}{2}\cdot\frac{1}{x+1}-\frac{1}{2}\cdot\frac{x-1}{x^2+1}$$

所以

$$\int \frac{1}{(x+1)(x^2+1)}dx = \frac{1}{2}\int\frac{1}{x+1}dx - \frac{1}{2}\int\frac{x-1}{x^2+1}dx$$

$$= \frac{1}{2}\ln|x+1| - \frac{1}{4}\int\frac{1}{x^2+1}d(x^2+1) + \frac{1}{2}\int\frac{1}{x^2+1}dx$$

$$= \frac{1}{2}\ln|x+1| - \frac{1}{4}\ln(x^2+1) + \frac{1}{2}\arctan x + C$$

例5 求 $\int \dfrac{x^2+2x+1}{(x^2+1)^2}dx$。

解 因为

$$\frac{x^2+2x+1}{(x^2+1)^2} = \frac{1}{x^2+1} + \frac{2x}{(x^2+1)^2}$$

所以

$$\int \frac{x^2+2x+1}{(x^2+1)^2}dx = \int\frac{1}{x^2+1}dx + \int\frac{2x}{(x^2+1)^2}dx = \arctan x + \int\frac{d(x^2+1)}{(x^2+1)^2}$$

$$= \arctan x - \frac{1}{x^2+1} + C$$

例6 求 $\int \dfrac{x^3+4}{(x+1)^4}dx$。

解 令 $t = x+1$，则 $dx = dt$，从而

$$\int \frac{x^3+4}{(x+1)^4}dx = \int\frac{(t-1)^3+4}{t^4}dt = \int\left(\frac{1}{t}-\frac{3}{t^2}+\frac{3}{t^3}+\frac{3}{t^4}\right)dt$$

$$= \ln|t| + \frac{3}{t} - \frac{3}{2t^2} - \frac{1}{t^3} + C$$

$$= \ln|x+1| + \frac{3}{x+1} - \frac{3}{2(x+1)^2} - \frac{1}{(x+1)^3} + C$$

例7 求 $\int \dfrac{x+2}{(x^2+x+1)^n}dx$。

解 $\int \dfrac{x+2}{(x^2+x+1)^n}dx = \int \dfrac{\dfrac{1}{2}(2x+1)+\dfrac{3}{2}}{(x^2+x+1)^n}dx$

$\qquad\qquad\qquad\quad = \dfrac{1}{2}\int \dfrac{2x+1}{(x^2+x+1)^n}dx + \dfrac{3}{2}\int \dfrac{1}{\left[\left(x+\dfrac{1}{2}\right)^2+\left(\dfrac{\sqrt{3}}{2}\right)^2\right]^n}dx$

$\qquad\qquad\qquad\quad = \dfrac{1}{2}\cdot\dfrac{1}{1-n}\cdot\dfrac{1}{(x^2+x+1)^{n-1}} + \dfrac{3}{2}I_n$

其中

$$I_n = \int \dfrac{1}{\left[\left(x+\dfrac{1}{2}\right)^2+\left(\dfrac{\sqrt{3}}{2}\right)^2\right]^n}dx$$

令 $t = x+\dfrac{1}{2}$，$a^2 = \left(\dfrac{\sqrt{3}}{2}\right)^2$，则

$$I_n = \int \dfrac{1}{\left[t^2+a^2\right]^n}dt$$

其解法见本章第三节例9，这里不再重述。

至此，我们可以得出结论，有理真分式函数的原函数一定可以求解到初等函数的表达形式，其函数类型如前所述。

二、三角函数有理式的不定积分

由 $u_1(x), u_2(x), \cdots, u_n(x)$ 及常数经过有限次四则运算所得到的函数，称为关于 $u_1(x)$，$u_2(x), \cdots, u_n(x)$ 的有理式，记作 $R(u_1(x), u_2(x), \cdots, u_n(x))$。

由于三角函数有理式

$$R(\sin x, \cos x, \tan x, \cot x, \sec x, \csc x) = R(\sin x, \cos x)$$

所以我们只需讨论 $\int R(\sin x, \cos x)dx$。对于这类不定积分，可以利用万能变换 $t = \tan \dfrac{x}{2}$，则

$dx = \dfrac{2}{1+t^2}dt$，且

$$\sin x = \dfrac{2\tan \dfrac{x}{2}}{1+\tan^2 \dfrac{x}{2}} = \dfrac{2t}{1+t^2}$$

$$\cos x = \dfrac{1-\tan^2 \dfrac{x}{2}}{1+\tan^2 \dfrac{x}{2}} = \dfrac{1-t^2}{1+t^2}$$

故

$$\int R(\sin x, \cos x)\,dx = \int R\Big(\frac{2t}{1+t^2}, \frac{1-t^2}{1+t^2}\Big)\frac{2}{1+t^2}\,dt$$

例 8 求 $\int \dfrac{1}{1+\sin x + \cos x}\,dx$。

解 令 $\tan\dfrac{x}{2} = t$，则 $x = 2\arctan t$，$dx = \dfrac{2dt}{1+t^2}$，于是

$$\sin x = \frac{2t}{1+t^2}, \cos x = \frac{1-t^2}{1+t^2}$$

$$\int \frac{1}{1+\sin x + \cos x}\,dx = \int \frac{\dfrac{2}{1+t^2}}{1+\dfrac{2t}{1+t^2}+\dfrac{1-t^2}{1+t^2}}\,dt = \int \frac{1}{1+t}\,dt = \ln|1+t| + C$$

$$= \ln\left|1+\tan\frac{x}{2}\right| + C$$

从理论上讲，对于 $\int R(\sin x, \cos x)\,dx$，利用上述变量代换总可以算出它的积分，然而有时候会导致很复杂的计算。因此，如果能用凑微分法或其他特殊方法时，尽量不采用上述变量代换方法。

例 9 求 $\int \dfrac{\cos x}{1+\cos x}\,dx$。

解 此题中被积函数的分母为 $1+\cos x$。于是考虑三角函数恒等 $\sin^2 x + \cos^2 x = 1$。将分子分母同乘 $1-\cos x$，有

$$\int \frac{\cos x}{1+\cos x}\,dx = \int \frac{\cos x(1-\cos x)}{\sin^2 x}\,dx = \int \cot x \cdot \csc x\,dx - \int \cot^2 x\,dx$$

$$= -\csc x + \cot x + x + C$$

例 10 求 $I = \int \dfrac{\cos x}{2\sin x + \cos x}\,dx$。

解 此题若用"万能代换"，要进行烦琐的计算，这里根据被积函数的特点，介绍一种解题技巧。

令 $J = \int \dfrac{2\sin x}{2\sin x + \cos x}\,dx$，则有

$$I + J = \int dx = x + C_1$$

$$2I - \frac{1}{2}J = \int \frac{d(2\sin x + \cos x)}{2\sin x + \cos x} = \ln|2\sin x + \cos x| + C_2$$

联立求解,得

$$I = \frac{1}{5}x + \frac{2}{5}\ln |2\sin x + \cos x| + C$$

三、简单无理函数的不定积分

处理含有根式函数不定积分的常用方法,核心问题是脱掉根号。归纳常见的含有根式函数的不定积分问题如下。

1. 形如 $\int R(x, \sqrt[n]{ax+b})\mathrm{d}x$ 的不定积分

令 $\sqrt[n]{ax+b}=t$,有 $ax+b=t^n$,可解得 $x=\varphi(t)$,于是

$$\int R(x, \sqrt[n]{ax+b})\mathrm{d}x = \int R(\varphi(t),t)\varphi'(t)\mathrm{d}t$$

例 11 求 $\int \dfrac{1}{1+\sqrt[3]{x+2}}\mathrm{d}x$。

解 设 $\sqrt[3]{x+2}=t$,则 $x=t^3-2$,$\mathrm{d}x=3t^2\mathrm{d}t$,于是

$$\int \frac{1}{1+\sqrt[3]{x+2}}\mathrm{d}x = \int \frac{3t^2}{1+t}\mathrm{d}t = 3\int \frac{t^2-1+1}{1+t}\mathrm{d}t = 3\int\left(t-1+\frac{1}{1+t}\right)\mathrm{d}t$$

$$= 3\left(\frac{1}{2}t^2 - t + \ln|1+t|\right) + C$$

$$= \frac{3}{2}\sqrt[3]{(x+2)^2} - 3\sqrt[3]{x+2} + 3\ln\left|\sqrt[3]{x+2}+1\right| + C$$

2. 形如 $\int R(x, \sqrt[n_1]{ax+b}, \sqrt[n_2]{ax+b}, \cdots, \sqrt[n_k]{ax+b})\mathrm{d}x$ 的不定积分

令 $n_1, n_2, \cdots, n_k$ 的最小公倍数为 n,令 $\sqrt[n]{ax+b}=t$,有 $ax+b=t^n$,可解得 $x=\varphi(t)$,于是

$$\int R(x, \sqrt[n_1]{ax+b}, \sqrt[n_2]{ax+b}, \cdots, \sqrt[n_k]{ax+b})\mathrm{d}x = \int R(\varphi(t),t)\varphi'(t)\mathrm{d}t$$

例 12 求 $\int \dfrac{\mathrm{d}x}{\sqrt{x}(1+\sqrt[3]{x})}$。

解 因为 $\sqrt{x}=(\sqrt[6]{x})^3$,$\sqrt[3]{x}=(\sqrt[6]{x})^2$,故可设 $\sqrt[6]{x}=t$,即 $x=t^6$,$\mathrm{d}x=6t^5\mathrm{d}t$,于是有

$$\int \frac{\mathrm{d}x}{\sqrt{x}(1+\sqrt[3]{x})} = \int \frac{6t^5}{t^3(1+t^2)}\mathrm{d}t = 6\int \frac{t^2}{1+t^2}\mathrm{d}t = 6\int\left(1-\frac{1}{1+t^2}\right)\mathrm{d}t$$

$$= 6(t - \arctan t) + C = 6(\sqrt[6]{x} - \arctan \sqrt[6]{x}) + C$$

3. 形如 $\int R\left(x, \sqrt[n]{\dfrac{ax+b}{cx+d}}\right)\mathrm{d}x$ 的不定积分

令 $\sqrt[n]{\dfrac{ax+b}{cx+d}} = t$，有 $\dfrac{ax+b}{cx+d} = t^n$，可解得 $x = \varphi(t)$，于是

$$\int R\left(x, \sqrt[n]{\dfrac{ax+b}{cx+d}}\right)\mathrm{d}x = \int R(\varphi(t), t)\varphi'(t)\mathrm{d}t$$

例 13　求 $\int \dfrac{\mathrm{d}x}{\sqrt[3]{(x-1)(x+1)^2}}$。

解　令 $\sqrt[3]{\dfrac{x+1}{x-1}} = t$，有 $x = \dfrac{t^3+1}{t^3-1}$，$\mathrm{d}x = \dfrac{-6t^2}{(t^3-1)^2}\mathrm{d}t$。于是

$$\int \dfrac{\mathrm{d}x}{\sqrt[3]{(x-1)(x+1)^2}} = \int \dfrac{1}{(x+1)} \cdot \sqrt[3]{\dfrac{x+1}{x-1}}\mathrm{d}x$$

$$= -3\int \dfrac{1}{(t-1)(t^2+t+1)}\mathrm{d}t = -\left(\int \dfrac{1}{t-1}\mathrm{d}t - \int \dfrac{t+2}{t^2+t+1}\mathrm{d}t\right)$$

$$= -\ln|t-1| + \dfrac{1}{2}\int \dfrac{2t+1}{t^2+t+1}\mathrm{d}t + \dfrac{3}{2}\int \dfrac{1}{t^2+t+1}\mathrm{d}t$$

$$= -\ln|t-1| + \dfrac{1}{2}\ln(t^2+t+1) + \sqrt{3}\arctan\dfrac{2t+1}{\sqrt{3}} + C$$

$$= -\ln\left|\sqrt[3]{\dfrac{x+1}{x-1}} - 1\right| + \dfrac{1}{2}\ln\left[\left(\sqrt[3]{\dfrac{x+1}{x-1}}\right)^2 + \sqrt[3]{\dfrac{x+1}{x-1}} + 1\right] +$$

$$\sqrt{3}\arctan\dfrac{2\sqrt[3]{\dfrac{x+1}{x-1}} + 1}{\sqrt{3}} + C$$

例 14　求 $\int \dfrac{1}{x^2}\sqrt{\dfrac{1-x}{1+x}}\mathrm{d}x$。

解　令 $\sqrt{\dfrac{1-x}{1+x}} = t$，有 $x = \dfrac{1-t^2}{1+t^2}$，$\mathrm{d}x = \dfrac{-4t}{(t^2+1)^2}\mathrm{d}t$。于是

$$\int \dfrac{1}{x^2}\sqrt{\dfrac{1-x}{1+x}}\mathrm{d}x = \int \dfrac{-4t^2}{(1-t^2)^2}\mathrm{d}t = 4\int \dfrac{1-t^2-1}{(1-t^2)^2}\mathrm{d}t = 4\left(\int \dfrac{1}{1-t^2}\mathrm{d}t - \int \dfrac{1}{(1-t^2)^2}\mathrm{d}t\right)$$

$$= 2\ln\left|\dfrac{1+t}{1-t}\right| - \int\left(\dfrac{1}{1-t} + \dfrac{1}{1+t}\right)^2\mathrm{d}t$$

$$= 2\ln\left|\dfrac{1+t}{1-t}\right| - \int \dfrac{1}{(1-t)^2}\mathrm{d}t - 2\int \dfrac{1}{(1-t)(1+t)}\mathrm{d}t - \int \dfrac{1}{(1+t)^2}\mathrm{d}t$$

$$= 2\ln\left|\dfrac{1+t}{1-t}\right| - \dfrac{1}{1-t} - \int \dfrac{1}{1-t}\mathrm{d}t - \int \dfrac{1}{1+t}\mathrm{d}t + \dfrac{1}{1+t}$$

$$= \ln \left| \frac{1+t}{1-t} \right| - \frac{1}{1-t} + \frac{1}{1+t} + C$$

$$= \ln \left| \frac{1+\sqrt{\dfrac{1-x}{1+x}}}{1-\sqrt{\dfrac{1-x}{1+x}}} \right| - \frac{1}{1-\sqrt{\dfrac{1-x}{1+x}}} + \frac{1}{1+\sqrt{\dfrac{1-x}{1+x}}} + C$$

4. 形如 $\int R(x, \sqrt{ax^2+bx+c})\,dx\,(a\neq0, b^2-4ac\neq0)$ 的不定积分

把 $\sqrt{ax^2+bx+c}$ 经过配方化成如下三种形式之一：

（1）$\sqrt{a^2-u^2}$，令 $u=a\sin t$；（2）$\sqrt{u^2+a^2}$，令 $u=a\tan t$；（3）$\sqrt{u^2-a^2}$，令 $u=a\sec t$。

从而有

$$\int R(x, \sqrt{ax^2+bx+c})\,dx = \int R(\sin t, \cos t)\,dt$$

例 15 求 $\displaystyle\int \frac{1}{\sqrt{1-x-x^2}}\,dx$。

解 $\displaystyle\int \frac{1}{\sqrt{1-x-x^2}}\,dx = \int \frac{1}{\sqrt{\left(\dfrac{\sqrt{5}}{2}\right)^2 - \left(x+\dfrac{1}{2}\right)^2}}\,d\left(x+\frac{1}{2}\right) = \arcsin\frac{2x+1}{\sqrt{5}} + C$

例 16 求 $\displaystyle\int \frac{dx}{x\,\sqrt{\ln x(1-\ln x)}}$。

解 $\displaystyle\int \frac{1}{x\,\sqrt{\ln x(1-\ln x)}}\,dx = \int \frac{1}{\sqrt{\ln x - \ln^2 x}}\,d(\ln x) \xlongequal{\ln x = u} \int \frac{1}{\sqrt{u-u^2}}\,du$

$$= \int \frac{1}{\sqrt{\left(\dfrac{1}{2}\right)^2 - \left(u-\dfrac{1}{2}\right)^2}}\,du = \arcsin(2u-1) + C$$

$$= \arcsin(2\ln x - 1) + C$$

从以上不定积分的计算中可以看出，不定积分的求解与导数（微分）计算构成互逆运算，但求不定积分比导数计算要复杂得多，往往带有技巧性，并且也不是所有初等函数的积分都能化解为初等函数形式。因此，在学习方法上，应以熟悉导数微分运算及基本积分公式为基础，按不同函数类型，不断总结相应的特定方法与技巧，在所有方法中，应以凑微分法为重点，同时结合变量替换与分部积分方法，训练处理不定积分问题的综合能力。

四、基本积分表的使用

通常称以上介绍的一些积分方法为基本积分法。鉴于积分计算的重要性及复杂性，为了应用上的方便，人们把常用的积分公式汇总为本书的附录Ⅱ。求积分时，我们可以根据被积函

数的类型,直接或经过简单变形后,在表内查得所需要的结果。

例 17 求 $\int \dfrac{x}{(3x+4)^2}\mathrm{d}x$。

解 被积函数中含有 $ax+b$,利用附录Ⅱ中第 7 个公式,即

$$\int \frac{x}{(ax+b)^2}\mathrm{d}x = \frac{1}{a^2}\Big(\ln|ax+b| + \frac{b}{ax+b}\Big) + C$$

现在 $a=3,b=4$,于是

$$\int \frac{x}{(3x+4)^2}\mathrm{d}x = \frac{1}{9}\Big(\ln|3x+4| + \frac{4}{3x+4}\Big) + C$$

例 18 求 $\int \sin 2x\cos 3x\mathrm{d}x$。

解 前面我们将被积函数用积化和差的方法求得此不定积分。这里我们利用附录Ⅱ中第 100 个公式,即

$$\int \sin ax\cos bx\mathrm{d}x = -\frac{1}{2(a+b)}\cos(a+b)x - \frac{1}{2(a-b)}\cos(a-b)x + C$$

现在 $a=2,b=3$,于是

$$\int \sin 2x\cos 3x\mathrm{d}x = -\frac{1}{10}\cos 5x + \frac{1}{2}\cos x + C$$

例 19 求 $\int \dfrac{1}{x\sqrt{4x^2+9}}\mathrm{d}x$。

解 由于这个积分在附录Ⅱ中不能直接查到可利用的公式,因此需要先进行变量代换。

令 $2x=u$,那么 $\sqrt{4x^2+9}=\sqrt{u^2+3^2}$,$x=\dfrac{u}{2}$,$\mathrm{d}x=\dfrac{1}{2}\mathrm{d}u$,于是

$$\int \frac{1}{x\sqrt{4x^2+9}}\mathrm{d}x = \int \frac{1}{u\sqrt{u^2+3^2}}\mathrm{d}u$$

被积函数中含有 $\sqrt{u^2+3^2}$,利用附录Ⅱ中第 37 个公式,即

$$\int \frac{1}{x\sqrt{x^2+a^2}}\mathrm{d}x = \frac{1}{a}\ln\frac{\sqrt{x^2+a^2}-a}{|x|} + C$$

现在 $a=3$,x 相当于 u,于是

$$\int \frac{1}{x\sqrt{4x^2+9}}\mathrm{d}x = \int \frac{1}{u\sqrt{u^2+3^2}}\mathrm{d}u = \frac{1}{3}\ln\frac{\sqrt{u^2+3^2}-3}{|u|} + C$$

$$= \frac{1}{3}\ln\frac{\sqrt{4x^2+9}-3}{2|x|} + C$$

一般来说,附录Ⅱ可以省略计算积分的时间,但是,只有掌握了前面学过的基本积分方法

才能灵活地使用附录Ⅱ,而且对一些比较简单的积分,应用基本积分方法来计算比查附录Ⅱ更快些,例如对 $\int \sin^2 x \cos^3 x \mathrm{d}x$,用 $u = \sin x$ 很快就可得到结果。所以求积分时究竟是直接计算,还是查附录Ⅱ,或是两者结合使用,应该做具体分析,不能一概而论。

最后还要指出,有些不定积分,例如 $\int \mathrm{e}^{-x^2} \mathrm{d}x$, $\int \dfrac{\sin x}{x} \mathrm{d}x$, $\int \dfrac{1}{\ln x} \mathrm{d}x$, $\int \sin x^2 \mathrm{d}x$ 等,它们的被积函数虽然是初等函数,但它们的原函数却不是初等函数,用上述各种积分法都不能求出这些不定积分,这需要用其他的方法解决。

习 题 4 – 4

1. 求下列各不定积分:

(1) $\displaystyle\int \frac{x^3}{x+2} \mathrm{d}x$

(2) $\displaystyle\int \frac{1}{x^2+5x+6} \mathrm{d}x$

(3) $\displaystyle\int \frac{x^5+x^4-8}{x^3-x} \mathrm{d}x$

(4) $\displaystyle\int \frac{x^3}{x^3+1} \mathrm{d}x$

(5) $\displaystyle\int \frac{x-4}{x(2x-1)(2x+1)} \mathrm{d}x$

(6) $\displaystyle\int \frac{x^2}{1-x^4} \mathrm{d}x$

(7) $\displaystyle\int \frac{x^2+1}{(x+1)^2(x-1)} \mathrm{d}x$

(8) $\displaystyle\int \frac{1}{x(x-1)^2} \mathrm{d}x$

(9) $\displaystyle\int \frac{1}{(x^2+1)(x^2+x+1)} \mathrm{d}x$

(10) $\displaystyle\int \frac{1}{(x^2+1)(x^2+x)} \mathrm{d}x$

(11) $\displaystyle\int \frac{1}{x^4+1} \mathrm{d}x$

(12) $\displaystyle\int \frac{-x^2-2}{(x^2+x+1)^2} \mathrm{d}x$

2. 求下列各不定积分:

(1) $\displaystyle\int \frac{\cos x}{1+\sin x} \mathrm{d}x$

(2) $\displaystyle\int \frac{1}{3+\sin^2 x} \mathrm{d}x$

(3) $\displaystyle\int \frac{1}{2+\sin x} \mathrm{d}x$

(4) $\displaystyle\int \frac{1}{3+\cos x} \mathrm{d}x$

(5) $\displaystyle\int \frac{1+\sin x}{\sin x(1+\cos x)} \mathrm{d}x$

(6) $\displaystyle\int \frac{1}{\sin 2x+2\sin x} \mathrm{d}x$

(7) $\displaystyle\int \frac{1+\cos x}{x+\sin x} \mathrm{d}x$

(8) $\displaystyle\int \sqrt{1+\sin x} \, \mathrm{d}x$

(9) $\displaystyle\int \frac{\sqrt{1+\cos x}}{\sin x} \mathrm{d}x$

(10) $\displaystyle\int \frac{\sin^2 x}{\cos^3 x} \mathrm{d}x$

(11) $\int \dfrac{x+\sin x}{1+\cos x}dx$

(12) $\int e^{\sin x}\dfrac{x\cos^3 x-\sin x}{\cos^2 x}dx$

3. 求下列各不定积分：

(1) $\int \dfrac{1}{1+\sqrt[3]{x+1}}dx$

(2) $\int \dfrac{1}{\sqrt{x}+\sqrt[4]{x}}dx$

(3) $\int \dfrac{\sqrt{x}}{\sqrt[4]{x^3}+1}dx$

(4) $\int \dfrac{x+1}{x\sqrt{x-2}}dx$

(5) $\int \dfrac{\sqrt[3]{x}}{x(\sqrt{x}+\sqrt[3]{x})}dx$

(6) $\int \dfrac{\sqrt{x^3}+1}{\sqrt{x}+1}dx$

(7) $\int \dfrac{\sqrt{2x+1}}{x}dx$

(8) $\int \dfrac{x}{\sqrt[3]{1-3x}}dx$

(9) $\int \dfrac{\sqrt{x}}{x(x+1)}dx$

(10) $\int \dfrac{1}{x}\sqrt{\dfrac{1+x}{x}}dx$

(11) $\int \dfrac{1}{\sqrt{1+e^x}}dx$

(12) $\int \dfrac{x}{\sqrt{3x+1}+\sqrt{2x+1}}dx$

4. 用以前学过的方法求下列各不定积分：

(1) $\int \dfrac{1-x^7}{x(1+x^7)}dx$

(2) $\int \dfrac{2x^3+1}{(x-1)^{100}}dx$

(3) $\int \dfrac{\sqrt{x(x+1)}}{\sqrt{x}+\sqrt{x+1}}dx$

(4) $\int \dfrac{1}{\sin^3 x\cos^5 x}dx$

(5) $\int \dfrac{x^2}{1+x^2}\arctan x\,dx$

(6) $\int \dfrac{f'(\ln x)}{x\sqrt{f(\ln x)}}dx$

(7) $\int \dfrac{\sin x}{1+\sin x}dx$

(8) $\int \dfrac{1}{2\sin^2 x+3\cos^2 x}dx$

(9) $\int \dfrac{1}{2\cos^2 x+\sin x\cos x+\sin^2 x}dx$

(10) $\int \dfrac{1}{1+\sqrt{1-x^2}}dx$

第五章 定 积 分

定积分是微积分学又一重要的基本概念,它与导数的概念一样,是在分析、解决实际问题的过程中逐渐形成并发展起来的。本章将首先从实际问题引出定积分的概念,然后讨论定积分的基本性质,揭示定积分与不定积分之间的关系,并给出定积分的计算方法,最后介绍两种反常积分。

第一节　定积分的概念与性质

一、引例

1. 曲边梯形的面积

所谓曲边梯形,是指由直线 $x=a$,$x=b(a<b)$,x 轴及连续曲线 $y=f(x)$ 所围成的平面图形(见图 5－1)。假定 $f(x)\geqslant 0$,下面来求曲边梯形的面积 A。

我们知道,矩形的高是不变的,它的面积可按公式

$$矩形的面积 = 高 \times 底$$

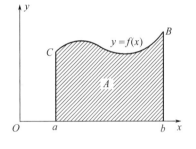

图 5－1

计算。而曲边梯形在底边上各点处的高 $f(x)$ 在区间 $[a,b]$ 上是变动的,故它的面积不能直接按上述公式来计算。然而,由于曲边梯形的高 $f(x)$ 在区间 $[a,b]$ 上是连续变化的,在很小一段上它的变化很小,近似于不变。因此,如果把区间 $[a,b]$ 划分为许多小区间,在每个小区间上用其中某一点处的高来近似代替同一个小区间上的小曲边梯形的变高,那么,每个小曲边梯形就可近似地看成这样得到的小矩形。我们就以所有这些小矩形面积之和作为曲边梯形面积的近似值。这个定义同时也给出了计算曲边梯形面积的方法,现详述如下。

(1)分割 ——分曲边梯形为 n 个小曲边梯形

在区间 $[a,b]$ 中任意插入若干个分点(见图 5－2)

$$a=x_0<x_1<x_2<\cdots<x_{n-1}<x_n=b$$

把 $[a,b]$ 分成 n 个小区间

$$[x_0,x_1],[x_1,x_2],\cdots,[x_{n-1},x_n]$$

它们的长度依次为

$$\Delta x_1=x_1-x_0,\Delta x_2=x_2-x_1,\cdots,\Delta x_n=x_n-x_{n-1}$$

并记 $\lambda = \max\limits_{1 \leqslant i \leqslant n} \{\Delta x_i\}$。

过各分点作平行于 y 轴的直线段,把曲边梯形分成 n 个小曲边梯形(见图 5-2),它们的面积记作

$$\Delta A_1, \Delta A_2, \cdots, \Delta A_n$$

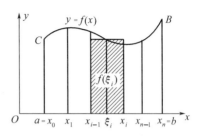

图 5-2

(2)近似代替——用小矩形的面积代替小曲边梯形的面积

在每一个小区间 $[x_{i-1}, x_i]$ $(i = 1, 2, \cdots, n)$ 上任选一点 ξ_i,用与小曲边梯形同底,以 $f(\xi_i)$ 为高的小矩形的面积 $f(\xi_i)\Delta x_i$ 近似代替小曲边梯形的面积(见图 5-2)。这时有

$$\Delta A_i \approx f(\xi_i)\Delta x_i \quad (i = 1, 2, \cdots, n)$$

(3)求和——求 n 个小矩形面积之和

n 个小矩形构成的阶梯形的面积 $\sum\limits_{i=1}^{n} f(\xi_i)\Delta x_i$ 是原曲边梯形面积 A 的一个近似值(见图 5-2),即有

$$A = \sum_{i=1}^{n} \Delta A_i \approx \sum_{i=1}^{n} f(\xi_i)\Delta x_i$$

(4)取极限——由近似值过渡到精确值

分割区间 $[a, b]$ 的点数越多,即 n 越大,且每个小区间的长度 Δx_i 越短,即分割越细,阶梯形的面积 $\sum\limits_{i=1}^{n} f(\xi_i)\Delta x_i$ 与曲边梯形面积 A 的误差越小。但不管 n 多大,只要取定为有限数,上述和数都只能是面积 A 的近似值,现将区间 $[a, b]$ 无限地细分下去,并使 λ 趋于零,这时,和数的极限就是原曲边梯形面积的精确值,即

$$A = \lim_{\lambda \to 0} \sum_{i=1}^{n} f(\xi_i)\Delta x_i$$

我们看到,曲边梯形的面积是用一个和式的极限 $\lim\limits_{\lambda \to 0} \sum\limits_{i=1}^{n} f(\xi_i)\Delta x_i$ 表达的,计算方法是"分割、近似、求和、取极限",即:

①先求阶梯形的面积 在局部范围内,以直代曲,即以直线段代替曲线段,求得阶梯形的面积,它是曲边梯形面积的近似值;

②再求曲边梯形的面积 通过取极限,由有限过渡到无限,即对区间 $[a, b]$ 由有限分割过渡到无限细分,阶梯形变为曲边梯形,从而得到曲边梯形的面积。

2. 变速直线运动的路程

设某物体做直线运动,已知速度 $v = v(t)$ 是时间间隔 $[T_1, T_2]$ 上 t 的连续函数,且 $v(t) \geqslant 0$,

计算在这段时间内物体所经过的路程 s。

对于匀速运动,有公式

$$s = vt$$

但是,在我们的问题中,速度不是常量而是随时间变化的变量,因此,所求路程 s 不能直接按匀速直线运动的路程公式来计算。然而,物体运动的速度函数 $v = v(t)$ 是连续变化的,在很短一段时间内,速度的变化很小,近似于匀速。因此,如果把时间间隔分小,在小段时间内,以匀速运动代替变速运动,那么,就可算出部分路程的近似值;再求和,得到整个路程的近似值;最后,通过对时间间隔无限细分的极限过程,这时所有部分路程的近似值之和的极限,就是所求变速直线运动的路程的精确值。

具体计算步骤如下:

(1)分割 ——分整个路程为 n 个小段路程

在时间间隔 $[T_1, T_2]$ 中任意插入若干个分点

$$T_1 = t_0 < t_1 < t_2 < \cdots < t_{n-1} < t_n = T_2$$

把 $[T_1, T_2]$ 分成 n 个小段

$$[t_0, t_1], [t_1, t_2], \cdots, [t_{n-1}, t_n]$$

各小段时间的长依次为

$$\Delta t_1 = t_1 - t_0, \Delta t_2 = t_2 - t_1, \cdots, \Delta t_n = t_n - t_{n-1}$$

并记 $\lambda = \max\limits_{1 \leqslant i \leqslant n} \{\Delta x_i\}$。

相应地,在各段时间内物体经过的路程依次为

$$\Delta s_1, \Delta s_2, \cdots, \Delta s_n$$

(2)近似代替——用小矩形的面积代替小曲边梯形的面积

在每一个小时间间隔 $[t_{i-1}, t_i]$ $(i = 1, 2, \cdots, n)$ 上任取一时刻 τ_i,假设以该点的速度 $v(t)$ 做匀速运动,在相应的小时间间隔上所走过的路程 $v(\tau_i)\Delta t_i$ 近似代替变速运动在该小时间间隔上所走过的路程,即

$$\Delta s_i \approx v(\tau_i)\Delta t_i \quad (i = 1, 2, \cdots, n)$$

(3)求和——求 n 个匀速运动小段路程之和

n 个匀速运动小段路程加到一起所得到的路程 $\sum\limits_{i=1}^{n} v(\tau_i)\Delta t_i$ 作为变速运动在时间间隔上所走过路程的近似值

$$s = \sum_{i=1}^{n} \Delta s_i \approx \sum_{i=1}^{n} v(\tau_i)\Delta t_i$$

(4)取极限——由近似值过渡到精确值

分割时间间隔 $[T_1, T_2]$ 的点数越多,即 n 越大,且每个小时间间隔的长度 Δt_i 越短,即分割

越细，n 个匀速运动小段路程之和 $\sum\limits_{i=1}^{n} v(\tau_i)\Delta t_i$ 与变速运动所走过的路程误差越小。但不管 n 多大，只要取定为有限数，上述和数都只能是路程 s 的近似值，现将时间间隔 $[T_1, T_2]$ 无限地细分下去，并使 λ 趋于零，这时，和数的极限就是变速直线运动的物体所走过路程 s 的精确值，即

$$s = \lim_{\lambda \to 0} \sum_{i=1}^{n} v(\tau_i)\Delta t_i$$

这就得到了变速直线运动的路程。变速直线运动的路程也是一个和式的极限 $\lim\limits_{\lambda \to 0} \sum\limits_{i=1}^{n} v(\tau_i)\Delta t_i$，这是无限项相加。

以上计算方法，也是通过分"分割、近似、求和、取极限"得到的，即：

①先求匀速运动所走过的路程　在局部范围内，以不变代变，即以匀速运动代替变速运动，求得匀速运动所走过的路程，它是变速运动所走过路程的近似值；

②再求变速运动所走过的路程　通过取极限，由有限过渡到无限，即对时间间隔 $[a, b]$ 由有限分割过渡到无限细分，匀速运动所走过的路程就成为变速运动所走过的路程，从而得到物体做变速直线运动所走过的路程。

以上两个实际问题，其一是求曲边梯形的面积，其二是求变速直线运动的路程。这两个问题的实际意义虽然不同，但解决问题的方法却完全相同，都是采取分割、近似、求和、取极限的方法，而最后都归结为同一种结构的和式的极限。

$$A = \lim_{\lambda \to 0} \sum_{i=1}^{n} f(\xi_i)\Delta x_i, \ s = \lim_{\lambda \to 0} \sum_{i=1}^{n} v(\tau_i)\Delta t_i$$

事实上，很多实际问题的解决都是采取这种方法，并且都归结为具有这种结构的和式的极限。现抛开问题的实际意义，只从数量关系上的共性加以概括和抽象，便得到了定积分概念。

二、定积分概念

1. 定积分定义

定义 1　设函数 $f(x)$ 在闭区间 $[a, b]$ 上有界，用分点

$$a = x_0 < x_1 < x_2 < \cdots < x_{n-1} < x_n = b$$

把区间 $[a, b]$ 任意分割成 n 个小区间 $[x_{i-1}, x_i]$ $(i = 1, 2, \cdots, n)$，其长度 $\Delta x_i = x_i - x_{i-1}$，并记 $\lambda = \max\limits_{1 \leqslant i \leqslant n} \{\Delta x_i\}$。在每一个小区间 $[x_{i-1}, x_i]$ 上任选一点 ξ_i，作乘积的和式（称为积分和），即

$$\sum_{i=1}^{n} f(\xi_i)\Delta x_i$$

当 $\lambda \to 0$ 时，若上述和式的极限存在，且这极限与区间 $[a, b]$ 的分法无关，与 ξ_i 的取法无关，则称函数 $f(x)$ 在区间 $[a, b]$ 上是可积的，并称此极限值为函数 $f(x)$ 在区间 $[a, b]$ 上的定积分，记作 $\int_a^b f(x)\mathrm{d}x$，即

$$\int_a^b f(x)\,\mathrm{d}x = \lim_{\lambda \to 0} \sum_{i=1}^n f(\xi_i)\,\Delta x_i \qquad\qquad (5-1)$$

其中,x 称为积分变量;$f(x)$ 称为被积函数;$f(x)\mathrm{d}x$ 称为被积表达式;a 称为积分下限;b 称为积分上限;$[a,b]$ 称为积分区间。

关于定积分的定义需要说明如下:

(1)定积分 $\int_a^b f(x)\mathrm{d}x$ 是一个数值,这个值取决于被积函数 $f(x)$ 和积分区间 $[a,b]$,而与积分变量用什么字母表示无关,即

$$\int_a^b f(x)\,\mathrm{d}x = \int_a^b f(t)\,\mathrm{d}t$$

(2)在定义中,当所有小区间长度的最大值 $\lambda \to 0$ 时,所有小区间的长度都趋于零,因而小区间的个数 n 必然趋于无穷大。但我们不能用 $n \to \infty$ 代替 $\lambda \to 0$,这是因为对区间的分割是任意的,$n \to \infty$ 不一定能保证每个小区间的长度都趋于零。

(3)定义中要求对任何的 x_i 和 $\xi_i (1 \leqslant i \leqslant n)$,式(5-1)均有相同的极限。这就排除了因为分点 x_i 及 ξ_i 的选择方法不同而出现不同的积分值。换句话说,如果 $f(x)$ 在 $[a,b]$ 上可积,则可以通过取特殊的点 x_i 及 ξ_i 使具体的计算简化(见本节例1)。

(4)规定:

$$\int_a^b f(x)\,\mathrm{d}x = -\int_b^a f(x)\,\mathrm{d}x$$

特别地,有

$$\int_a^a f(x)\,\mathrm{d}x = 0$$

在 $[a,b]$ 上,当极限 $\lim\limits_{\lambda \to 0} \sum\limits_{i=1}^n f(\xi_i)\Delta x_i$ 存在时,我们就说函数 $f(x)$ 在 $[a,b]$ 上可积。那么什么样的函数在 $[a,b]$ 上一定可积呢? 这需要严格的数学理论来证明,这里我们不做深入研究,只给出两个结论:

(1)若 $f(x)$ 在 $[a,b]$ 上连续,则 $f(x)$ 在 $[a,b]$ 上可积;

(2)若 $f(x)$ 在 $[a,b]$ 上有界,且只有有限个间断点,则 $f(x)$ 在 $[a,b]$ 上可积。

2. 定积分的几何意义

定积分 $\int_a^b f(x)\mathrm{d}x$ 的几何意义:在区间 $[a,b]$ 上,当 $f(x) \geqslant 0$ 时,它表示如图5-1所示的曲边梯形的面积 A,即

$$A = \int_a^b f(x)\,\mathrm{d}x$$

特别地,当 $f(x) \equiv 1$ 时,有

$$\int_a^b f(x)\,\mathrm{d}x = b - a$$

在区间 $[a,b]$ 上，若 $f(x) \leqslant 0$ 时，它表示如图 5 – 3 所示的曲边梯形的面积 A 的负值，即

$$A = -\int_a^b f(x)\,\mathrm{d}x$$

在区间 $[a,b]$ 上，若 $f(x)$ 有正有负时，它表示如图 5 – 4 所示的曲边梯形的面积 A 的代数和，即

$$A = \int_a^c f(x)\,\mathrm{d}x - \int_c^d f(x)\,\mathrm{d}x + \int_d^b f(x)\,\mathrm{d}x$$

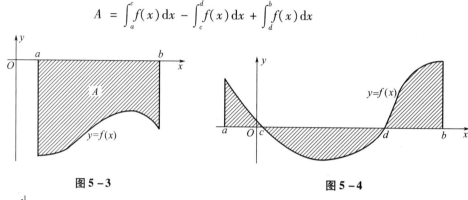

图 5 – 3　　　　　　　　　　　　　　　图 5 – 4

例 1　求 $\displaystyle\int_0^1 x^2\,\mathrm{d}x$。

解　由于 x^2 在 $[0,1]$ 上连续，故可积，其积分值与区间 $[0,1]$ 的分法及 ξ_i 在 $[x_{i-1},x_i]$ 的取法无关。不妨等分 $[0,1]$ 为 n 个小区间，$\Delta x_i = \dfrac{1}{n}$（$i=1,2,\cdots,n$），取 ξ_i 为小区间的右端点，即 $\xi_i = x_i = \dfrac{i}{n}$（$i=1,2,\cdots,n$），作积分和

$$\sum_{i=1}^n f(\xi_i)\Delta x_i = \sum_{i=1}^n \xi_i^2 \Delta x_i = \sum_{i=1}^n \left(\frac{i}{n}\right)^2 \frac{1}{n} = \frac{1}{n^3}\sum_{i=1}^n i^2 = \frac{1}{n^3}\left[\frac{1}{6}n(n+1)(2n+1)\right]$$

$$= \frac{1}{6}\left(1+\frac{1}{n}\right)\left(2+\frac{1}{n}\right)$$

$\lambda = \max\limits_{1 \leqslant i \leqslant n}\{\Delta x_i\} = \dfrac{1}{n}$，当 $\lambda \to 0$ 时，必有 $n \to \infty$，则

$$\lim_{\lambda \to 0}\sum_{i=1}^n f(\xi_i)\Delta x_i = \lim_{\lambda \to 0}\frac{1}{6}\left(1+\frac{1}{n}\right)\left(2+\frac{1}{n}\right) = \frac{1}{3}$$

即 $\displaystyle\int_0^1 x^2\,\mathrm{d}x = \frac{1}{3}$。

从几何意义来看，$\displaystyle\int_0^1 x^2\,\mathrm{d}x = \frac{1}{3}$ 表示图 5 – 5 所示的曲边梯形的面积为 $\dfrac{1}{3}$。

从此例可以看到，直接用定义计算定积分是比较麻烦的，以后我

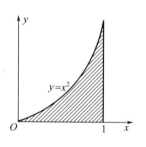

图 5 – 5

们将介绍较为简单的方法。另一方面,由于定积分是一种特殊和式的极限,所以有时将某些和式极限表示为定积分。

三、定积分的性质

以下若不作说明,均假设所讨论的被积函数在给定的区间上是可积的;在作几何说明时,又假设所给函数是非负的。定积分的性质如下。

性质1 两个函数代数和的积分,等于这两个函数积分的代数和。即

$$\int_a^b [f(x) \pm g(x)] \, dx = \int_a^b f(x) \, dx \pm \int_a^b g(x) \, dx$$

证明
$$\int_a^b [f(x) \pm g(x)] \, dx = \lim_{\lambda \to 0} \sum_{i=1}^n [f(\xi_i) \pm g(\xi_i)] \Delta x_i$$
$$= \lim_{\lambda \to 0} \sum_{i=1}^n f(\xi_i) \Delta x_i \pm \lim_{\lambda \to 0} \sum_{i=1}^n g(\xi_i) \Delta x_i$$
$$= \int_a^b f(x) \, dx \pm \int_a^b g(x) \, dx$$

此性质可以推广到任意有限多个可积函数代数和的情形。类似地,可以证明性质2。

性质2 可积函数的常数因子可以提到积分号外面,即

$$\int_a^b k f(x) \, dx = k \int_a^b f(x) \, dx \ (k \text{ 为常数})$$

性质3(区间可加性) 对任意三个数 a, b, c,总有

$$\int_a^b f(x) \, dx = \int_a^c f(x) \, dx + \int_c^b f(x) \, dx$$

证明 (1)先讨论 $a < c < b$ 情形,因为函数 $f(x)$ 在 $[a, b]$ 上可积,所以不论把 $[a, b]$ 怎样分,积分和的极限总是不变的。因此,在分区间时,可以使 c 永远是个分点。那么,$[a, b]$ 上的积分和等于 $[a, c]$ 上的积分和加上 $[c, b]$ 上的积分和,记为

$$\sum_{[a,b]} f(\xi_i) \Delta x_i = \sum_{[a,c]} f(\xi_i) \Delta x_i + \sum_{[c,b]} f(\xi_i) \Delta x_i$$

令 $\lambda \to 0$,上式两边取极限,即得

$$\int_a^b f(x) \, dx = \int_a^c f(x) \, dx + \int_c^b f(x) \, dx$$

(2)同理可证,其他情形也成立,例如 $a < b < c$。由上式有

$$\int_a^c f(x) \, dx = \int_a^b f(x) \, dx + \int_b^c f(x) \, dx$$

于是

$$\int_a^b f(x) \, dx = \int_a^c f(x) \, dx - \int_b^c f(x) \, dx = \int_a^c f(x) \, dx + \int_c^b f(x) \, dx$$

性质4(保号性) 如果在区间 $[a, b]$ 上 $f(x) \geq 0$,则

$$\int_a^b f(x)\,\mathrm{d}x \geqslant 0$$

证明　因为 $f(x) \geqslant 0$，所以 $f(\xi_i) \geqslant 0 \ (i = 1, 2, \cdots, n)$。又因为 $\Delta x_i \geqslant 0 \ (i = 1, 2, \cdots, n)$，故

$$\sum_{i=1}^n f(\xi_i)\Delta x_i \geqslant 0$$

由极限的保号性有

$$\int_a^b f(x)\,\mathrm{d}x \ = \ \lim_{\lambda \to 0} \sum_{i=1}^n f(\xi_i)\Delta x_i \geqslant 0$$

推论 1　如果在区间 $[a, b]$ 上 $f(x) \leqslant g(x)$，则

$$\int_a^b f(x)\,\mathrm{d}x \leqslant \int_a^b g(x)\,\mathrm{d}x$$

证明　令 $F(x) = g(x) - f(x)$，则由已知条件知，在 $[a, b]$ 上 $F(x) \geqslant 0$，利用性质 4 得

$$\int_a^b F(x)\,\mathrm{d}x \ = \ \int_a^b g(x)\,\mathrm{d}x - \int_a^b f(x)\,\mathrm{d}x \geqslant 0$$

移项得所证结论。

推论 2　$\left| \int_a^b f(x)\,\mathrm{d}x \right| \leqslant \int_a^b |f(x)|\,\mathrm{d}x \quad (a \leqslant b)$。

证明　由不等式

$$-|f(x)| \leqslant f(x) \leqslant |f(x)|$$

及推论 1 得

$$-\int_a^b |f(x)|\,\mathrm{d}x \leqslant \int_a^b f(x)\,\mathrm{d}x \leqslant \int_a^b |f(x)|\,\mathrm{d}x$$

即

$$\left| \int_a^b f(x)\,\mathrm{d}x \right| \leqslant \int_a^b |f(x)|\,\mathrm{d}x$$

性质 5　设 M 和 m 分别是函数 $f(x)$ 在区间 $[a, b]$ 上的最大值和最小值，则

$$m(b - a) \leqslant \int_a^b f(x)\,\mathrm{d}x \leqslant M(b - a)$$

证明　已知 $m \leqslant f(x) \leqslant M, x \in [a, b]$，由推论 1 可得

$$\int_a^b m\,\mathrm{d}x \leqslant \int_a^b f(x)\,\mathrm{d}x \leqslant \int_a^b M\,\mathrm{d}x$$

即

$$m(b - a) \ \leqslant \ \int_a^b f(x)\,\mathrm{d}x \ \leqslant \ M(b - a)$$

性质 6（积分中值定理）　若函数 $f(x)$ 在闭区间 $[a, b]$ 上连续，则至少存在一点 $\xi \in [a, b]$，使得 $\int_a^b f(x)\,\mathrm{d}x = f(\xi)(b - a)$。

证明 由于 $f(x)$ 在 $[a,b]$ 上连续,根据闭区间上连续函数的性质,$f(x)$ 在 $[a,b]$ 上有最大值 M 和最小值 m。于是有不等式

$$m(b-a) \leqslant \int_a^b f(x)\mathrm{d}x \leqslant M(b-a)$$

于是

$$m \leqslant \frac{1}{b-a}\int_a^b f(x)\mathrm{d}x \leqslant M$$

再由闭区间上连续函数的介值定理,在 $[a,b]$ 上至少存在一点 ξ,使得

$$f(\xi) = \frac{1}{b-a}\int_a^b f(x)\mathrm{d}x$$

即

$$\int_a^b f(x)\mathrm{d}x = f(\xi)(b-a)$$

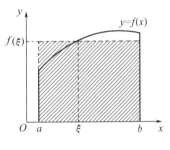

积分中值定理的几何意义:连续曲线 $y=f(x)$ 与直线 $x=a$, $x=b$ 及 x 轴所围成的曲边梯形的面积,等于以区间 $[a,b]$ 为底,$f(\xi)$ 为高的矩形面积,如图 5-6 所示。

通常称

$$f(\xi) = \frac{1}{b-a}\int_a^b f(x)\mathrm{d}x$$

图 5-6

为函数 $f(x)$ 在区间 $[a,b]$ 上的积分平均值,或简称平均值。这样,可以把 $f(\xi)$ 看作是曲边梯形的平均高度。又如物体以变速 $v(t)$ 做直线运动,在时间间隔 $[T_1,T_2]$ 上经过的路程为 $\int_{T_1}^{T_2} v(t)\mathrm{d}t$,因此

$$v(\xi) = \frac{1}{T_2-T_1}\int_{T_1}^{T_2} v(t)\mathrm{d}t$$

便是运动物体在 $[T_1,T_2]$ 这段时间内的平均速度。

习 题 5-1

1. 用定积分的几何意义说明下列积分:

(1) $\displaystyle\int_0^a x\mathrm{d}x = \frac{a^2}{2}$

(2) $\displaystyle\int_0^1 \sqrt{1-x^2}\,\mathrm{d}x = \frac{\pi}{4}$

(3) $\displaystyle\int_{-\pi}^{\pi} \sin x\mathrm{d}x = 0$

(4) $\displaystyle\int_{-\frac{\pi}{2}}^{\frac{\pi}{2}} \cos x\mathrm{d}x = 2\int_0^{\frac{\pi}{2}} \cos x\mathrm{d}x$

2. 将下列极限表示为定积分：

$(1)\lim\limits_{n\to\infty}\left(\dfrac{n}{n^2+1}+\dfrac{n}{n^2+2^2}+\cdots+\dfrac{n}{n^2+n^2}\right)$;

$(2)\lim\limits_{n\to\infty}\dfrac{1}{n}\left(\sqrt{1+\dfrac{1}{n}}+\sqrt{1+\dfrac{2}{n}}+\cdots+\sqrt{1+\dfrac{n}{n}}\right)$;

$(3)\lim\limits_{n\to\infty}\dfrac{1}{n}\left[\sin\dfrac{\pi}{n}+\sin\dfrac{2\pi}{n}+\cdots+\sin\dfrac{(n-1)\pi}{n}\right]$。

3. 设 $f(x)$ 是连续函数，且 $f(x)=x+1+2\displaystyle\int_0^1 f(t)\mathrm{d}t$，求 $f(x)$。

4. 用定积分的性质，判别下列各式对否：

$(1)\displaystyle\int_0^{\frac{\pi}{2}}\cos^2 x\mathrm{d}x\leqslant\int_0^{\frac{\pi}{2}}\cos x\mathrm{d}x$;

$(2)\displaystyle\int_0^1 x\mathrm{d}x\leqslant\int_0^1\ln(1+x)\mathrm{d}x$;

$(3)\left|\displaystyle\int_{10}^{20}\dfrac{\sin x}{\sqrt{1+x^2}}\mathrm{d}x\right|<1$。

5. 确定下列定积分的符号：

$(1)\ I=\displaystyle\int_{\frac{1}{4}}^1 x^3\ln x\mathrm{d}x$; $(2)\ I=\displaystyle\int_0^{-\frac{\pi}{2}}\mathrm{e}^x\sin x\mathrm{d}x$。

6. 估计下列定积分值所在的范围：

$(1)\ I=\displaystyle\int_0^1\dfrac{\mathrm{e}^{-x}}{x+1}\mathrm{d}x$; $(2)\ I=\displaystyle\int_0^2\mathrm{e}^{x^2-x}\mathrm{d}x$。

7. 设 $f(x),g(x)$ 是 $[a,b]$ 上的连续函数，且 $g(x)>0$。证明：至少存在一点 $\xi\in[a,b]$，使得

$$\int_a^b f(x)g(x)\mathrm{d}x=f(\xi)\int_a^b g(x)\mathrm{d}x$$

第二节　微积分的基本定理

通过上节例子可以看到利用定义计算定积分是十分麻烦的，本节中我们将揭示定积分与微分的内在联系，从而找到一个计算定积分的简便方法。

一、微积分的基本定理

1. 变上限函数

定义 1　设函数 $f(x)$ 在闭区间 $[a,b]$ 上连续，对 $[a,b]$ 任一点 x，$f(x)$ 在 $[a,x]$ 上仍连续，从而定积分 $\displaystyle\int_a^x f(x)\mathrm{d}x$ 存在。为了避免积分变量 x 与积分上限 x 的混淆，根据积分值与积分变量的

选取无关,我们用 t 代替积分变量 x,于是 $\int_a^x f(x)\,\mathrm{d}x$ 可写成

$$\int_a^x f(t)\,\mathrm{d}t \qquad\qquad (5-2)$$

由于定积分表示一个数值,这个值只取决于被积函数和积分区间。由此,给定积分区间 $[a,b]$ 上的一个 x 值,按式 $(5-2)$ 就有一个积分值与之对应,因此式 $(5-2)$ 可以看作是积分上限 x 的函数,称其为变上限函数,记作 $\varPhi(x)$,即

$$\varPhi(x) = \int_a^x f(t)\,\mathrm{d}t,\ x \in [a,b]$$

这时,$\varPhi(x)$ 的几何意义就是区间 $[a,x]$ 上以 $y=f(x)$ $(f(x)\geqslant 0)$ 为曲边的曲边梯形的面积(见图 $5-7$)。

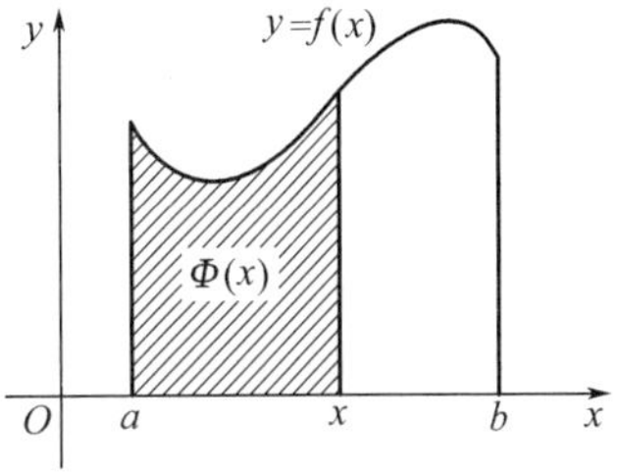

图 5-7

2. 微积分的基本定理

定理 1 函数 $f(x)$ 在闭区间 $[a,b]$ 上连续,则函数

$$\varPhi(x) = \int_a^x f(t)\,\mathrm{d}t,\ x \in [a,b]$$

在 $[a,b]$ 上可导,且

$$\varPhi'(x) = \frac{\mathrm{d}}{\mathrm{d}x}\left(\int_a^x f(t)\,\mathrm{d}t\right) = f(x),\ x \in [a,b]$$

证明 任取 $x \in (a,b)$,对 x 给一增量 Δx,使得 $x + \Delta x \in (a,b)$,则 $\varPhi(x)$ 在 x 处的增量为

$$\begin{aligned}
\Delta\varPhi(x) &= \varPhi(x+\Delta x) - \varPhi(x) \\
&= \int_a^{x+\Delta x} f(t)\,\mathrm{d}t - \int_a^x f(t)\,\mathrm{d}t \\
&= \int_x^{x+\Delta x} f(t)\,\mathrm{d}t
\end{aligned}$$

应用积分中值定理,有

$$\Delta\varPhi(x) = f(\xi)\Delta x \ (x \leqslant \xi \leqslant x + \Delta x \text{ 或 } x + \Delta x \leqslant \xi \leqslant x)$$

令 $\Delta x \to 0$,则 $\xi \to x$,由 $f(x)$ 在点 x 连续,故

$$\lim_{\Delta x \to 0}\frac{\Delta\varPhi}{\Delta x} = \lim_{\Delta x \to 0}f(\xi) = \lim_{\xi \to x}f(\xi) = f(x)$$

这就证得 $\varPhi(x)$ 在 (a,b) 上可导,且 $\varPhi'(x) = f(x)$。

若 $x = a$,取 $\Delta x > 0$,则同理可证 $\varPhi'_+(a) = f(a)$;若 $x = b$,取 $\Delta x < 0$,可证 $\varPhi'_-(b) = f(b)$。

综上所述,$\varPhi(x)$ 在 $[a,b]$ 上可导,且 $\varPhi'(x) = f(x)$。

这个定理指出了一个重要结论:连续函数 $f(x)$ 取变上限 x 的定积分然后求导,其结果还原为 $f(x)$ 本身。联想到原函数的定义,就可以从定理 1 推知,$\varPhi(x)$ 是连续函数 $f(x)$ 的一个原函数。我们得到如下原函数的存在定理。

定理 2(微积分的基本定理) 如果函数 $f(x)$ 在区间 $[a,b]$ 上连续,则函数

$$\Phi(x) = \int_a^x f(t)\,\mathrm{d}t$$

就是 $f(x)$ 在 $[a,b]$ 上的一个原函数。

这个定理的重要意义是：一方面肯定了任何一个连续函数都存在原函数，另一方面初步地揭示了积分学中定积分与原函数之间的联系。

例1 设 $\Phi(x) = \int_2^x t\cos t\,\mathrm{d}t$，求 $\Phi'(x)$。

解 由定理1知

$$\Phi'(x) = \frac{\mathrm{d}}{\mathrm{d}x}\left(\int_2^x t\cos t\,\mathrm{d}t\right) = x\cos x$$

例2 设 $\Phi(x) = \int_a^{x^2}\sqrt{1+t^2}\,\mathrm{d}t$，求 $\Phi'(x)$。

解 注意到上限 x^2 是 x 的函数，若设 $u = x^2$，则所给函数 $\Phi(x)$ 可看成是由函数

$$\int_a^u \sqrt{1+t^2}\,\mathrm{d}t \ \text{和}\ u = x^2$$

复合而成。根据复合函数的导数法则及定理1，得

$$\frac{\mathrm{d}}{\mathrm{d}x}\int_a^{x^2}\sqrt{1+t^2}\,\mathrm{d}t = \frac{\mathrm{d}}{\mathrm{d}u}\left(\int_a^u \sqrt{1+t^2}\,\mathrm{d}t\right)\cdot \frac{\mathrm{d}u}{\mathrm{d}x}$$

$$= \sqrt{1+u^2}\cdot 2x$$

$$= 2x\cdot\sqrt{1+x^4}$$

通过例2的思路我们有如下的一般性结论：若函数 $\varphi(x),\psi(x)$ 可微，函数 $f(x)$ 连续时，则

$$\frac{\mathrm{d}}{\mathrm{d}x}\left(\int_a^{\varphi(x)}f(t)\,\mathrm{d}t\right)\xlongequal{u=\varphi(x)}\frac{\mathrm{d}}{\mathrm{d}u}\left(\int_a^u f(t)\,\mathrm{d}t\right)\cdot \frac{\mathrm{d}u}{\mathrm{d}x} = f(\varphi(x))\varphi'(x)$$

$$\frac{\mathrm{d}}{\mathrm{d}x}\left(\int_{\psi(x)}^{\varphi(x)}f(t)\,\mathrm{d}t\right) = \frac{\mathrm{d}}{\mathrm{d}x}\left(\int_a^{\varphi(x)}f(t)\,\mathrm{d}t - \int_a^{\psi(x)}f(t)\,\mathrm{d}t\right)$$

$$= f(\varphi(x))\varphi'(x) - f(\psi(x))\psi'(x)$$

例3 求 $\displaystyle\lim_{x\to 0}\frac{\displaystyle\int_{\cos x}^1 \mathrm{e}^{-t^2}\,\mathrm{d}t}{x^2}$。

解 这是一个 $\dfrac{0}{0}$ 型未定式，可用洛必达法则来计算，分子可以看成以 $u = \cos x$ 为中间变量的复合函数，有

$$\frac{\mathrm{d}}{\mathrm{d}x}\left(-\int_1^{\cos x}\mathrm{e}^{-t^2}\,\mathrm{d}t\right) = -\frac{\mathrm{d}}{\mathrm{d}x}\left(\int_1^{\cos x}\mathrm{e}^{-t^2}\,\mathrm{d}t\right) = -\frac{\mathrm{d}}{\mathrm{d}u}\left(\int_1^u \mathrm{e}^{-t^2}\,\mathrm{d}t\right)\frac{\mathrm{d}u}{\mathrm{d}x}$$

$$= \mathrm{e}^{-\cos^2 x}\cdot \sin x$$

因此

$$\lim_{x \to 0} \frac{\int_{\cos x}^{1} e^{-t^2} dt}{x^2} = \lim_{x \to 0} \frac{e^{-\cos^2 x} \cdot \sin x}{2x} = \frac{1}{2} e^{-1}$$

例4 设 $f(x)$ 连续，$F(x) = \int_0^x (x - 2t)f(t)dt$。证明：若 $f(x)$ 是单调减函数，则 $F(x)$ 是单调增函数。

解
$$F(x) = x \int_0^x f(t)dt - 2 \int_0^x tf(t)dt$$

$$F'(x) = \int_0^x f(t)dt + xf(x) - 2xf(x)$$

$$= \int_0^x f(t)dt - xf(x)$$

$$= \int_0^x [f(t) - f(x)]dt$$

由 $f(x)$ 是单调减函数知：

当 $x > 0$ 时，$F'(x) > 0$；当 $x < 0$ 时，$F'(x) > 0$。

故当 $x \neq 0$ 时，$F'(x) > 0$，且仅当 $x = 0$ 时，$F'(x) = 0$，所以 $F(x)$ 是单调增函数。

二、微积分基本公式

现在我们根据定理2来证明一个重要定理，它给出了用原函数计算定积分的公式。

定理3（牛顿－莱布尼兹公式） 如果 $F(x)$ 是连续函数 $f(x)$ 在区间 $[a,b]$ 上的一个原函数，即 $F'(x) = f(x)$，则

$$\int_a^b f(x)dx = F(b) - F(a) \tag{5-3}$$

证明 由于 $F(x)$ 和 $\Phi(x) = \int_a^x f(t)dt$ 都是 $f(x)$ 的原函数，它们之间仅差一个常数，即

$$\int_a^x f(t)dt = F(x) + C, \quad x \in [a,b]$$

在上式中，令 $x = a$，可确定常数 C，$C = -F(a)$，于是

$$\int_a^x f(t)dt = F(x) - F(a)$$

当 x 取 b 时，便有

$$\int_a^b f(t)dt = F(b) - F(a)$$

把积分变量 t 换成 x，得

$$\int_a^b f(x)dx = F(b) - F(a)$$

这个公式称为**牛顿－莱布尼兹公式**。它是微积分学的一个基本公式，通常用 $F(x)\Big|_a^b$ 表示 $F(b)-F(a)$，故式（5-3）可写成

$$\int_a^b f(x)\,\mathrm{d}x = F(x)\,\Big|_a^b = F(b)-F(a)$$

这个公式告诉我们：要计算定积分 $\int_a^b f(x)\,\mathrm{d}x$ 的数值，可以不采用烦琐的定义计算方法，而只需求出被积函数的一个原函数，然后计算这个原函数在积分上限的函数值与积分下限的函数值之差即可。这样，就把求定积分的问题转化为求原函数的问题了。

例5 求 $\int_0^1 x^2\,\mathrm{d}x$。

解 因为 $\dfrac{x^3}{3}$ 是 x^2 的一个原函数，所以

$$\int_0^1 x^2\,\mathrm{d}x = \frac{x^3}{3}\,\Big|_0^1 = \frac{1}{3}-0 = \frac{1}{3}$$

与第五章第一节例1中用定积分定义的计算相比，这种方法简便得多。

例6 求 $\int_{-1}^{\sqrt{3}} \dfrac{1}{1+x^2}\,\mathrm{d}x$。

解 因为 $\arctan x$ 是 $\dfrac{1}{1+x^2}$ 的一个原函数，所以

$$\int_{-1}^{\sqrt{3}} \frac{1}{1+x^2}\,\mathrm{d}x = \arctan x\,\Big|_{-1}^{\sqrt{3}} = \arctan\sqrt{3}-\arctan(-1) = \frac{\pi}{3}-\left(-\frac{\pi}{4}\right) = \frac{7}{12}\pi$$

例7 求 $\int_0^3 |x-2|\,\mathrm{d}x$。

解 先去掉被积函数的绝对值号，则

$$\int_0^3 |x-2|\,\mathrm{d}x = \int_0^2 (2-x)\,\mathrm{d}x + \int_2^3 (x-2)\,\mathrm{d}x$$

$$= \left(2x-\frac{1}{2}x^2\right)\Big|_0^2 + \left(\frac{1}{2}x^2-2x\right)\Big|_2^3$$

$$= 2+\left(\frac{5}{2}-2\right) = \frac{5}{2}$$

例8 计算正弦曲线 $y=\sin x$ 在 $[0,\pi]$ 上与 x 轴所围成的平面图形（见图5-8）的面积，求 $\int_0^\pi \sin x\,\mathrm{d}x$。

解 这个图形是曲边梯形的一个特例，它的面积为

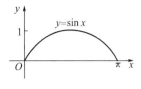

图 5 - 8

$$A = \int_0^\pi \sin x \mathrm{d}x$$

因为 $-\cos x$ 是 $\sin x$ 的一个原函数, 所以

$$A = \int_0^\pi \sin x \mathrm{d}x = -\cos x \Big|_0^\pi = -\cos \pi - (-\cos 0) = 2$$

习 题 5 - 2

1. 求下列函数的导数:

$(1)F(x) = \int_a^x \sin t^2 \cos t \mathrm{d}t; (2)F(x) = \int_0^{x^3} t \sqrt{1 + t} \mathrm{d}t; (3)F(x) = \int_{x^2}^{x^4} \dfrac{\sin t}{\sqrt{1 + \mathrm{e}^t}} \mathrm{d}t。$

2. 求由参数表示式 $x = \int_0^t \sin u \mathrm{d}u, y = \int_0^t \cos u \mathrm{d}u$ 所确定的函数 y 对 x 的导数 $\dfrac{\mathrm{d}y}{\mathrm{d}x}$。

3. 求由 $\int_0^y \mathrm{e}^t \mathrm{d}t + \int_0^x \cos t \mathrm{d}t = 0$ 所决定的隐函数 y 对 x 的导数 $\dfrac{\mathrm{d}y}{\mathrm{d}x}$。

4. 当 x 为何值时, 函数 $f(x) = \int_0^x t \mathrm{e}^{-t^2} \mathrm{d}t$ 有极值?

5. 设连续函数 $f(x)$ 满足 $\int_0^{x^3 - 1} f(t) \mathrm{d}t = x - 1$, 求 $f(7)$。

6. 求下列极限:

$(1) \lim\limits_{x \to 0} \dfrac{\int_0^x \cos t^2 \mathrm{d}t}{x}$

$(2) \lim\limits_{x \to +\infty} \dfrac{\int_0^x (\arctan t)^2 \mathrm{d}t}{\sqrt{x^2 + 1}}$

$(3) \lim\limits_{x \to +\infty} \dfrac{\left(\int_0^x \mathrm{e}^{t^2} \mathrm{d}t \right)^2}{\int_0^x \mathrm{e}^{2t^2} \mathrm{d}t}$

$(4) \lim\limits_{x \to 0} \dfrac{\int_0^x (1 - \tan 2t)^{\frac{1}{t}} \mathrm{d}t}{x}$

7. 设函数 $f(x) = \begin{cases} \dfrac{1}{x^3} \displaystyle\int_0^x \sin t^2 \mathrm{d}t, & x \neq 0 \\ a, & x = 0 \end{cases}$, 在 $x = 0$ 处连续, 求 a 的值。

8. 设 $f(x)$ 在 $[a, b]$ 上连续, 在 (a, b) 内可导且 $f'(x) \leqslant 0$。 设

$$F(x) = \frac{1}{x - a} \int_a^x f(t) \mathrm{d}t$$

证明:在 (a, b) 内有 $F'(x) \leqslant 0$。

9. 设 $f(x)$ 在 $[a,b]$ 上连续,且 $f(x) > 0$,又

$$F(x) = \int_a^x f(t)\,dt + \int_b^x \frac{1}{f(t)}\,dt$$

证明:方程 $F(x) = 0$ 在 $[a,b]$ 内仅有一个根。

10. 用牛顿–莱布尼兹公式计算下列定积分:

(1) $\displaystyle\int_0^a (3x^2 - x + 1)\,dx$

(2) $\displaystyle\int_1^2 \left(x^2 + \frac{1}{x^4}\right)dx$

(3) $\displaystyle\int_4^9 \sqrt{x}\,(1 + \sqrt{x})\,dx$

(4) $\displaystyle\int_{\frac{1}{\sqrt{3}}}^{\sqrt{3}} \frac{dx}{1 + x^2}$

(5) $\displaystyle\int_{-\frac{1}{2}}^{\frac{1}{2}} \frac{dx}{\sqrt{1 - x^2}}$

(6) $\displaystyle\int_0^{\sqrt{3}a} \frac{dx}{a^2 + x^2}$

(7) $\displaystyle\int_0^1 \frac{dx}{\sqrt{4 - x^2}}$

(8) $\displaystyle\int_{-1}^0 \frac{3x^4 + 3x^2 + 1}{x^2 + 1}\,dx$

(9) $\displaystyle\int_{-e-1}^{-2} \frac{dx}{1 + x}$

(10) $\displaystyle\int_0^{\frac{\pi}{4}} \tan^2\theta\,d\theta$

(11) $\displaystyle\int_0^{2\pi} |\sin x|\,dx$

(12) $\displaystyle\int_0^2 f(x)\,dx$, 其中 $f(x) = \begin{cases} x + 1, & x \leq 1 \\ \dfrac{1}{2}x^2, & x > 1 \end{cases}$

11. 设 $f(x) = \begin{cases} \dfrac{1}{2}\sin x, & 0 \leq x \leq \pi \\ 0, & x < 0 \text{ 或 } x > \pi \end{cases}$,求 $\varphi(x) = \displaystyle\int_0^x f(t)\,dt$ 在 $(-\infty, +\infty)$ 内的表达式。

12. 利用定积分求下列极限:

(1) $\displaystyle\lim_{n\to\infty}\left(\frac{1}{n+1} + \frac{1}{n+2} + \cdots + \frac{1}{n+n}\right)$;

(2) $\displaystyle\lim_{n\to\infty}\frac{1}{n^2}\left(\sqrt{n} + \sqrt{2n} + \cdots + \sqrt{n^2}\right)$。

第三节　定积分的换元法

由第二节结果知道,计算定积分 $\displaystyle\int_a^b f(x)\,dx$ 的简便方法是把它转化为求 $f(x)$ 的原函数的增量。在第四章中,我们知道用换元积分法和分部积分法可以求出一些函数的原函数。因此,在一定条件下,可以用换元积分法和分部积分法来计算定积分。

定理1　假设函数 $f(x)$ 在区间 $[a,b]$ 上连续,函数 $x = \varphi(t)$ 满足条件:

(1) $x = \varphi(t)$ 在 $[\alpha,\beta]$ 或 $[\beta,\alpha]$ 上有连续导数;

(2)当 t 在 $[\alpha,\beta]$ 上变化时 $x = \varphi(t)$ 的值在 $[a,b]$ 上变动,且 $\varphi(\alpha) = a,\varphi(\beta) = b$,则有

$$\int_a^b f(x)\mathrm{d}x = \int_\alpha^\beta f(\varphi(t))\varphi'(t)\mathrm{d}t \qquad (5-4)$$

式(5-4)叫作定积分的换元公式。

证明 根据连续函数的原函数存在定理可知,存在 $F(x)$ 使得 $F'(x) = f(x)$。因此

$$\int_a^b f(x)\mathrm{d}x = F(b) - F(a)$$

另一方面

$$[F(\varphi(t))]' = F'(\varphi(t))\varphi'(t) = f(\varphi(t))\varphi'(t)$$

所以 $F(\varphi(t))$ 是 $f(\varphi(t))\varphi'(t)$ 的一个原函数,从而

$$\int_\alpha^\beta f(\varphi(t))\varphi'(t)\mathrm{d}t = F(\varphi(\beta)) - F(\varphi(\alpha)) = F(b) - F(a)$$

所以 $\int_a^b f(x)\mathrm{d}x = \int_\alpha^\beta f(\varphi(t))\varphi'(t)\mathrm{d}t$。当 $\alpha > \beta$ 时,此式也成立。

式(5-4)从左往右变换,相当于不定积分的第二换元法;从右往左变换,相当于不定积分的第一换元法。

在定积分 $\int_a^b f(x)\mathrm{d}x$ 中的 $\mathrm{d}x$,本来是整个定积分记号中不可分割的一部分,但由上述定理可知,在一定条件下,它确实可以作为微分记号来对待。这就是说,应用换元公式时,如果把 $\int_a^b f(x)\mathrm{d}x$ 中的 x 换成 $\varphi(t)$,则 $\mathrm{d}x$ 就换成 $\varphi'(t)\mathrm{d}t$,这正好是 $x = \varphi(t)$ 的微分 $\mathrm{d}x$。

用换元公式计算定积分时应注意,作变量替换的同时,积分的上下限也随着相应地变化,这样就不必再代回原来的变量了。

例1 计算 $\int_0^{\frac{\pi}{2}} \cos^5 x\sin x\mathrm{d}x$。

解 令 $t = \cos x$,则 $\mathrm{d}t = -\sin x\mathrm{d}x$,且当 $x = 0$ 时 $t = 1$;当 $x = \frac{\pi}{2}$ 时 $t = 0$。于是

$$\int_0^{\frac{\pi}{2}} \cos^5 x\sin x\mathrm{d}x = -\int_0^{\frac{\pi}{2}} \cos^5 x\mathrm{d}\cos x = -\int_1^0 t^5\mathrm{d}t = \int_0^1 t^5\mathrm{d}t = \frac{1}{6}t^6\Big|_0^1 = \frac{1}{6}$$

此例中,被积函数的原函数可用凑微分法积出,在计算定积分时可不做换元,则积分上、下限不需变动,计算过程如下:

$$\int_0^{\frac{\pi}{2}} \cos^5 x\sin x\mathrm{d}x = -\int_0^{\frac{\pi}{2}} \cos^5 x\mathrm{d}\cos x = -\left(\frac{1}{6}\cos^6 x\right)\Big|_0^{\frac{\pi}{2}} = -\left(0 - \frac{1}{6}\right) = \frac{1}{6}$$

例2 计算 $\int_0^4 \dfrac{1}{1+\sqrt{x}}dx$。

解 令 $\sqrt{x}=t$，则 $x=t^2$，$dx=2tdt$，且当 $x=0$ 时 $t=0$；当 $x=4$ 时 $t=2$。于是

$$\int_0^4 \frac{1}{1+\sqrt{x}}dx = \int_0^2 \frac{1}{1+t}2tdt = 2\int_0^2 \frac{1}{1+t}tdt$$

$$= 2\int_0^2 \frac{t+1-1}{1+t}dt = 2\int_0^2 (1-\frac{1}{1+t})dt$$

$$= 2\left[t-\ln(1+t)\right]\Big|_0^2 = 2(2-\ln 3)$$

利用定积分换元法可以证明一些积分恒等式。

例3 计算 $\int_0^a \sqrt{a^2-x^2}\,dx\ (a>0)$。

解 设 $x=a\sin t\ (0\leqslant t\leqslant \dfrac{\pi}{2})$，则 $dx=a\cos tdt$，当 $x=0$ 时 $t=0$，当 $x=a$ 时 $t=\dfrac{\pi}{2}$。于是

$$\int_0^a \sqrt{a^2-x^2}\,dx = a^2\int_0^{\frac{\pi}{2}}\cos^2 tdt = \frac{a^2}{2}\int_0^{\frac{\pi}{2}}(1+\cos 2t)\,dt$$

$$= \frac{a^2}{2}\left(t+\frac{1}{2}\sin 2t\right)\Big|_0^{\frac{\pi}{2}} = \frac{1}{4}\pi a^2$$

例3 再次验证了定积分的几何意义，$\int_0^a \sqrt{a^2-x^2}\,dx$ 是圆 $x^2+y^2=a^2$ 内位于第一象限部分的面积，等于半径为 a 的圆面积的 $\dfrac{1}{4}$，即 $\dfrac{1}{4}\pi a^2$。

以上结果在计算类似的定积分时可直接使用，例如

$$\int_0^1 \sqrt{1-x^2}\,dx = \frac{\pi}{4},\int_{-1}^1 \sqrt{1-x^2}\,dx = \frac{\pi}{2},\int_{-2}^2 \sqrt{4-x^2}\,dx = 2\pi$$

例4 设 $f(x)=\begin{cases}\cos x, & x\geqslant 0 \\ x+1, & x<0\end{cases}$，求 $\int_0^2 f(x-1)\,dx$。

解 解此题可以有两个方法：一是求出 $f(x-1)$ 的分段表示式后再分段积分；二是将被积函数化简后再代入条件。下面用后一种方法求解。

令 $t=x-1$，则 $dx=dt$，$x=0$ 时 $t=-1$；$x=2$ 时 $t=1$。于是

$$\int_0^2 f(x-1)\,dx = \int_{-1}^1 f(t)\,dt = \int_{-1}^0 f(x)\,dx + \int_0^1 f(x)\,dx$$

$$= \int_{-1}^0 (x+1)\,dx + \int_0^1 \cos xdx = \frac{1}{2}(x+1)^2\Big|_{-1}^0 + \sin x\Big|_0^1$$

$$= \frac{1}{2} + \sin 1$$

例5 证明:(1)若$f(x)$在$[-a,a]$上连续且为偶函数,则$\displaystyle\int_{-a}^{a}f(x)\mathrm{d}x = 2\int_{0}^{a}f(x)\mathrm{d}x$;

(2) 若$f(x)$在$[-a,a]$上连续且为奇函数,则$\displaystyle\int_{-a}^{a}f(x)\mathrm{d}x = 0$。

证明 因为

$$\int_{-a}^{a}f(x)\mathrm{d}x = \int_{-a}^{0}f(x)\mathrm{d}x + \int_{0}^{a}f(x)\mathrm{d}x$$

对积分$\displaystyle\int_{-a}^{0}f(x)\mathrm{d}x$作代换,令$x = -t$得

$$\int_{-a}^{0}f(x)\mathrm{d}x = -\int_{a}^{0}f(-t)\mathrm{d}t = \int_{0}^{a}f(-t)\mathrm{d}t = \int_{0}^{a}f(-x)\mathrm{d}x$$

于是

$$\int_{-a}^{a}f(x)\mathrm{d}x = \int_{0}^{a}f(-x)\mathrm{d}x + \int_{0}^{a}f(x)\mathrm{d}x$$

$$= \int_{0}^{a}[f(-x) + f(x)]\mathrm{d}x$$

(1)若$f(x)$在$[-a,a]$上连续且为偶函数,则

$$f(-x) + f(x) = 2f(x)$$

从而

$$\int_{-a}^{a}f(x)\mathrm{d}x = 2\int_{0}^{a}f(x)\mathrm{d}x$$

(2)若$f(x)$在$[-a,a]$上连续且为奇函数,则

$$f(-x) + f(x) = 0$$

从而

$$\int_{-a}^{a}f(x)\mathrm{d}x = 0$$

利用此例结论,常可简化计算偶函数、奇函数在对称于原点的区间上的定积分。

例6 若$f(x)$在$[0,1]$上连续,证明:

(1) $\displaystyle\int_{0}^{\frac{\pi}{2}}f(\sin x)\mathrm{d}x = \int_{0}^{\frac{\pi}{2}}f(\cos x)\mathrm{d}x$;

(2) $\displaystyle\int_{0}^{\pi}xf(\sin x)\mathrm{d}x = \frac{\pi}{2}\int_{0}^{\pi}f(\sin x)\mathrm{d}x$。

并由此计算

$$\int_{0}^{\pi}\frac{x\sin x}{1 + \cos^{2}x}\mathrm{d}x$$

证明 (1)令$x = \dfrac{\pi}{2} - t$, 则$\mathrm{d}x = -\mathrm{d}t$,且当$x = 0$时$t = 0$;$x = \dfrac{\pi}{2}$时$t = 0$,于是

$$\int_0^{\frac{\pi}{2}} f(\sin x)\,\mathrm{d}x = -\int_{\frac{\pi}{2}}^0 f\left[\sin\left(\frac{\pi}{2}-t\right)\right]\mathrm{d}t$$

$$= \int_0^{\frac{\pi}{2}} f(\cos t)\,\mathrm{d}t = \int_0^{\frac{\pi}{2}} f(\cos x)\,\mathrm{d}x$$

（2）令 $x = \pi - t$，则 $\mathrm{d}x = -\mathrm{d}t$，且当 $x=0$ 时 $t=\pi$；当 $x=\pi$ 时 $t=0$，于是

$$\int_0^{\pi} x f(\sin x)\,\mathrm{d}x = -\int_{\pi}^0 (\pi-t) f[\sin(\pi-t)]\,\mathrm{d}t$$

$$= \int_0^{\pi} (\pi-t) f[\sin(\pi-t)]\,\mathrm{d}t = \int_0^{\pi} (\pi-t) f(\sin t)\,\mathrm{d}t$$

$$= \pi \int_0^{\pi} f(\sin t)\,\mathrm{d}t - \int_0^{\pi} t f(\sin t)\,\mathrm{d}t$$

$$= \pi \int_0^{\pi} f(\sin x)\,\mathrm{d}x - \int_0^{\pi} x f(\sin x)\,\mathrm{d}x$$

所以
$$\int_0^{\pi} x f(\sin x)\,\mathrm{d}x = \frac{\pi}{2} \int_0^{\pi} f(\sin x)\,\mathrm{d}x$$

利用上述结论，即得

$$\int_0^{\pi} \frac{x\sin x}{1+\cos^2 x}\,\mathrm{d}x = \frac{\pi}{2} \int_0^{\pi} \frac{\sin x}{1+\cos^2 x}\,\mathrm{d}x = -\frac{\pi}{2} \int_0^{\pi} \frac{\mathrm{d}(\cos x)}{1+\cos^2 x}$$

$$= -\frac{\pi}{2} \left[\arctan(\cos x)\right]\Big|_0^{\pi}$$

$$= -\frac{\pi}{2} \cdot \left(-\frac{\pi}{4} - \frac{\pi}{4}\right) = \frac{\pi^2}{4}$$

例7 $f(x)$ 是 $(-\infty, +\infty)$ 上以 T 为周期的连续函数，证明：对任意 a 有下式成立，即
$$\int_a^{a+T} f(x)\,\mathrm{d}x = \int_0^T f(x)\,\mathrm{d}x$$

证明 利用定积分积分区间的可加性

$$\int_a^{a+T} f(x)\,\mathrm{d}x = \int_a^0 f(x)\,\mathrm{d}x + \int_0^T f(x)\,\mathrm{d}x + \int_T^{a+T} f(x)\,\mathrm{d}x \qquad (5-5)$$

上式右端第三个积分，作代换 $x = t + T$，并用 $f(t+T) = f(x)$，有

$$\int_T^{a+T} f(x)\,\mathrm{d}x = \int_0^a f(t+T)\,\mathrm{d}t = -\int_a^0 f(x)\,\mathrm{d}x$$

此结果代入式（5-5），有

$$\int_a^{a+T} f(x)\,\mathrm{d}x = \int_0^T f(x)\,\mathrm{d}x$$

习 题 5-3

1. 求下列定积分：

(1) $\displaystyle\int_{\frac{\pi}{3}}^{\pi} \sin\left(x + \frac{\pi}{3}\right)\mathrm{d}x$

(2) $\displaystyle\int_{-2}^{1} \frac{\mathrm{d}x}{(11 + 5x)^3}$

(3) $\displaystyle\int_{0}^{\frac{\pi}{2}} \sin\varphi\cos^3\varphi\,\mathrm{d}\varphi$

(4) $\displaystyle\int_{0}^{\pi} (1 - \sin^3\theta)\,\mathrm{d}\theta$

(5) $\displaystyle\int_{\frac{\pi}{6}}^{\frac{\pi}{2}} \cos^2 u\,\mathrm{d}u$

(6) $\displaystyle\int_{0}^{\sqrt{2}} \sqrt{2 - x^2}\,\mathrm{d}x$

(7) $\displaystyle\int_{-\sqrt{2}}^{\sqrt{2}} \sqrt{8 - 2y^2}\,\mathrm{d}y$

(8) $\displaystyle\int_{\frac{1}{\sqrt{2}}}^{1} \frac{\sqrt{1 - x^2}}{x^2}\,\mathrm{d}x$

(9) $\displaystyle\int_{0}^{a} x^2\sqrt{a^2 - x^2}\,\mathrm{d}x$

(10) $\displaystyle\int_{1}^{\sqrt{3}} \frac{\mathrm{d}x}{x^2\sqrt{1 + x^2}}$

(11) $\displaystyle\int_{-1}^{1} \frac{x\mathrm{d}x}{\sqrt{5 - 4x}}$

(12) $\displaystyle\int_{1}^{4} \frac{\mathrm{d}x}{1 + \sqrt{x}}$

(13) $\displaystyle\int_{\frac{3}{4}}^{1} \frac{\mathrm{d}x}{\sqrt{1 - x} - 1}$

(14) $\displaystyle\int_{0}^{\sqrt{2}a} \frac{x\mathrm{d}x}{\sqrt{3a^2 - x^2}}$

(15) $\displaystyle\int_{0}^{1} te^{-\frac{t^2}{2}}\,\mathrm{d}t$

(16) $\displaystyle\int_{1}^{e^2} \frac{\mathrm{d}x}{x\sqrt{1 + \ln x}}$

(17) $\displaystyle\int_{-2}^{0} \frac{\mathrm{d}x}{x^2 + 2x + 2}$

(18) $\displaystyle\int_{-\frac{\pi}{2}}^{\frac{\pi}{2}} \cos x\cos 2x\,\mathrm{d}x$

(19) $\displaystyle\int_{-\frac{\pi}{2}}^{\frac{\pi}{2}} \sqrt{\cos x - \cos^3 x}\,\mathrm{d}x$

(20) $\displaystyle\int_{0}^{\pi} \sqrt{1 + \cos 2x}\,\mathrm{d}x$

(21) $\displaystyle\int_{-2}^{2} \max\{x, x^2\}\,\mathrm{d}x$

(22) $\displaystyle\int_{-3}^{2} \max\{2, x^2\}\,\mathrm{d}x$

2. 利用函数的奇偶性计算下列积分：

(1) $\displaystyle\int_{-\pi}^{\pi} x^4\sin x\,\mathrm{d}x$

(2) $\displaystyle\int_{-\frac{\pi}{2}}^{\frac{\pi}{2}} 4\cos^4\theta\,\mathrm{d}\theta$

(3) $\displaystyle\int_{-\frac{1}{2}}^{\frac{1}{2}} \frac{(\arcsin x)^2}{\sqrt{1 - x^2}}\,\mathrm{d}x$

(4) $\displaystyle\int_{-5}^{5} \frac{x^3\sin^2 x}{x^4 + 2x^2 + 1}\,\mathrm{d}x$

3. 设 $f(x)$ 在 $[a, b]$ 上连续, 证明 $\displaystyle\int_{a}^{b} f(x)\,\mathrm{d}x = \int_{a}^{b} f(a + b - x)\,\mathrm{d}x$。

4. 证明：$\displaystyle\int_{x}^{1} \frac{\mathrm{d}x}{1 + x^2} = \int_{1}^{\frac{1}{x}} \frac{\mathrm{d}x}{1 + x^2}\ (x > 0)$。

5. 证明：$\int_0^1 x^m(1-x)^n dx = \int_0^1 x^n(1-x)^m dx(m,n \in \mathbf{N})$。

6. 证明：$\int_0^\pi \sin^n x dx = 2\int_0^{\frac{\pi}{2}} \sin^n x dx$。

7. 若$f(x)$是连续函数，$F(x) = \int_0^x f(t)dt$，试证：

（1）若$f(x)$为奇函数，则$F(x)$是偶函数；（2）若$f(x)$为偶函数，则$F(x)$是奇函数。

8. 设函数$f(x) = \begin{cases} xe^{-x^2} & x \geq 0 \\ \dfrac{1}{1+\cos x} & -1 < x < 0 \end{cases}$，计算$\int_1^4 f(x-2)dx$。

9. 设函数$f(x)$在$[-\pi,\pi]$上连续，且$f(x) = \dfrac{x}{1+\cos^2 x} + \int_{-\pi}^\pi f(x)\sin x dx$，求$f(x)$。

第四节　定积分的分部积分法

不定积分的分部积分法亦适用于定积分的计算，其具体形式见下面定理。

定理1　设函数$u(x),v(x)$在区间$[a,b]$上具有连续导数，则由定积分的分部积分法公式
$$\int_a^b u(x)v'(x)dx = [u(x)v(x)]\Big|_a^b - \int_a^b u'(x)v(x)dx$$
简记作
$$\int_a^b uv'dx = uv\Big|_a^b - \int_a^b u'vdx \text{ 或 } \int_a^b udv = uv\Big|_a^b - \int_a^b vdu$$
此公式表明原函数已积出的部分可以先用上、下限代入。

例1　计算$\int_0^\pi x\cos x dx$。

解　$\int_0^\pi x\cos x dx = \int_0^\pi xd\sin x = x\sin x\Big|_0^\pi - \int_0^\pi \sin x dx$

$\qquad = 0 - (-\cos x)\Big|_0^\pi = -1-1 = -2$

例2　计算$\int_0^1 e^{\sqrt{x}}dx$。

解　令$\sqrt{x} = t$，则$x = t^2, dx = 2tdt$，故

$\qquad \int_0^1 e^{\sqrt{x}}dx = 2\int_0^1 e^t tdt = 2\int_0^1 tde^t = 2te^t\Big|_0^1 - 2\int_0^1 e^t dt$

$\qquad = 2(e-e^t)\Big|_0^1 = 2(e-1)$

例3　设$f(x) = \int_1^{x^2} \dfrac{\sin x}{x}dx$，计算$\int_0^1 xf(x)dx$。

解 由 $f(x) = \int_1^{x^2} \frac{\sin x}{x} dx$，则

$$f(1) = 0, f'(x) = \frac{\sin x^2}{x^2} \cdot 2x = 2\frac{\sin x^2}{x}$$

$$\int_0^1 x f(x) dx = \frac{1}{2} \int_0^1 f(x) dx^2 = \frac{1}{2} \left[x^2 f(x) \Big|_0^1 - \int_0^1 x^2 f'(x) dx \right]$$

$$= -\frac{1}{2} \int_0^1 x^2 f'(x) dx = -\frac{1}{2} \int_0^1 2x \sin x^2 dx$$

$$= -\frac{1}{2} \int_0^1 \sin x^2 dx^2 = \frac{1}{2} \cos x^2 \Big|_0^1 = \frac{\cos 1 - 1}{2}$$

例 4 设 $I_n = \int_0^{\frac{\pi}{2}} \sin^n x dx \left(= \int_0^{\frac{\pi}{2}} \cos^n x dx \right)$，证明：

(1) 当 n 为正偶数时，$I_n = \frac{n-1}{n} \cdot \frac{n-3}{n-2} \cdots \frac{3}{4} \cdot \frac{1}{2} \cdot \frac{\pi}{2}$；

(2) 当 n 为大于 1 的正奇数时，$I_n = \frac{n-1}{n} \cdot \frac{n-3}{n-2} \cdots \frac{4}{5} \cdot \frac{2}{3}$。

证明 $I_n = \int_0^{\frac{\pi}{2}} \sin^n x dx = -\int_0^{\frac{\pi}{2}} \sin^{n-1} x d\cos x$

$$= -(\cos x \sin^{n-1} x) \Big|_0^{\frac{\pi}{2}} + \int_0^{\frac{\pi}{2}} \cos x d\sin^{n-1} x$$

$$= (n-1) \int_0^{\frac{\pi}{2}} \cos^2 x \sin^{n-2} x dx = (n-1) \int_0^{\frac{\pi}{2}} (1 - \sin x^2) \sin^{n-2} x dx$$

$$= (n-1) \int_0^{\frac{\pi}{2}} \sin^{n-2} x dx - (n-1) \int_0^{\frac{\pi}{2}} \sin^n x dx$$

$$= (n-1) I_{n-2} - (n-1) I_n$$

由此得，当 $n \geqslant 2$ 时，有递推公式

$$I_n = \frac{n-1}{n} I_{n-2}$$

如果把 n 换成 $n-2$，则得

$$I_{n-2} = \frac{n-3}{n-2} I_{n-4}$$

同样地依次进行下去，直到 I_n 的下标递减到 0 或 1 为止。于是

$$I_{2m} = \frac{2m-1}{2m} \cdot \frac{2m-3}{2m-2} \cdot \frac{2m-5}{2m-4} \cdots \frac{3}{4} \cdot \frac{1}{2} I_0$$

$$I_{2m+1} = \frac{2m}{2m+1} \cdot \frac{2m-2}{2m-1} \cdot \frac{2m-4}{2m-3} \cdots \frac{4}{5} \cdot \frac{2}{3} I_1 \ (m = 1, 2, \cdots)$$

而 $I_0 = \int_0^{\frac{\pi}{2}} \mathrm{d}x = \frac{\pi}{2}$, $I_1 = \int_0^{\frac{\pi}{2}} \sin x \mathrm{d}x = 1$, 因此

$$I_{2m} = \frac{2m-1}{2m} \cdot \frac{2m-3}{2m-2} \cdot \frac{2m-5}{2m-4} \cdot \cdots \cdot \frac{3}{4} \cdot \frac{1}{2} \cdot \frac{\pi}{2}$$

$$I_{2m+1} = \frac{2m}{2m+1} \cdot \frac{2m-2}{2m-1} \cdot \frac{2m-4}{2m-3} \cdot \cdots \cdot \frac{4}{5} \cdot \frac{2}{3} (m = 1, 2, \cdots)$$

习 题 5 - 4

1. 计算下列定积分：

(1) $\int_0^1 x \mathrm{e}^{-x} \mathrm{d}x$

(2) $\int_1^e x \ln x \mathrm{d}x$

(3) $\int_0^{\frac{\pi}{2}} \mathrm{e}^x \cos x \mathrm{d}x$

(4) $\int_{\frac{\pi}{4}}^{\frac{\pi}{3}} \frac{x}{\sin^2 x} \mathrm{d}x$

(5) $\int_{-\frac{\pi}{3}}^{\frac{\pi}{3}} \frac{x \sin x}{\cos^2 x} \mathrm{d}x$

(6) $\int_1^{\mathrm{e}^{\frac{\pi}{2}}} \cos(\ln x) \mathrm{d}x$

(7) $\int_{\frac{1}{e}}^{e} |\ln x| \mathrm{d}x$

(8) $\int_0^{\frac{\sqrt{3}}{2}} \arccos x \mathrm{d}x$

(9) $\int_0^{\sqrt{\ln 2}} x^3 \mathrm{e}^{x^2} \mathrm{d}x$

2. 已知 $f(0) = 1, f(2) = 3, f'(2) = 5$, 求 $\int_0^2 x f''(x) \mathrm{d}x$。

3. 利用分部积分法证明：

$$\int_0^x f(u)(x-u) \mathrm{d}u = \int_0^x \left[\int_0^u f(t) \mathrm{d}t \right] \mathrm{d}u$$

第五节 反 常 积 分

在讲定积分时，我们假设函数 $f(x)$ 在闭区间 $[a, b]$ 上有界，即积分区间是有限的，被积函数是有界的。现从两方面推广定积分的概念：

(1) 有界函数在无限区间上的积分；

(2) 无界函数在有限区间上的积分。

以上这两种积分就是所谓的反常积分。

一、无限区间上的反常积分

例1 计算由曲线 $y = \dfrac{1}{x^2}$，直线 $x = 1, y = 0$ "所围成的图形" 的面积。

解 由图 5−9 看出，该图形有一边是开口的。

由于直线 $y = 0$ 是曲线 $y = \dfrac{1}{x^2}$ 的水平渐近线，图形向

右无限延伸，且愈向右开口愈小，可以认为曲线 $y = \dfrac{1}{x^2}$

在无穷远点与 x 轴相交。

为了求得该图形的面积，取 $b > 1$，先作直线
$x = b$。由定积分的几何意义，图中有阴影部分的面
积是

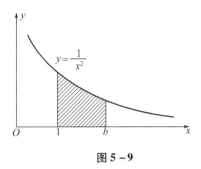

图 5−9

$$\int_1^b \frac{1}{x^2}\,\mathrm{d}x = \left. -\frac{1}{x} \right|_1^b = 1 - \frac{1}{b}$$

显然，当直线 $x = b$ 愈向右移动，有阴影部分的图形愈向右延伸，从而愈接近我们所求的面积。按我们对极限概念的理解，自然应认为所求的面积是

$$\lim_{b \to +\infty} \int_1^b \frac{1}{x^2}\,\mathrm{d}x = \lim_{b \to +\infty} \left(\left. -\frac{1}{x} \right|_1^b \right) = \lim_{b \to +\infty} \left(1 - \frac{1}{b} \right) = 1$$

这里，先求定积分，再求极限得到了结果。仿照定积分的记法，所求面积可形式地记作
$\int_1^{+\infty} \dfrac{1}{x^2}\,\mathrm{d}x$，并称之为函数 $f(x) = \dfrac{1}{x^2}$ 在区间 $[1, +\infty)$ 上的反常积分。

定义1 设函数 $f(x)$ 在区间 $[a, +\infty)$ 上连续，则称 $\int_a^{+\infty} f(x)\,\mathrm{d}x$ 为函数 $f(x)$ 在无穷区间
$[a, +\infty)$ 上的反常积分。任取 $b > a$，如果极限

$$\lim_{b \to +\infty} \int_a^b f(x)\,\mathrm{d}x$$

存在，则称上述反常积分收敛，并以这极限为该反常积分的值，即

$$\int_a^{+\infty} f(x)\,\mathrm{d}x = \lim_{b \to +\infty} \int_a^b f(x)\,\mathrm{d}x$$

否则称反常积分 $\int_a^{+\infty} f(x)\,\mathrm{d}x$ 发散。

类似地，设函数 $f(x)$ 在无限区间 $(-\infty, b]$ 上的反常积分记作 $\int_{-\infty}^b f(x)\,\mathrm{d}x$。任取 $a < b$，用极限

$$\lim_{a \to -\infty} \int_a^b f(x)\,\mathrm{d}x$$

存在与否来定义 $\displaystyle\int_{-\infty}^{b} f(x)\,dx$ 收敛与发散。

函数 $f(x)$ 在无限区间 $(-\infty, +\infty)$ 上的反常积分记为，任取一常数 c，定义

$$\int_{-\infty}^{+\infty} f(x)\,dx = \int_{-\infty}^{c} f(x)\,dx + \int_{c}^{+\infty} f(x)\,dx$$

仅当等式右端的两个反常积分都收敛时，左端的反常积分收敛；否则，左端的反常积分发散。以上无限区间上反常积分收敛与发散的定义，我们是通过先计算定积分，再求极限来确定其敛散性的。

例 2　计算反常积分 $\displaystyle\int_{0}^{+\infty} \dfrac{1}{1+x^2}\,dx$。

解　由本节定义 1，得

$$\int_{0}^{+\infty} \frac{1}{1+x^2}\,dx = \lim_{b\to+\infty}\int_{0}^{b} \frac{1}{1+x^2}\,dx = \lim_{b\to+\infty}(\arctan b - \arctan 0) = \frac{\pi}{2}$$

这个反常积分的几何意义（见图 5-10）：当 $b\to+\infty$ 时，虽然图中阴影部分向右无限延伸，但其面积却有极限值 $\dfrac{\pi}{2}$。简单地说，它是曲线 $y=\dfrac{1}{1+x^2}$ 在轴正向所形成的无界区域的面积。

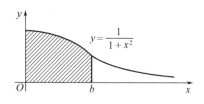

图 5-10

例 3　计算反常积分 $\displaystyle\int_{-\infty}^{0} xe^x\,dx$。

解　任取 $a<0$，则

$$\int_{-\infty}^{0} xe^x\,dx = \lim_{a\to-\infty}\int_{a}^{0} xe^x\,dx = \lim_{a\to-\infty}\left[(xe^x - e^x)\Big|_{a}^{0}\right] = \lim_{a\to-\infty}(-ae^a - 1 + e^a) = -1$$

所以 $\displaystyle\int_{-\infty}^{0} xe^x\,dx$ 收敛。

例 4　计算反常积分 $\displaystyle\int_{-\infty}^{+\infty} \sin x\,dx$。

解　$\displaystyle\int_{-\infty}^{+\infty} \sin x\,dx = \int_{-\infty}^{0} \sin x\,dx + \int_{0}^{+\infty} \sin x\,dx$，而

$$\int_{0}^{+\infty} \sin x\,dx = \lim_{b\to+\infty}\int_{0}^{b} \sin x\,dx = \lim_{b\to+\infty}\left(-\cos x\,\Big|_{0}^{b}\right) = \lim_{b\to+\infty}(1 - \cos b)$$

由于上述极限不存在，即 $\displaystyle\int_{0}^{+\infty} \sin x\,dx$ 发散，从而 $\displaystyle\int_{-\infty}^{+\infty} \sin x\,dx$ 发散。

例 5　计算反常积分 $\displaystyle\int_{-\infty}^{+\infty} \dfrac{1}{1+x^2}\,dx$。

解 $\displaystyle\int_{-\infty}^{+\infty}\frac{1}{1+x^2}dx = \arctan x\Big|_{-\infty}^{+\infty} = \lim_{x\to+\infty}\arctan x - \lim_{x\to-\infty}\arctan x$

$$= \frac{\pi}{2} - \left(-\frac{\pi}{2}\right) = \pi$$

例 6 讨论反常积分 $\displaystyle\int_{a}^{+\infty}\frac{1}{x^p}dx$ $(a>0)$ 的敛散性。

解 当 $p=1$ 时，$\displaystyle\int_{a}^{+\infty}\frac{1}{x}dx = \lim_{b\to+\infty}\int_{a}^{b}\frac{1}{x}dx = \lim_{b\to+\infty}\left(\ln x\Big|_{a}^{b}\right) = \lim_{b\to+\infty}(\ln b - \ln a) = +\infty$ ；

当 $p\neq 1$ 时，$\displaystyle\int_{a}^{+\infty}\frac{1}{x^p}dx = \lim_{b\to\infty}\left(\frac{1}{1-p}\cdot x^{1-p}\Big|_{a}^{b}\right) = \lim_{b\to\infty}\left(\frac{1}{1-p}\cdot b^{1-p} - \frac{1}{1-p}\cdot a^{1-p}\right)$

$$= \begin{cases} \dfrac{a^{1-p}}{(p-1)} & p>1 \\ +\infty & p<1 \end{cases}$$

综上所述，当 $p>1$ 时，该积分收敛；当 $p\leqslant 1$ 时，该积分发散。

二、无界函数的反常积分

例 7 计算由曲线 $y=\dfrac{1}{\sqrt{1-x}}$，直线 $x=0,x=1$ 和 $y=0$ "所围成

的图形" 的面积。

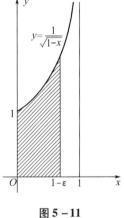

图 5－11

解 由图 5－11 看出，该图形有一边是开口的，这是由于当

$x\to 1^+$ 时，函数 $\dfrac{1}{\sqrt{1-x}}\to+\infty$，即 $f(x)=\dfrac{1}{\sqrt{1-x}}$ 在区间 $[0,1)$ 上无界。

注意到直线 $x=1$ 是曲线 $y=\dfrac{1}{\sqrt{1-x}}$ 的铅直渐近线，我们可以按下述方法求面积。

任取 $\varepsilon>0$，则 $\dfrac{1}{\sqrt{1-x}}$ 在区间 $[0,1-\varepsilon]$ 上连续，按定积分的几何意义，图中有阴影部分的面积是

$$\int_{0}^{1-\varepsilon}\frac{1}{\sqrt{1-x}}dx = -\int_{0}^{1-\varepsilon}\frac{1}{\sqrt{1-x}}d(1-x) = -2\sqrt{1-x}\Big|_{0}^{1-\varepsilon} = 2-2\sqrt{\varepsilon}$$

当 $\varepsilon\to 0$ 时，直线 $x=1-\varepsilon$ 趋向于 $x=1$，自然可以认为所求的面积是下述极限，即

$$\lim_{\varepsilon\to 0^+}\int_{0}^{1-\varepsilon}\frac{1}{\sqrt{1-x}}dx = \lim_{\varepsilon\to 0^+}2-2\sqrt{\varepsilon} = 2$$

把上述先求定积分再取极限的写法记作 $\displaystyle\int_{0}^{1}\frac{1}{\sqrt{1-x}}dx$，因为被积函数在 x 处无界，称该式

为函数 $f(x)=\dfrac{1}{\sqrt{1-x}}$ 在区间 $[0,1)$ 上的反常积分，这是无界函数的反常积分。有时也称 $x=1$

是函数 $\dfrac{1}{\sqrt{1-x}}$ 的瑕点，无界函数的反常积分又称为瑕积分。

定义2 如果函数 $f(x)$ 在点 a 的任一邻域内都无界，那么称 $x=a$ 为函数 $f(x)$ 的瑕点（也称无界间断点）。

定义3 设函数 $f(x)$ 在区间 $[a,b)$ 上连续，点 b 为 $f(x)$ 的瑕点，则称记号 $\displaystyle\int_a^b f(x)\,\mathrm{d}x$ 为函数 $f(x)$ 在区间 $[a,b)$ 上的反常积分。取 $\varepsilon>0\,(b-\varepsilon>a)$，若极限

$$\lim_{\varepsilon\to 0^+}\int_a^{b-\varepsilon}f(x)\,\mathrm{d}x$$

存在，则反常积分 $\displaystyle\int_a^b f(x)\,\mathrm{d}x$ 收敛，并以这极限为反常积分的值，即

$$\int_a^b f(x)\,\mathrm{d}x=\lim_{\varepsilon\to 0^+}\int_a^{b-\varepsilon}f(x)\,\mathrm{d}x$$

否则称反常积分 $\displaystyle\int_a^b f(x)\,\mathrm{d}x$ 发散。

类似地，设函数 $f(x)$ 在无限区间 $(a,b]$ 上的反常积分记作 $\displaystyle\int_a^b f(x)\,\mathrm{d}x$。任取 $\varepsilon>0\,(a+\varepsilon<b)$，用极限

$$\lim_{\varepsilon\to 0^+}\int_{a+\varepsilon}^b f(x)\,\mathrm{d}x$$

存在与否来定义 $\displaystyle\int_a^b f(x)\,\mathrm{d}x$ 收敛或发散。

设函数 $f(x)$ 在区间 $[a,b]$ 上除点 $c\,(a<c<b)$ 外连续，点 c 为 $f(x)$ 的瑕点。此时

$$\int_a^b f(x)\,\mathrm{d}x=\int_a^c f(x)\,\mathrm{d}x+\int_c^b f(x)\,\mathrm{d}x$$

如果两个反常积分

$$\int_a^c f(x)\,\mathrm{d}x\ \text{与}\ \int_c^b f(x)\,\mathrm{d}x$$

都收敛，则定义反常积分 $\displaystyle\int_a^b f(x)\,\mathrm{d}x$ 收敛；否则，就称反常积分 $\displaystyle\int_a^b f(x)\,\mathrm{d}x$ 发散。

例8 计算 $\displaystyle\int_0^1 \ln x\,\mathrm{d}x$。

解 $\displaystyle\lim_{\varepsilon\to 0^+}\int_{0+\varepsilon}^1 \ln x\,\mathrm{d}x=\lim_{\varepsilon\to 0^+}\left[(x\ln x-x)\,\Big|_\varepsilon^1\right]=\lim_{\varepsilon\to 0^+}(-1-\varepsilon\ln\varepsilon+\varepsilon)=-1$

例9 讨论反常积分 $\displaystyle\int_{-1}^1 \dfrac{1}{x^2}\mathrm{d}x$ 的敛散性。

解 设函数 $f(x)=\dfrac{1}{x^2}$ 在区间 $[-1,1]$ 中除点 $x=0$ 外连续，$x=0$ 为瑕点。按定义有

$$\int_{-1}^{1} \frac{1}{x^2} dx = \int_{-1}^{0} \frac{1}{x^2} dx + \int_{0}^{1} \frac{1}{x^2} dx = \lim_{\varepsilon_1 \to 0^+} \int_{-1}^{0-\varepsilon_1} \frac{1}{x^2} dx + \lim_{\varepsilon_2 \to 0^+} \int_{0+\varepsilon_2}^{1} \frac{1}{x^2} dx$$

$$= \lim_{\varepsilon_1 \to 0^+} \left(-\frac{1}{x} \Big|_{-1}^{-\varepsilon_1} \right) + \lim_{\varepsilon_2 \to 0^+} \left(-\frac{1}{x} \Big|_{\varepsilon_2}^{1} \right) = +\infty$$

故广义积分发散。

注意 如果把反常积分 $\int_{-1}^{1} \frac{1}{x^2} dx$ 当成常义积分来计算,会出现以下结果:

$$\int_{-1}^{1} \frac{1}{x^2} dx = -\frac{1}{x} \Big|_{-1}^{1} = -2$$

此结果显然是不合理的,因为被积函数 $f(x) = \frac{1}{x^2}$ 在 $[-1,1]$ 上除点 $x=0$ 外均大于零,而

积分为 -2。因此,对于积分 $\int_{a}^{b} f(x) dx$,读者首先要确定是定积分还是反常积分。

例 10 讨论反常积分 $\int_{0}^{1} \frac{dx}{x^p}$ $(p > 0)$ 的敛散性。

解 当 $p=1$ 时

$$\int_{0}^{1} \frac{dx}{x} = \lim_{\varepsilon \to 0^+} \int_{0+\varepsilon}^{1} \frac{dx}{x} = \lim_{\varepsilon \to 0^+} \left(\ln x \Big|_{\varepsilon}^{1} \right)$$

$$= \lim_{\varepsilon \to 0^+} (-\varepsilon \ln \varepsilon) = +\infty$$

当 $p > 0, p \neq 1$ 时

$$\int_{0}^{1} \frac{dx}{x^p} = \lim_{\varepsilon \to 0^+} \int_{\varepsilon}^{1} \frac{dx}{x^p} = \lim_{\varepsilon \to 0^+} \left(\frac{1}{1-p} \cdot x^{1-q} \Big|_{a}^{b} \right)$$

$$= \lim_{\varepsilon \to 0^+} \frac{1 - \varepsilon^{1-p}}{1-p} = \begin{cases} +\infty & p > 1 \\ \dfrac{1}{1-p} & 0 < p < 1 \end{cases}$$

故当 $0 < p < 1$ 时,$\int_{0}^{1} \frac{dx}{x^p}$ 收敛;当 $p \geq 1$ 时,$\int_{0}^{1} \frac{dx}{x^p}$ 发散。

习 题 5 – 5

1. 计算下列反常积分:

(1) $\int_{1}^{+\infty} e^{-x} dx$

(2) $\int_{-\infty}^{+\infty} \frac{1}{x^2 + 4x + 5} dx$

(3) $\int_{1}^{+\infty} \frac{1}{x^2(x+1)} dx$

(4) $\int_{-\infty}^{0} \frac{e^x}{1 + e^x} dx$

（5）$\int_0^{+\infty} x e^{-x} dx$ （6）$\int_0^{+\infty} e^{-x} \sin x dx$

2. 讨论反常积分 $\int_2^{+\infty} \dfrac{dx}{x(\ln x)^k}$，$k$ 为何值时收敛；k 为何值时发散。

3. 计算下列反常积分：

（1）$\int_0^1 \dfrac{x}{\sqrt{1-x^2}} dx$ （2）$\int_0^2 \dfrac{dx}{(1-x)^2}$

（3）$\int_1^2 \dfrac{x dx}{\sqrt{x-1}}$ （4）$\int_1^e \dfrac{dx}{x \sqrt{1-(\ln x)^2}}$

4. 讨论反常积分 $\int_a^b \dfrac{dx}{(b-x)^k} (b > a)$，$k$ 为何值时收敛；k 为何值时发散。

第六章 定积分的应用

本章中我们将应用前面学过的定积分理论来分析和解决一些几何、物理中的问题,其目的不仅在于建立计算这些几何、物理量的公式,更重要的在于介绍如何运用微元法将一个量表达成定积分。

第一节 定积分的微元法

在定积分的应用中,经常采用所谓微元法。为了说明这种方法,我们先回顾一下前面讨论过的曲边梯形的面积问题。

设 $f(x)$ 在区间 $[a,b]$ 上连续且 $f(x) \geqslant 0$,求以曲线 $y=f(x)$ 为曲边、底为 $[a,b]$ 的曲边梯形的面积 A。把这个面积 A 表示为定积分 $A = \int_a^b f(x)\mathrm{d}x$ 的步骤是:

(1)用任意一组分点把区间 $[a,b]$ 分成长度为 $\Delta x_i (i=1,2,\cdots,n)$ 的 n 个小区间,相应地把曲边梯形分成 n 个窄曲边梯形,第 i 个窄曲边梯形的面积设为 ΔA_i,于是有

$$A = \sum_{i=1}^n \Delta A_i$$

(2)计算 ΔA_i 的近似值

$$\Delta A_i \approx f(\xi_i)\Delta x_i (x_{i-1} \leqslant \xi_i \leqslant x_i)$$

(3)求和,得 A 的近似值

$$A \approx \sum_{i=1}^n f(\xi_i)\Delta x_i$$

(4)求极限,得

$$A = \lim_{\lambda \to 0} \sum_{i=1}^n f(\xi_i)\Delta x_i = \int_a^b f(x)\mathrm{d}x$$

在上述问题中我们注意到,所求量(即面积 A)与区间 $[a,b]$ 有关。如果把区间 $[a,b]$ 分成许多部分区间,则所求量相应地分成许多部分量(即 ΔA_i),而所求量等于所有部分量之和(即 $A = \sum_{i=1}^n \Delta A_i$),这一性质称为所求量对于区间 $[a,b]$ 具有可加性。我们还要指出,以 $f(\xi_i)\Delta x_i$ 近似代替部分量 ΔA_i 时,它们只相差一个比 Δx_i 高阶的无穷小,因此和式 $\sum_{i=1}^n f(\xi_i)\Delta x_i$ 的极限就是曲边梯形的面积 A,而 A 可以表示为定积分:

$$A = \int_a^b f(x)\,dx$$

在引出 A 的积分表达式的四个步骤中，主要的是第二步，这一步是要确定 ΔA_i 的近似值 $f(\xi_i)\Delta x_i$，使得

$$A = \lim_{\lambda \to 0} \sum_{i=1}^n f(\xi_i)\,\Delta x_i = \int_a^b f(x)\,dx$$

在实际应用上，为了简便起见，省略下标 i，用 ΔA 表示任一小区间 $[x, x+dx]$ 上的窄曲边梯形的面积，这样

$$A = \sum \Delta A$$

取 $[x, x+dx]$ 的左端点 x 为 ξ，以点 x 处的函数值 $f(x)$ 为高，dx 为底的矩形的面积 $f(x)\,dx$ 为 ΔA 的近似值，即

$$\Delta A \approx f(x)\,dx$$

上式右端 $f(x)\,dx$ 叫作面积微元，记为 $dA = f(x)\,dx$。于是

$$A \approx \sum f(x)\,dx$$

则 $A = \lim \sum f(x)\,dx = \int_a^b f(x)\,dx$。

一般地，如果某一实际问题中的所求量 U 符合下列条件：

(1) U 是与一个变量 x 的变化区间 $[a, b]$ 有关的量；

(2) U 对于区间 $[a, b]$ 具有可加性，就是说，如果把区间 $[a, b]$ 分成许多部分区间，则 U 相应地分成许多部分量，而 U 等于所有部分量之和；

(3) 部分量 ΔU_i 的近似值可表示为 $f(\xi_i)\Delta x_i$，那么就可考虑用定积分来表达这个量 U。

通常写出这个量 U 的积分表达式的步骤是：

(1) 根据问题的具体情况，选取一个变量，例如 x 为积分变量，并确定它的变化区间 $[a, b]$。

(2) 设想把区间 $[a, b]$ 分成 n 个小区间，取其中任一小区间并记作 $[x, x+dx]$，求出相应于这个小区间的部分量 ΔU 的近似值。如果 ΔU 能近似地表示为 $[a, b]$ 上的一个连续函数在 x 处的值 $f(x)$ 与 dx 的乘积，就把 $f(x)\,dx$ 称为量 U 的微元且记作 dU，即

$$dU = f(x)\,dx$$

(3) 以所求量 U 的微元 $f(x)\,dx$ 为被积表达式，在区间 $[a, b]$ 上作定积分，得

$$U = \int_a^b f(x)\,dx$$

这就是所求量 U 的积分表达式。

这个方法通常叫作微元法。下面两节中我们将应用这个方法来讨论几何、物理中的一些问题。

第二节 定积分在几何中的应用

一、平面图形的面积

1. 直角坐标系下平面区域的面积

应用定积分的微元法不但可以计算曲边梯形面积,还可以计算一些比较复杂的平面图形的面积。设平面图形是由连续曲线 $y = f(x)$,$y = g(x)$ 和直线 $x = a$,$x = b(a < b)$ 围成。在区间 $[a,b]$ 上 $g(x) \leqslant f(x)$,如图 $6-1$ 所示,称这样的图形是 $x-$ 型的。

取 x 为积分变量,其变化区间为 $[a,b]$,在 $[a,b]$ 上任取代表小区间 $[x,x+\mathrm{d}x]$,相应区间 $[x,x+\mathrm{d}x]$ 上的窄条面积近似于高为 $[f(x)-g(x)]$,底为 $\mathrm{d}x$ 的矩形面积,从而得到面积微元

$$\mathrm{d}A = [f(x) - g(x)]\mathrm{d}x$$

以面积微元为被积表达式,在 $[a,b]$ 上作定积分得所求面积

$$A = \int_a^b [f(x) - g(x)]\mathrm{d}x$$

同理,如果平面图形是由连续曲线 $x = \varphi(y)$,$x = \psi(y)$ 和直线 $y = c$,$y = d(c < d)$ 围成,且在 $[c,d]$ 上 $\psi(y) \leqslant \varphi(y)$,如图 $6-2$ 所示,称这样的图形是 $y-$ 型的,那么这平面图形的面积为

$$A = \int_c^d [\varphi(y) - \psi(y)]\mathrm{d}y$$

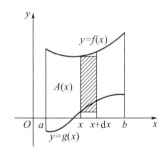

图 $6-1$

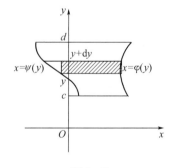

图 $6-2$

计算平面图形的面积时,一般来说 $x-$ 型图形取 x 为积分变量,$y-$ 型图形取 y 为积分变量。

例1 计算由曲线 $y = 2 - x^2$ 及 $y = x$ 所围区域的面积。

解 这两条曲线所围成的图形如图 $6-3$ 所示。

为了具体定出图形的所在范围,先求出这两条曲线的交点。为此,解方程组 $\begin{cases} y = 2 - x^2 \\ y = x \end{cases}$,
得两条曲线交点的横坐标 $x = -2, 1$。本题的图形是 x - 型的,因此

$$A = \int_{-2}^{1} \left[(2 - x^2) - x \right] \mathrm{d}x = \left(2x - \frac{x^3}{3} - \frac{x^2}{2} \right) \Big|_{-2}^{1} = \frac{9}{2}$$

例2 计算由曲线 $y = \sqrt{x}$, $x = -\sqrt{y}$ 与直线 $y = 1$ 所围图形的面积。

解 这个图形如图 6 - 4 所示。

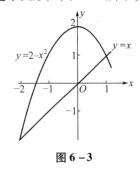

图 6 - 3

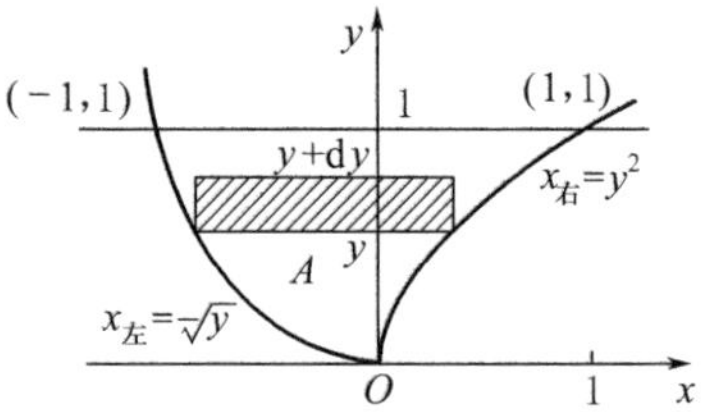

图 6 - 4

先求出三条曲线的交点坐标为 $(0,0)$, $(1,1)$, $(-1,1)$。可以看出,本题的图形是 y - 型的。取纵坐标 y 为积分变量,它的变化区间为 $[0,1]$(读者可以思考一下,取横坐标 x 为积分变量,有什么不方便的地方)。所求的面积为

$$A = \int_{0}^{1} (y^2 + \sqrt{y}) \mathrm{d}y = \left(\frac{1}{3} y^3 + \frac{2}{3} y^{\frac{3}{2}} \right) \Big|_{0}^{1} = 1$$

例3 计算椭圆 $\dfrac{x^2}{9} + \dfrac{y^2}{4} = 1$ 所围区域的面积。

解 由对称性,所求面积为它在第一象限部分面积的 4 倍。此时

$$y = \frac{2}{3} \sqrt{9 - x^2}, 0 \leqslant x \leqslant 3$$

因此,所求面积

$$A = 4 \int_{0}^{3} \frac{2}{3} \sqrt{9 - x^2} \mathrm{d}x = 24 \int_{0}^{\frac{\pi}{2}} \cos^2 t \mathrm{d}t = 12 \int_{0}^{\frac{\pi}{2}} (1 + \cos 2t) \mathrm{d}t = 6\pi$$

一般地,椭圆 $\dfrac{x^2}{a^2} + \dfrac{y^2}{b^2} = 1$ 所围区域的面积是 πab.

上例中,第一象限部分椭圆的参数方程形式是:

$$x(t) = 3\cos t, y(t) = 2\sin t, 0 \leqslant t \leqslant \frac{\pi}{2}$$

$t = 0$ 对应点 $(3,0)$，$t = \dfrac{\pi}{2}$ 对应点 $(0,2)$，而且 $x(t)$ 是严格递减的，因此椭圆面积也可如下计算：

$$A = 4\int_0^3 y\,\mathrm{d}x = 4\int_{\frac{\pi}{2}}^0 y(t)\,\mathrm{d}x(t) = 4\int_{\frac{\pi}{2}}^0 2\sin t(-3\sin t)\,\mathrm{d}t$$

$$= 24\int_0^{\frac{\pi}{2}} \sin^2 t\,\mathrm{d}t = 6\pi$$

例 4 求由摆线 $x = a(t - \sin t)$，$y = a(1 - \cos t)$ 的一拱与 x 轴所围成图形的面积。

解 所求面积为

$$A = \int_0^{2\pi a} y\,\mathrm{d}x = \int_0^{2\pi} y(t)x'(t)\,\mathrm{d}t = \int_0^{2\pi} a(1 - \cos t) \cdot a(1 - \cos t)\,\mathrm{d}t$$

$$= a^2\int_0^{2\pi}(1 - 2\cos t + \cos^2 t)\,\mathrm{d}t = 3\pi a^2$$

2. 极坐标系下平面图形的面积

设曲线弧 AB 的极坐标方程是

$$r = r(\theta),\ \alpha \leqslant \theta \leqslant \beta$$

$r(\theta)$ 在区间 $[\alpha,\beta]$ 上连续，求由曲线弧 AB，射线 $\theta = \alpha$ 以及 $\theta = \beta$ 所围图形 OAB 的面积，如图 $6-5$ 所示。

作射线 OP 和 OQ 分别与曲线弧 AB 交于 P 和 Q，它们的极角分别是 θ 和 $\theta + \mathrm{d}\theta$。因为 $r(\theta)$ 连续，所以将区域 OPQ 近似看成是半径为 $r(\theta)$，圆心角为 $\mathrm{d}\theta$ 的扇形，面积微元是扇形面积

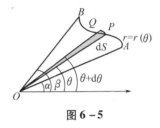

图 $6-5$

$\mathrm{d}A = \dfrac{1}{2}r^2(\theta)\mathrm{d}\theta$，于是图形 OAB 的面积是

$$A = \frac{1}{2}\int_\alpha^\beta r^2(\theta)\,\mathrm{d}\theta$$

例 5 求心形线 $r = a(1 + \cos\theta)$ $(a > 0)$ 所围图形的面积。

解 如图 $6-6$ 所示，x 轴将这个图形分成上下对称的两部分，对于上部分图形，θ 的变化区间为 $[0,\pi]$，因此，由对称性所围图形的面积为

$$A = 2\times\frac{1}{2}\int_0^\pi r^2(\theta)\,\mathrm{d}\theta = 4a^2\int_0^\pi\cos^4\frac{\theta}{2}\,\mathrm{d}\theta = 8a^2\int_0^{\frac{\pi}{2}}\cos^4 t\,\mathrm{d}t$$

$$= 8a^2 \cdot \frac{3}{4} \cdot \frac{1}{2} \cdot \frac{\pi}{2} = \frac{3}{2}\pi a^2$$

例 6 求双纽线 $r^2 = a^2\cos 2\theta$ 所围图形的面积。

解 如图 $6-7$ 所示，图形位于区域 $|\theta| \leqslant \dfrac{\pi}{4}$ 及 $|\theta| \geqslant \dfrac{3\pi}{4}$ 中，由对称性，所围图形的面积为

$$A = 4 \cdot \frac{1}{2} \int_0^{\frac{\pi}{4}} a^2 \cos 2\theta \mathrm{d}\theta = a^2$$

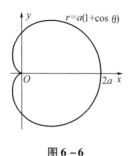

图 6-6

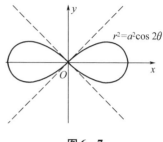

图 6-7

二、体积

1. 旋转体的体积

旋转体就是由一个平面图形绕这平面内一条直线旋转一周而成的立体。这直线叫作旋转轴。圆柱、圆锥、圆台、球体可以分别看成是由矩形绕它的一条边、直角三角形绕它的直角边、直角梯形绕它的直角腰、半圆绕它的直径旋转一周而成的立体，所以它们都是旋转体。

上述旋转体都可以看作是由连续曲线 $y = f(x)$，直线 $x = a$，$x = b$ 及 x 轴所围成的曲边梯形绕 x 轴旋转一周而成的立体。现在我们用定积分来计算这种旋转体的体积。

取横坐标 x 为积分变量，它的变化区间为 $[a, b]$。相应于 $[a, b]$ 上的任一小区间 $[x, x + \mathrm{d}x]$ 的窄曲边梯形绕 x 轴旋转而成的薄片的体积近似于以 $f(x)$ 为底面半径、$\mathrm{d}x$ 为高的扁圆柱体的体积（见图 6-8），即体积微元

$$\mathrm{d}V = \pi[f(x)]^2 \mathrm{d}x$$

以 $\pi[f(x)]^2 \mathrm{d}x$ 为被积表达式，在闭区间 $[a, b]$ 上作定积分，即得所求旋转体体积为

$$V = \int_a^b \pi[f(x)]^2 \mathrm{d}x$$

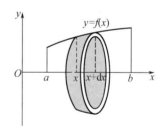

图 6-8

例 7 计算由椭圆

$$\frac{x^2}{a^2} + \frac{y^2}{b^2} = 1$$

所围成的图形绕 x 轴旋转一周而成的旋转体（叫作旋转椭球体）的体积。

解 这个旋转椭球体可以看作是由半个椭圆

$$y = \frac{b}{a}\sqrt{a^2 - x^2}$$

及 x 轴围成的图形绕 x 轴旋转一周而成的立体。

取 x 为积分变量,它的变化区间为 $[-a,a]$。旋转椭球体中相应于 $[-a,a]$ 上任一小区间 $[x,x+dx]$ 的薄片的体积,近似于底面半径为 $\dfrac{b}{a}\sqrt{a^2-x^2}$、高为 dx 的扁圆柱体的体积(见图 6-9),即体积微元

$$dV = \frac{\pi b^2}{a^2}(a^2 - x^2)dx$$

于是所求旋转椭球体的体积为

$$V = \int_{-a}^{a} \frac{\pi b^2}{a^2}(a^2 - x^2)dx = \frac{\pi b^2}{a^2}\left(a^2 x - \frac{x^3}{3}\right)\Big|_{-a}^{a} = \frac{4}{3}\pi ab^2$$

当 $a = b$ 时,旋转椭球体就成为半径为 a 的球体,它的体积为 $\dfrac{4}{3}\pi a^3$。

同理,我们可以得到由曲线 $x = \varphi(y)$,直线 $y = c, y = d(c < d)$ 及 y 轴所围成的曲边梯形,绕 y 轴旋转一周而成的旋转体(见图 6-10)的体积为

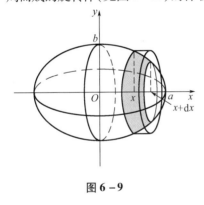

图 6-9

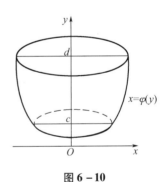

图 6-10

$$V = \int_{c}^{d} \pi[\varphi(y)]^2 dy$$

例8　计算由摆线 $x = a(t - \sin t), y = a(1 - \cos t)$ 的一拱与 x 轴所围成的图形绕 y 轴旋转而成的旋转体的体积。

解　上述图形绕 y 轴旋转而成的旋转体的体积可看成平面图形 $OABC$ 与 OBC(见图 6-11)分别绕 y 轴旋转而成的旋转体的体积之差。

因此,所求的体积为

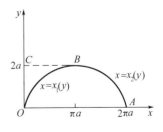

图 6-11

$$V = \int_0^{2a} \pi x_2^2(y)\,\mathrm{d}y - \int_0^{2a} \pi x_1^2(y)\,\mathrm{d}y$$

$$= \pi \int_{2\pi}^{\pi} a^2(t - \sin t)^2 \cdot a\sin t\,\mathrm{d}t - \pi \int_0^{\pi} a^2(t - \sin t)^2 \cdot a\sin t\,\mathrm{d}t$$

$$= -\pi a^3 \int_0^{2\pi} (t - \sin t)^2 \sin t\,\mathrm{d}t \xlongequal{\theta = t - \pi} \pi a^3 \int_{-\pi}^{\pi} (\theta + \pi + \sin \theta)^2 \sin \theta\,\mathrm{d}\theta$$

$$= \pi a^3 \int_{-\pi}^{\pi} (2\pi\theta\sin \theta + 2\pi\sin^2\theta)\,\mathrm{d}\theta$$

$$= 6\pi^3 a^3$$

2. 平行截面面积为已知的立体的体积

如果一个立体不是旋转体，但却知道该立体上垂直于一个定轴的各个截面的面积，那么，这个立体的体积也可以用定积分来计算。

如图 6-12 所示，取上述定轴为 x 轴，并设该立体在过点 $x=a$，$x=b$ 且垂直于 x 轴的两个平面之间。以 $A(x)$ 表示过点 x 且垂直于 x 轴的截面面积。假定 $A(x)$ 为 x 的已知的连续函数。这时，取 x 为积分变量，它的变化区间为 $[a,b]$；立体中相应于 $[a,b]$ 上任一小区间 $[x,x+\mathrm{d}x]$ 的薄片的体积，近似于底面积为 $A(x)$，高为 $\mathrm{d}x$ 的扁柱体的体积，于是体积微元

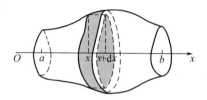

图 6-12

$$\mathrm{d}V = A(x)\,\mathrm{d}x$$

以 $A(x)\,\mathrm{d}x$ 为被积表达式，在闭区间 $[a,b]$ 上作定积分，便得所求立体的体积，即

$$V = \int_a^b A(x)\,\mathrm{d}x$$

例 9 一平面经过半径为 R 的圆柱体的底圆中心，与底面的夹角为 α，截得一楔形立体（见图 6-13），求这楔形立体的体积。

解 取这平面与圆柱体的底面的交线为 x 轴，底面上过圆中心且垂直于 x 轴的直线为 y 轴。那么，底圆的方程为 $x^2 + y^2 = R^2$。立体中过 x 轴上的点 x 且垂直于 x 轴的截面是一个直角三角形。它的两条直角边的长分别为 y 及

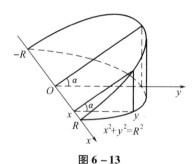

图 6-13

$y\tan\alpha$，即 $\sqrt{R^2 - x^2}$ 及 $\sqrt{R^2 - x^2}\tan\alpha$。因而截面积为 $A(x) = \dfrac{1}{2}(R^2 - x^2)\tan\alpha$，于是所求立体体积为

$$V = \int_{-R}^{R} \frac{1}{2}(R^2 - x^2)\tan\alpha\,\mathrm{d}x = \frac{1}{2}\tan\alpha\left(R^2 x - \frac{1}{3}x^3\right)\Big|_{-R}^{R} = \frac{2}{3}R^3\tan\alpha$$

三、平面曲线的弧长

在平面几何中求圆周的长度问题,采用的方法是:将圆内接正多边形的周长作为圆周长的近似值,再令内接正多边形的边数无限增多取极限,求出圆的周长。现在采用类似方法建立平面曲线弧长的概念。

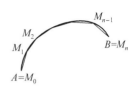

图 6 – 14

如图 6 – 14 所示,设 A,B 是平面曲线弧的两个端点,在弧 AB 上依次任取点

$$A = M_0, M_1, \cdots, M_{i-1}, M_i, \cdots, M_n = B$$

并依次连接相邻的分点得一内接折线,以 s_n 记此折线的长,即 $s_n = \sum_{i=1}^{n} |M_{i-1}M_i|$,记 $\lambda = \max_{1 \le i \le n} \{|M_{i-1}M_i|\}$,若极限 $\lim_{\lambda \to 0} s_n = s$,且与曲线弧上点的取法无关,则称此曲线是可求长的,该极限 s 为曲线弧 AB 的弧长。下面我们利用定积分的微元法来讨论平面曲线弧长的计算公式。

设曲线弧由参数方程

$$\begin{cases} x = \varphi(t) \\ y = \psi(t) \end{cases} \quad (\alpha \le t \le \beta)$$

给出,其中 $\varphi(t),\psi(t)$ 在 $[\alpha,\beta]$ 上具有连续导数。取参数 t 为积分变量,它的变化区间为 $[\alpha,\beta]$。相应于 $[\alpha,\beta]$ 上任一小区间 $[t,t+dt]$ 的小弧段的长度 Δs 的近似值即弧长微元(弧微分)为

$$ds = \sqrt{(dx)^2 + (dy)^2} = \sqrt{\varphi'^2(t)(dt)^2 + \psi'^2(t)(dt)^2}$$
$$= \sqrt{\varphi'^2(t) + \psi'^2(t)} \, dt$$

于是所求弧长为

$$s = \int_{\alpha}^{\beta} \sqrt{\varphi'^2(t) + \psi'^2(t)} \, dt$$

当曲线弧由直角坐标方程

$$y = f(x) \quad (a \le x \le b)$$

给出,其中 $f(x)$ 在 $[a,b]$ 上具有一阶连续导数,这时曲线弧有参数方程

$$\begin{cases} x = x \\ y = f(x) \end{cases} \quad (a \le x \le b)$$

从而所求的弧长为

$$s = \int_{a}^{b} \sqrt{1 + y'^2} \, dx$$

当曲线弧由极坐标方程

$$r = r(\theta) \quad (\alpha \leq \theta \leq \beta)$$

给出，其中 $r(\theta)$ 在 $[\alpha, \beta]$ 上具有连续导数，则由直角坐标与极坐标的关系可得

$$\begin{cases} x = r(\theta)\cos\theta \\ y = r(\theta)\sin\theta \end{cases} \quad (\alpha \leq \theta \leq \beta)$$

这就是以极角 θ 为参数的曲线弧的参数方程。于是，弧长微元为

$$ds = \sqrt{x'^2(\theta) + y'^2(\theta)}\, d\theta = \sqrt{[r'(\theta)\cos\theta - r(\theta)\sin\theta]^2 + [r'(\theta)\sin\theta + r(\theta)\cos\theta]^2}$$

$$= \sqrt{r^2(\theta) + r'^2(\theta)}\, d\theta$$

于是所求弧长为

$$s = \int_\alpha^\beta \sqrt{r^2(\theta) + r'^2(\theta)}\, d\theta$$

例 10 计算星形线 $\begin{cases} x = a\cos^3 t \\ y = a\sin^3 t \end{cases}$ $(a > 0, 0 \leq t \leq 2\pi)$ 的全长。

解 星形线如图 6-15 所示。

由对称性，只要求出 $\left[0, \dfrac{\pi}{2}\right]$ 内的弧长 s_1，则星形线的全长为 $4s_1$。

$$s = 4s_1 = 4\int_0^{\frac{\pi}{2}} \sqrt{(x')^2 + (y')^2}\, dt$$

$$= 4\int_0^{\frac{\pi}{2}} \sqrt{9a^2\sin^2 t\cos^4 t + 9a^2\sin^4 t\cos^2 t}\, dt$$

$$= 12a\int_0^{\frac{\pi}{2}} \sin t\cos t\, dt = 6a\left(\sin^2 t\right)\Big|_0^{\frac{\pi}{2}} = 6a$$

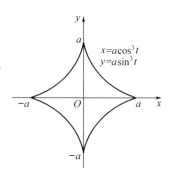

图 6-15

例 11 两根电线杆之间的电线，由于其本身的质量，下垂成曲线形，这样的曲线叫作悬链线。适当选取坐标系后，悬链线的方程为

$$y = c\,\mathrm{ch}\,\frac{x}{c}$$

其中 c 为常数。计算悬链线上介于 $x = -b$ 与 $x = b$ 之间一段弧（见图 6-16）的长度。

解 由对称性，要计算的弧长为相应于 x 从 0 到 b 的一段曲线弧长的两倍。弧长微元 $ds = \sqrt{1 + y'^2}\, dx = \sqrt{1 + \mathrm{sh}^2\dfrac{x}{c}}\, dx = \mathrm{ch}\,\dfrac{x}{c}\, dx$。

因此，所求弧长为

$$s = 2\int_0^b \mathrm{ch}\,\frac{x}{c}\, dx = 2c\left(\mathrm{sh}\,\frac{x}{c}\right)\Big|_0^b = 2c\,\mathrm{sh}\,\frac{b}{c}$$

例 12 求心形线 $r = a(1 + \cos\theta)$ $(a > 0)$ 相应于 θ 从 0 到 2π 一段的弧长（见图 6-6）。

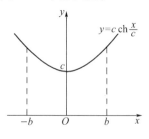

图 6-16

解　由前述公式,所求弧长为

$$s = 2a \int_0^\pi \sqrt{(1 + \cos\theta)^2 + (-\sin\theta)^2}\, \mathrm{d}\theta$$

$$= 2a \int_0^\pi \sqrt{2 + 2\cos\theta}\, \mathrm{d}\theta = 2a \int_0^\pi 2\cos\frac{\theta}{2}\, \mathrm{d}\theta$$

$$= 8a \int_0^{\frac{\pi}{2}} \cos t\, \mathrm{d}t = 8a$$

四、旋转体的侧面积

旋转体的侧面积是由光滑曲线段 Γ 绕 x 轴(或 y 轴)旋转生成的曲面的面积。我们不妨考虑光滑曲线段 Γ 绕 x 轴旋转生成的曲面的面积(见图 6 – 17)。曲面面积微元是底面半径 y,高为 $\mathrm{d}s$ 的圆柱面的面积

$$\mathrm{d}A = 2\pi y\mathrm{d}s$$

如果光滑曲线 Γ 的方程是: $y = f(x), x \in [a,b]$,则旋转体的侧面积

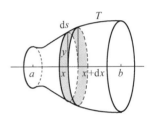

图 6 – 17

$$A = 2\pi \int_a^b |f(x)| \sqrt{1 + [f'(x)]^2}\, \mathrm{d}x$$

如果光滑曲线 Γ 由参数方程: $x = x(t), y = y(t)\ (\alpha \leqslant t \leqslant \beta)$ 给出,则旋转体的侧面积

$$A = 2\pi \int_\alpha^\beta |y(t)| \sqrt{[x'(t)]^2 + [y'(t)]^2}\, \mathrm{d}t$$

例 13　求由曲线 $y = x(0 \leqslant x \leqslant 1)$ 绕 x 轴旋转而成的旋转体的侧面积。

解　旋转体的侧面积

$$A = 2\pi \int_0^1 x \sqrt{1 + (x')^2}\, \mathrm{d}x = \sqrt{2}\pi(x^2)\ \Big|_0^1 = \sqrt{2}\pi$$

例 14　计算星形线 $\begin{cases} x = a\cos^3 t \\ y = a\sin^3 t \end{cases}$　$(a > 0)$ 绕 x 轴旋转而成的旋转体的表面积。

解　如图 6 – 15 所示,由图形的对称性知,旋转体的侧面积

$$A = 2 \cdot 2\pi \int_0^{\frac{\pi}{2}} y(t) \sqrt{[x'(t)]^2 + [y'(t)]^2}\, \mathrm{d}t$$

$$= 4\pi \int_0^{\frac{\pi}{2}} a\sin^3 t \sqrt{(-3a\cos^2 t\sin t)^2 + (3a\sin^2 t\cos t)^2}\, \mathrm{d}t$$

$$= 4\pi \int_0^{\frac{\pi}{2}} a\sin^3 t \cdot 3a\sin t\cos t\, \mathrm{d}t = \frac{12}{5}\pi a^2$$

习 题 6－2

1. 求由下列各曲线所围成的图形的面积：

（1）$y = \dfrac{1}{2}x^2$ 与 $x^2 + y^2 = 8$（两部分都要计算）；

（2）$y = \dfrac{1}{x}$ 与直线 $y = x$ 及 $x = 2$；

（3）$x = a\cos^3 t, y = a\sin^3 t$；

（4）对数螺线 $r = ae^{\theta}(-\pi \leqslant \theta \leqslant \pi)$ 及射线 $\theta = \pi$；

（5）$r = \sqrt{2}\sin\theta$ 及 $r^2 = \cos 2\theta$。

2. 求由抛物线 $y^2 = 4ax(a > 0)$ 与过焦点的弦所围成的图形面积的最小值。

3. 有一立体，底面是长轴为 $2a$、短轴为 $2b$ 的椭圆，而垂直于长轴的截面是等边三角形，求其体积。

4. 证明：由平面图形 $0 \leqslant a \leqslant x \leqslant b, 0 \leqslant y \leqslant f(x)$ 绕 y 轴旋转所成的旋转体的体积为

$$V = 2\pi \int_a^b xf(x)\,\mathrm{d}x$$

5. 求将圆盘 $x^2 + (y - 5)^2 \leqslant 16$ 绕 x 轴旋转而成的旋转体的体积。

6. 求摆线 $x = a(t - \sin t), y = a(1 - \cos t)$ 的一拱与 x 轴所围图形绕直线 $y = 2a$ 旋转所成的旋转体的体积。

7. 求圆盘 $x^2 + y^2 \leqslant a^2$ 绕 $x = -b(b > a > 0)$ 旋转所成的旋转体的体积。

8. 求由曲线 $y = x^{\frac{3}{2}}$ 与直线 $x = 4, x$ 轴所围图形绕 y 轴旋转而成的旋转体的体积。

9. 求平面曲线 $y = \dfrac{1}{4}x^2 - \dfrac{1}{2}\ln x$ 从 $x = 1$ 到 $x = e$ 的弧长。

10. 求抛物线 $y = \dfrac{1}{2}x^2$ 被圆 $x^2 + y^2 = 3$ 所截下的有限部分的弧长。

11. 在摆线 $x = a(t - \sin t), y = a(1 - \cos t)$ 上求分摆线第一拱成 $1:3$ 的点的坐标。

12. 求曲线 $r\theta = 1$ 相应于自 $\theta = \dfrac{3}{4}$ 至 $\theta = \dfrac{4}{3}$ 的一段弧长。

13. 求心形线 $r = a(1 + \cos\theta)$ 的全长。

14. 求双纽线 $r^2 = a^2\cos 2\theta(a > 0)$ 绕极轴旋转一周所成的旋转体的侧面积。

15. 设抛物线 $y = ax^2 + bx + c$ 通过点 $(0, 0)$，且当 $x \in [0, 1]$ 时，$y \geqslant 0$。试确定 a, b, c 的值，使得抛物线 $y = ax^2 + bx + c$ 与直线 $x = 1, y = 0$ 所围图形的面积为 $\dfrac{4}{9}$，且使该图形绕 x 轴旋转而成的旋转体的体积最小。

16. 过坐标原点作曲线 $y = \ln x$ 的切线,该切线与曲线 $y = \ln x$ 及 x 轴围成平面图形 D。

(1)求 D 的面积 A;

(2)求 D 绕直线 $x = \mathrm{e}$ 旋转一周所得旋转体的体积 V。

第三节　定积分在物理中的应用

一、功

从中学物理知道,常力 F 作用在位于一点的物体上,使物体沿力的方向产生位移 s,那么力 F 对物体所做的功为 $W = Fs$。

现在从两个方面来推广功的计算:一个是将常力 F 推广为变力;另一个是将物质位于一点推广为分布在一条直线段上,并且物体在移动过程中各点产生的是变位移,求变位移下的功。

1. 变力沿直线段做功

设物体在连续的变力 $F(x)$ 作用下沿 x 轴由 $x = a$ 移动到 $x = b$ 时,如图 6 – 18 所示,计算变力 $F(x)$ 所做的功。

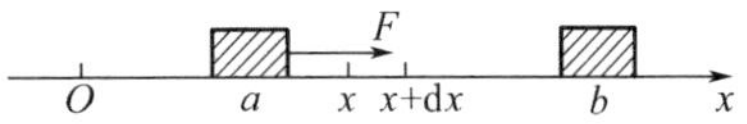

取 x 为积分变量,它的变化区间为 $[a, b]$,在 $[a, b]$

图 6 – 18

上任取小区间 $[x, x + \mathrm{d}x]$,因为变力 $F(x)$ 是连续的,所以可用点 x 处的力 $F(x)$ 来近似表示这小区间上各点处的力。这样,在小区间 $[x, x + \mathrm{d}x]$ 上的功微元 $\mathrm{d}W = F(x)\mathrm{d}x$,故变力 $F(x)$ 在 $[a, b]$ 上所做的功

$$W = \int_a^b F(x)\,\mathrm{d}x$$

例 1　设在 x 轴的原点处放置了一个电量为 $+q$ 的点电荷,形成一个电场,求单位正电荷沿 x 轴从 $x = a$ 移动到 $x = b$ 时,电场力 $F(x)$ 所做的功(见图 6 – 19)。

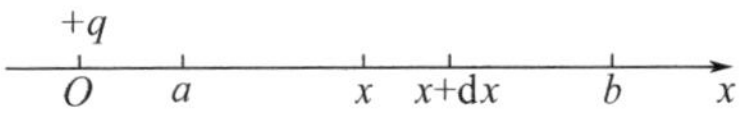

图 6 – 19

解　取 x 为积分变量,它的变化区间为 $[a, b]$,在 $[a, b]$ 上任取小区间 $[x, x + \mathrm{d}x]$,当单位正电荷从 x 移动到 $x + \mathrm{d}x$ 时,电场力 $F(x)$ 所做的功微元为

$$\mathrm{d}W = F(x)\mathrm{d}x = k\frac{q}{x^2}\mathrm{d}x$$

所求电场力对单位正电荷做的功为

$$W = \int_a^b k\frac{q}{x^2}\mathrm{d}x = -kq\left(\frac{1}{x}\right)\bigg|_a^b = kq\left(\frac{1}{a} - \frac{1}{b}\right)$$

若在电场力的作用下,将单位正电荷从 a 移动到无穷远,电场力所做的功称为电场中 a 处

的电位 V。于是

$$V = \int_a^{+\infty} k \frac{q}{x^2} \mathrm{d}x = -kq\left(\frac{1}{x}\right)\bigg|_a^{+\infty} = \frac{kq}{a}$$

2. 变位移下的功

物体在运动过程中受到的力不变，但物体不同部分移动的位移不同，下面结合例题讨论这种变位移下功的计算。

例 2 一个底面半径为 $R(m)$，高为 $H(m)$ 的圆柱形水桶盛满了水，要把桶内的水全部吸出，需要做多少功（水的密度为 10^3 kg/m^3，g 取 9.8 m/s^2）？

解 如图 6 – 20 建立坐标系，由于水在不同深度被吸出通过的位移是不同的，下面采用微元法来计算。

在 $[0,H]$ 上任取小区间 $[x, x+\mathrm{d}x]$，与这个小区间相对应的一薄层水吸出桶口所做的功微元为

$$\mathrm{d}W = \rho g \pi R^2 \mathrm{d}x \cdot x = 9.8 \times 10^3 \pi R^2 x \mathrm{d}x$$

于是所求的功为

$$W = \int_0^H 9.8 \times 10^3 \pi R^2 x \mathrm{d}x = 9.8 \times 10^3 \pi R^2 \left(\frac{x^2}{2}\right)\bigg|_0^H = 4.9 \pi R^2 H^2 \times 10^3 \text{ J}$$

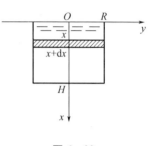

图 6 – 20

二、液体的侧压力

由物理学知道，有一面积为 A 的薄板水平地放置在液体中深为 h 的地方，那么薄板一侧所受的压力为 $P = pA$，其中 $p = \rho gh$ 是液体中深为 h 处的压强（ρ 为液体的密度，g 是重力加速度）。

如果此薄板是垂直地放置在液体中，由于不同深度的点处压强不同，求薄板一侧所受液体的压力则要用定积分来计算。下面结合例题说明计算方法。

例 3 一闸门呈倒置的等腰梯形垂直地位于水中，两底的长度分别为 4 m 和 6 m，高为 6 m，当闸门上底正好位于水面时，求闸门一侧受到的水压力（水的密度为 10^3 kg/m^3，g 取 9.8 m/s^2）。

解 如图 6 – 21 建立坐标系，则 AB 的方程为

$$y = -\frac{x}{6} + 3$$

取 x 为积分变量，在它的变化区间 $[0,6]$ 上取任一小区间 $[x, x+\mathrm{d}x]$，在水下深为 x m 处的压强为 $9.8 \times 10^3 x \text{ N/m}^2$，因此相应于 $[x, x+\mathrm{d}x]$ 的窄条一侧所受的压力微元为

$$\mathrm{d}P = 9.8 \times 10^3 x \times 2\left(-\frac{x}{6} + 3\right)\mathrm{d}x$$

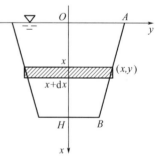

图 6 – 21

于是所求压力为

$$P = \int_0^6 9.8 \times 10^3 x \cdot 2\left(-\frac{x}{6} + 3\right)dx = 9.8 \times 10^3 \left(3x^2 - \frac{x^3}{9}\right)\Big|_0^6$$

$$= 8.232 \times 10^5 \text{ N}$$

三、引力

从物理学知道,质量分别为 m_1, m_2,相距为 r 的两质点间的引力的大小为

$$F = G\frac{m_1 m_2}{r^2}$$

其中 G 为引力系数,引力的方向沿着两质点的连线方向。

要计算一根细棒对一个质点的引力,由于细棒上各点与该质点的距离是变化的,且各点对该质点的引力的方向也是变化的,因此要用定积分来计算。下面举例说明它的计算方法。

例 4 设有一长度为 l,线密度为 μ 的均匀细直棒,在其中垂线上距棒 a 单位处有一质量为 m 的质点 M,求该棒对质点 M 的引力。

解 如图 6 – 22 建立坐标系,使棒位于 y 轴上,质点 M 位于 x 轴上,棒的中点为原点 O。

取 y 为积分变量,它的变化区间为 $\left[-\frac{l}{2}, \frac{l}{2}\right]$。设 $[y, y + dy]$ 为 $\left[-\frac{l}{2}, \frac{l}{2}\right]$ 上任一小区间。把细棒上相应于 $[y, y + dy]$ 的一段近似地看成质点,其质量为 μdy,与 M 相距 $r = \sqrt{a^2 + y^2}$。因此可以按照两质点间的引力计算公式求出这小段细棒对质点 M 的引力 ΔF 的大小为

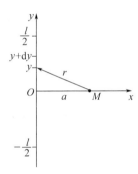

图 6 – 22

$$\Delta F \approx G\frac{m\mu dy}{a^2 + y^2}$$

从而求出这小段细棒对质点 M 的引力在水平方向的分力微元

$$dF_x = -G\frac{am\mu dy}{(a^2 + y^2)^{\frac{3}{2}}}$$

于是引力在水平方向的分力为

$$F_x = -\int_{-\frac{l}{2}}^{\frac{l}{2}} \frac{Gam\mu}{(a^2 + y^2)^{\frac{3}{2}}}dy = -\frac{2Gm\mu l}{a} \cdot \frac{1}{\sqrt{4a^2 + l^2}}$$

由对称性知,引力在铅直方向的分力为 $F_y = 0$。

习 题 6-3

1. 由实验知道,弹簧在拉伸过程中,拉力与弹簧的伸长量成正比。已知弹簧拉伸 1 cm 需要的力是 3 N,如果把弹簧拉伸到 3 cm,计算需要做的功(见图 6-23)。

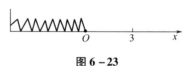

图 6-23

2. 一物体按规律 $x = ct^3$ 做直线运动,介质的阻力与速度的平方成正比。计算物体由 $x = 0$ 移至 $x = a$ 时,克服介质阻力所做的功。

3. 直径为 20 cm、高为 80 cm 的圆柱体内充满压强为 10 N/cm^2 的蒸汽。设温度保持不变,要使蒸汽体积缩小一半,需要做多少功?

4. 设有质量为 20 kg 的物体,用每米质量为 0.8 kg 的链条把物体拉上 15 m 高的平台(见图 6-24),问至少需要做多少功(重力加速度 g 取 9.8 m/s^2)?

5. 半径为 r 的球沉入水中,球的上部与水面相切,球的密度与水相同,现将球从水中取出,需做多少功(见图 6-25,本题中水的密度 $\rho = 1$)?

6. 用铁锤将一铁钉击入木板,设木板对铁钉的阻力与铁钉击入木板的深度成正比,在击第一次时,将铁钉击入木板 1 cm。如果铁锤每次击打铁钉所做的功相等,问锤击第二次时,铁钉又击入多少 cm?

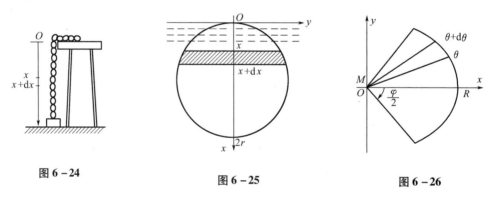

图 6-24　　　　　　**图 6-25**　　　　　　**图 6-26**

7. 设有一个半径为 R、中心角为 φ 的圆弧形细棒,其线密度为常数 ρ。在圆心处有一质量为 m 的质点 M。如图 6-26 所示,试求这细棒对质点 M 的引力(设引力常数为 k)。

8. 某水坝中有一个铅直竖立在水中的三角形闸门(见图 6-27),它的底边与水面相齐,若已知这个三角形的底边长为 a m,高为 h m,试计算闸门所受到的水压力(设水的密度 $\rho = 1$)。

9. 某闸门的形状与大小如图 6-28 所示,其中直线 l 为对称轴,闸门的上部为矩形 $ABCD$,下部由二次抛物线与线段 AB 所围成。当水面与闸门的上端相平时,欲使闸门矩形部分承受的水压力与闸门下部承受的水压力之比为 5:4,闸门矩形部分的高 h 应为多少 m?

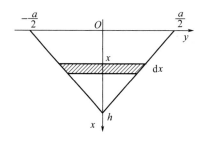

图 6 - 27

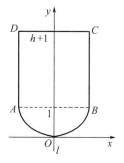

图 6 - 28

习题答案与提示

第 一 章

习题 1-1

1.~3. 略。

4. $(1)x \geqslant 0$,即 $[0, +\infty)$；　　　　　$(2)x \neq k\pi + \dfrac{\pi}{2} - 1(k = 0, \pm 1, \pm 2, \cdots)$；

$(3)2 \leqslant x \leqslant 4$,即 $[2,4]$；　　　　　$(4)x \neq 0$ 且 $x \leqslant 3$,即 $(-\infty, 0), (0, 3]$；

$(5)x > -1$ 即 $(-1, +\infty)$；　　　　　$(6)x \neq 0$ 即 $(-\infty, 0), (0, +\infty)$。

5. $\varphi\left(\dfrac{\pi}{6}\right) = \dfrac{1}{2}, \varphi\left(\dfrac{\pi}{4}\right) = \dfrac{\sqrt{2}}{2}, \varphi\left(-\dfrac{\pi}{4}\right) = \dfrac{\sqrt{2}}{2}, \varphi(-2) = 0$,图略。

6. (1)增函数;(2)增函数。

7. 略。

8. (1)既非偶函数又非奇函数;(2)奇函数;(3)既非偶函数又非奇函数;(4)偶函数。

9. (1)是周期函数,周期 $l = 2\pi$;(2)是周期函数,周期 $l = \dfrac{\pi}{2}$;

(3)是周期函数,周期 $l = 2$;(4)不是周期函数;(5)是周期函数,周期 $l = \pi$。

10. $(1)y = \dfrac{1}{3}\arcsin \dfrac{x}{2}$;$(2)y = \dfrac{\mathrm{e}^x}{\mathrm{e}} - 2$;$(3)y = \log_2 \dfrac{x}{1 - x}$。

11. 略。

12. $(1)y = \sin 2x, y_1 = \dfrac{\sqrt{2}}{2}, y_2 = 1$;　　　$(2)y = \mathrm{e}^{x^2}, y_1 = 1, y_2 = \mathrm{e}$。

13. $(1)[-1, 1]$;　　　　　$(2)[2k\pi, 2k\pi + \pi](k = 0, \pm 1, \pm 2, \cdots)$;

$(3)[-a, 1-a]$;　　　　　$(4)a > \dfrac{1}{2}$ 时,空集;$a \leqslant \dfrac{1}{2}$ 时,$[a, 1-a]$。

14. $f[g(x)] = \begin{cases} 1, & x < 0 \\ 0, & x = 0 \\ -1, & x > 0 \end{cases}, g[f(x)] = \begin{cases} \mathrm{e}, & |x| < 1 \\ 1, & |x| = 1 \\ \mathrm{e}^{-1}, & |x| > 1 \end{cases}$,图略。

15. $L = \dfrac{S_0}{h} + \dfrac{2 - \cos 40°}{\sin 40°}h, h \in (0, \sqrt{S_0 \tan 40°})$。

16. (1) $p = \begin{cases} 90 & 0 \leqslant x \leqslant 100 \\ 90 - (x - 100) \cdot 0.01 & 100 < x < 1\,600 \\ 75 & x \geqslant 1\,600 \end{cases}$

(2) $P = (p - 60)x = \begin{cases} 30x & 0 \leqslant x \leqslant 100 \\ 31x - 0.01x^2 & 100 < x < 1\,600 \\ 15x & x \geqslant 1\,600 \end{cases}$

(3) $P = 21\,000$ 元。

习题 1 − 2

1. (1) 0; (2) 0; (3) 2; (4) 1; (5) 没有极限。

2. 略。

3. $\lim\limits_{n \to \infty} x_n = 0, N = 1\,000$。

4.~7. 略。

习题 1 − 3

1.~2. 略。

3. $\delta = 0.000\,2$。提示:因 $x \to 2$,所以不妨设 $1 < x < 3$。

4. $\lim\limits_{x \to 1^+} f(x) = \lim\limits_{x \to 1^+}(2x + 3) = 5, \lim\limits_{x \to 1^-} f(x) = \lim\limits_{x \to 1^-}(-x + 1) = 0, \lim\limits_{x \to 1} f(x)$ 不存在。

5. 略。

6. $\lim\limits_{x \to 0^+} f(x) = \lim\limits_{x \to 0^-} f(x) = 1, \lim\limits_{x \to 0} f(x) = 1$。$\lim\limits_{x \to 0^+}\varphi(x) = 1, \lim\limits_{x \to 0^-}\varphi(x) = -1, \lim\limits_{x \to 0}\varphi(x)$ 不存在。

7.~9. 略。

习题 1 − 4

1.~2. 略。

3. $0 < |x| < \dfrac{1}{10^4 + 2}$。

4. $y = x\cos x$ 在 $(-\infty, +\infty)$ 上无界,但当 $x \to +\infty$ 时,此函数不是无穷大。

习题 1 − 5

1. (1) -9; (2) 0; (3) 0; (4) $\dfrac{1}{2}$; (5) $2x$; (6) 2; (7) $\dfrac{1}{2}$; (8) 0; (9) $\dfrac{2}{3}$; (10) 2; (11) 2; (12) $\dfrac{1}{2}$;

(13) $\dfrac{1}{5}$; (14) -1。

2. (1) $+\infty$; (2) ∞; (3) ∞;

(4) $\lim\limits_{x \to +\infty} \dfrac{\sqrt{\dfrac{1}{x} + \dfrac{1}{\sqrt{x}}}}{\sqrt{1 + \dfrac{2}{x}}} = 0$(分子分母同除 $\sqrt{x}$);

(5) $\lim\limits_{n \to \infty} \dfrac{\left(\dfrac{2}{5}\right)^n - 1}{\left(\dfrac{3}{5}\right)^n + 1} = -1$（分子分母同除 5^n）。

3.（1）0；（2）0；（3）0（无穷小量乘以有界量）。

习题 1 – 6

1.（1）ω；（2）3；（3）$\dfrac{2}{5}$；（4）1；（5）2；（6）x。

2.（1）$\dfrac{1}{e}$；（2）$e^{-\frac{1}{2}}$；（3）e^3；（4）e^{-k}（k 为正整数）。

3.~4. 略。

习题 1 – 7

1. 当 $x \to 0$ 时，$x^2 - x^3$ 是比 $2x - x^2$ 高阶的无穷小。

2.（1）同阶，不等价；（2）等价无穷小。

3.~4. 略。

5.（1）$\dfrac{3}{2}$；（2）$0(m < n)$，$1(m = n)$，$\infty(m > n)$；

    （3）原式 $= \lim\limits_{x \to 0} \dfrac{x^2}{\dfrac{1}{2}\ln^2(1 + \sin x)} = \lim\limits_{x \to 0} \dfrac{x^2}{\dfrac{1}{2}\sin^2 x} = 2$；

    （4）-3。

习题 1 – 8

1. 略。

2.（1）$x = 1$ 为第一类可去间断点，$x = 2$ 为第二类无穷间断点；

    （2）$x = 0$ 和 $x = k\pi + \dfrac{\pi}{2}$ 为第一类可去间断点，$x = k\pi(k \neq 0)$ 为第二类无穷间断点；

    （3）$x = 0$ 为第二类振荡间断点；

    （4）$x = 1$ 为第一类跳跃间断点。

3. $f(x) = \begin{cases} x, & |x| < 1 \\ 0, & |x| = 1 \\ -x, & |x| > 1 \end{cases}$，$x = 1$ 和 $x = -1$ 为第一类跳跃间断点。

4.~5. 略。

6. $x = 0$ 为第一类跳跃间断点，$x = 1$ 为第二类无穷间断点。

7. 略。

习题 1−9

1. 连续区间为 $(-\infty, -3), (-3, 2), (2, +\infty)$；$\lim\limits_{x \to 0} f(x) = \dfrac{1}{2}$；$\lim\limits_{x \to -3} f(x) = -\dfrac{8}{5}$；$\lim\limits_{x \to 2} f(x) = \infty$。

2. $(1) \sqrt{5}$；$(2) 1$；$(3) 0$；$(4) \dfrac{1}{2}$；$(5) 2$；$(6) \cos \alpha$；$(7) 1$。

3. $(1) 1$；$(2) 0$；$(3) \sqrt{e}$；$(4) e^3$。

4. $a = 1$。

习题 1−10

1.~4. 略。

第 二 章

习题 2−1

1. $\Delta t = 1$ 时 $\bar{v} = 19$，$\Delta t = 0.01$ 时 $\bar{v} = 12.0601$，$t = 2$ 时的瞬时速度是 12。

2. $(1) f'(x_0) = 3$；$(2) f'(x_0) = -\dfrac{1}{(x_0 + 1)^2}$；$(3) f'(x_0) = -\sin x_0$。

3. $(1) A = -f'(x_0)$；$(2) A = f'(0)$。

4. $(1) A$；$(2) C$。

5. $(1) 6x^5$；$(2) \dfrac{1}{3} x^{-\frac{2}{3}}$；$(3) 2.4x^{1.4}$；$(4) \dfrac{5}{2} x^{\frac{3}{2}}$；$(5) -\dfrac{5}{3} x^{-\frac{8}{3}}$；$(6) \dfrac{1}{8} x^{-\frac{7}{8}}$。

7. 切线: $x + y = 2$；法线: $x = y$。

9. $f'(x) = \begin{cases} 2x, & x < 0 \\ -1, & x > 0 \end{cases}$，$f'(x)$ 在 $x = 0$ 没定义。

10. $a = 2, b = -1$。

习题 2−2

2. $(1) f'(0) = -5$；$(2) f'(\pi) = 6\pi - 1$，$f'\left(\dfrac{\pi}{2}\right) = \dfrac{5\pi}{2}$；$(3) f'(0) = \dfrac{1}{2}$；$(4) f'(0) = a_1$。

3. $(1) \dfrac{-28}{x^5} + \dfrac{-8}{x^3} + \dfrac{2}{x^2}$；$(2) 14x^{\frac{5}{2}} - 15x^{\frac{3}{2}} + 2$；$(3) 15x^2 - 2^x \ln 2 + 3e^x$；

$(4) \dfrac{3}{2\sqrt{3x}} + \dfrac{1}{3\sqrt[3]{x^2}} - \dfrac{1}{x^2}$；$(5) \sec x(2\sec x + \tan x)$；$(6) \dfrac{1}{2\sqrt{x}} \text{arccot } x - \dfrac{\sqrt{x}}{1 + x^2}$；

$(7) \arcsin x + \dfrac{x}{\sqrt{1 - x^2}}$；$(8) 12e^x \cos x$；$(9) \tan x + x\sec^2 x + \csc^2 x$；

$(10) -2\csc x(\cot^2 x + \csc^2 x)$；$(11) 2x\ln x + x$；$(12) 1 + \dfrac{2x^2 - 8x + 2}{(x^2 - 1)^2}$；

（13） $-\dfrac{2}{x(1+\ln x)^2}$；（14） $\dfrac{\cos x+2\sin x+1}{(1+\cos x)^2}$；（15） $1-\dfrac{1-x^2}{(1+x^2)^2}$；

（16） $\dfrac{1}{x^2}\left(\dfrac{x}{1+x^2}-\arctan x\right)$；（17） $\dfrac{1-x\ln 4}{4^x}$；（18） $\dfrac{2}{(1+x)^2}$；（19） $\dfrac{-\sec^2 x}{(1+\tan x)^2}$；

（20） $\dfrac{\sin x(1+\tan x)+x\cos x-x\sin x\tan^2 x}{(1+\tan x)^2}$；（21） $18x^2-2x-10$；

（22） $\sin x(\ln x+1)+x\cos x\ln x$。

4. （1） $30(3x+1)^9$；（2） $2xe^{x^2}$；（3） $4x\sin(1-2x^2)$ ；（4） $\dfrac{1}{3}(x^2+x+1)^{-\frac{2}{3}}(2x+1)$；

（5） $4\tan(2x+3)\sec^2(2x+3)$；（6） $2x\cot x(\cot x-x\csc^2 x)$；（7） $\dfrac{e^x}{2\sqrt{1+e^x}}$；

（8） $\ln 3\cdot\cos x\cdot 3^{\sin x}$；（9） $\dfrac{1}{2\sqrt{x}(1+\sqrt{x})}$；（10） $-\dfrac{1}{1+e^x}$；（11） $-\tan x$；

（12） $\dfrac{2}{\sin x\cos x}$；（13） $\dfrac{1}{\sin x}$；（14） $\dfrac{\ln x}{x\sqrt{1+\ln^2 x}}$；（15） $\dfrac{2a}{a^2-x^2}$；

（16） $\dfrac{2x-\cos x}{x^2-\sin x}$；（17） $\dfrac{2(x+1)}{\ln 2\cdot(x^2+2x)}$；（18） $\dfrac{-1}{2\sqrt{x(1-x)}}$；

（19） $2\arcsin\dfrac{x}{a}\cdot\dfrac{1}{\sqrt{a^2-x^2}}$；（20） $\dfrac{1}{2\sqrt{x}(2+2\sqrt{x}+x)}$；（21） $\dfrac{1}{1+x^2}$；

（22） $\dfrac{\cos x}{2\sqrt{\sin x-\sin^2 x}}$；（23） $n\sin^{n-1}x\cos(n+1)x$ ；（24） $-\dfrac{1}{|1+x|\sqrt{2x(1-x)}}$；

（25） $-\dfrac{1}{x^2+1}$；（26） $\dfrac{1}{x\ln x\cdot\ln(\ln x)}$；（27） $\sec x$ ；（28） $\csc x$。

5. $\dfrac{f(x)f'(x)+g(x)g'(x)}{\sqrt{f^2(x)+g^2(x)}}$。

6. （1） $2xf'(x^2)$；（2） $y=2f(x)f'(x)$；（3） $3\sin^2 x\cos x\cdot f'(\sin^3 x)$。

7. （1） $x^x(\ln x+1)$；（2） $\left(\dfrac{x}{1+x}\right)^x\left(\ln\dfrac{x}{1+x}+\dfrac{1}{1+x}\right)$；（3） $x\sqrt{\dfrac{1-x}{1+x}}\left(\dfrac{1}{x}-\dfrac{1}{1-x^2}\right)$；

（4） $n(x+\sqrt{1+x^2})^n\cdot\dfrac{1}{\sqrt{1+x^2}}$。

习题 2 - 3

1. （1） $4-\dfrac{1}{x^2}$；（2） $-a^2\sin ax-b^2\cos bx$；（3） $4e^{2x+1}$；（4） $-2\sin x-x\cos x$；

（5） $\dfrac{-a^2}{(\sqrt{a^2-x^2})^3}$ ；（6） $\dfrac{-2(1+x^2)}{(1-x^2)^2}$；（7） $2\sec^2 x\tan x$；（8） $\dfrac{e^x(x^2-2x+2)}{x^3}$；

$(9)2\arctan x+\dfrac{2x}{1+x^2}$；$(10)\ \dfrac{-x}{(\sqrt{1+x^2}\,)^3}$。

2. $(1)\ 4x^2f''(x^2)+2f'(x^2)$；$(2)\ \dfrac{f''(x)f(x)-f'^2(x)}{f^2(x)}$。

3. $y_1(x)=\mathrm{e}^{-x},y_2(x)=\mathrm{e}^{3x}$（不唯一）。

4. $(1)\ (-1)^n\dfrac{(n-2)!}{x^{n-1}},n\geqslant2$；$(2)\ (3\ln5)^n\cdot5^{3x}+(-1)^n\dfrac{n!}{x^{n+1}}$；

　$(3)\ 2^{n-1}\sin\left[2x+(n-1)\dfrac{\pi}{2}\right]$；$(4)\ (x+n)\mathrm{e}^x$。

5. $(1)\ x\operatorname{sh}x+100\operatorname{ch}x$；$(2)\ -4\mathrm{e}^x\cos x$；$(3)2^{20}\cdot\mathrm{e}^{2x}(x^2+20x+95)$。

6. $P'_n(0)=a_1,P''_n(0)=2!a_2,\cdots,P_n^{(n)}(0)=n!a_n,P_n^{(m)}(0)=0,m>n$。

习题 2-4

3. $(1)\dfrac{2a}{3(1-y^2)}$；$(2)\dfrac{y-x^2}{y^2-x}$；$(3)\dfrac{\mathrm{e}^{x+y}-y}{x-\mathrm{e}^{x+y}}$；$(4)-\dfrac{\mathrm{e}^y}{1+x\mathrm{e}^y}$；

　$(5)-\sqrt[3]{\dfrac{y}{x}}$；$(6)\dfrac{-\sin(x+y)}{1+\sin(x+y)}$；$(7)\dfrac{1+\sqrt{x-y}}{1-4\sqrt{x-y}}$；$(8)\dfrac{y(\sqrt{y}-2\sqrt{x})}{x(\sqrt{x}-2\sqrt{y})}$。

5. $(1)\ -2\csc^2(x+y)\cdot\cot^3(x+y)$；$(2)\dfrac{2(x^2+y^2)}{(x-y)^3}$。

6. $(1)\dfrac{3}{4(1-t)}$；$(2)\dfrac{-b}{a^2\sin^3t}$；$(3)\dfrac{4}{9}\mathrm{e}^{3t}$；$(4)\dfrac{1+t^2}{4t}$；$(5)-\dfrac{1}{R(1-\cos t)^2}$。

习题 2-5

1. $(1)\ln x\mathrm{d}x$；$(2)2x(1+x)\mathrm{e}^{2x}\mathrm{d}x$；$(3)\dfrac{1-x^2}{(1+x^2)^2}\mathrm{d}x$；$(4)\dfrac{-x}{|x|\sqrt{1-x^2}}\mathrm{d}x$；

　$(5)8x\tan(1+2x^2)\sec^2(1+2x^2)\mathrm{d}x$；$(6)\dfrac{-2x}{1+x^4}\mathrm{d}x$。

2. 0.1。

3. $(1)2x+c$；$(2)\dfrac{3x^2}{2}+c$；$(3)\dfrac{\sin5t}{5}+c$；$(4)-\dfrac{\mathrm{e}^{-2t}}{2}+c$；$(5)\ln|1+x|+c$；$(6)\dfrac{-1}{x}+c$；

　$(7)\tan x+c$；$(8)2\sin x$；$(9)\ln x+c,\dfrac{1}{2}$；$(10)\sin x+\cos x+c,\ln|\sin x+\cos x|+c$。

5. $(1)9.98$；$(2)0.60062$；$(3)0.8104$。

第 三 章

习题 3-1

1. $\xi_1 = \dfrac{\sqrt{3}}{3}, \xi_2 = -\dfrac{\sqrt{3}}{3}$。

2. $\xi = \sqrt{\dfrac{4}{\pi} - 1}$。

3. $\xi = \dfrac{14}{9}$。

4. 提示：设 $F(x) = a_0 x + \dfrac{a_1}{2} x^2 + \cdots + \dfrac{a_n}{n+1} x^{n+1}, F(0) = F(1) = 0$，用罗尔定理即可。

5. 提示：设 $F(x) = 2\arctan x + \arcsin \dfrac{2x}{1+x^2}$。

6. 提示：(1) 令 $f(x) = \tan x$，对 $f(x)$ 在区间 $[\alpha, \beta]$ 上应用拉格朗日中值定理。

       (2) 对 $\ln x$ 在 1 与 x 之间应用拉格朗日中值定理。

7. 提示：设 $F(x) = f(x)\cos \dfrac{x}{2}$, $F(0) = F(\pi) = 0, F(x)$ 在 $[0, \pi]$ 应用罗尔定理。

8. 提示：设 $F(x) = f(x)\mathrm{e}^x, F(a) = F(b) = 0, F(x)$ 在 $[a, b]$ 应用罗尔定理。

9. 提示：$f(x)$ 和 e^x 在 $[a, b]$ 上应用柯西中值定理。

10. 提示：$f(x)$ 和 $\ln x$ 在 $[a, b]$ 上应用柯西中值定理。

11. 提示：$\dfrac{f(x)}{x^n} = \dfrac{f(x) - f(0)}{x^n - 0} = \dfrac{f'(\xi_1)}{n\xi_1^{n-1}} = \dfrac{f'(\xi_1) - f'(0)}{n\xi_1^{n-1} - 0} = \dfrac{f''(\xi_2)}{n(n-1)\xi_2^{n-2}} = \cdots$

习题 3-2

1. $(1)\, 2$；$(2)\, \dfrac{1}{3}$；$(3)\, \cos a$；$(4)\, \dfrac{1}{4}$；$(5)\, \dfrac{2}{3}$；$(6)\, \dfrac{1}{2}$；$(7)\, 0$；$(8)\, \dfrac{1}{5}$。

   $(9)\, -\dfrac{2}{\pi}$；$(10)\, 1$；$(11)\, -\dfrac{1}{3}$；$(12)\, \dfrac{1}{\mathrm{e}}$；$(13)\, \dfrac{1}{\mathrm{e}}$；$(14)\, 1$；$(15)\, \dfrac{1}{2}$；$(16)\, 0$。

2. $(1)\, 1$；$(2)\, 1$。

3. 1。

习题 3-3

1. $f(x) = 8 + 10(x-1) + 9(x-1)^2 + 4(x-1)^3 + (x-1)^4$

2. $f(x) = -\dfrac{1}{2}\ln 2 - \left(x - \dfrac{\pi}{4}\right) - \left(x - \dfrac{\pi}{4}\right)^2 - \dfrac{1}{3}\sec^2 \xi \tan \xi \left(x - \dfrac{\pi}{4}\right)^3 \left(\xi \text{ 介于 } x \text{ 与 } \dfrac{\pi}{4} \text{ 之间}\right)$

3. $(1)\, f(x) = 1 - x^2 + \dfrac{x^4}{2!} + \cdots + \dfrac{(-1)^n x^{2n}}{n!} + o(x^{2n})$

$(2)f(x) = \dfrac{2}{2!}x^2 - \dfrac{2^3}{4!}x^4 + \cdots + \dfrac{(-1)^n 2^{2n-1}}{(2n)!}x^{2n} + o(x^{2n})$

$(3)f(x) = 1 + (\ln 2)x + \dfrac{(\ln 2)^2}{2!}x^2 + \cdots + \dfrac{(\ln 2)^n}{n!}x^n + o(x^n)$

$(4)f(x) = -x^3 - \dfrac{x^5}{2} - \dfrac{x^7}{3} - \cdots - \dfrac{x^{2n+1}}{n} + o(x^{2n+1})$

4. $(1)0.156;(2)0.0198$。

5. $(1)\dfrac{11}{12};(2) -\dfrac{9}{32}$。

6. **提示**:$f(x)$ 在 $x = a$ 处的泰勒公式中令 $x = b$ 即可。

7. **提示**:$f(x) = f(0) + \dfrac{f''(0)}{2!}x^2 + \dfrac{f'''(\eta)}{3!}x^3$,令 $x = 1, x = -1$。

习题 3－4

1. 单调增加。

2. (1)在 $(-\infty,0]$ 内单调减少;在 $(-\infty,0]$ 内单调增加;

(2)在 $(-\infty,0)$,$\left(0, \dfrac{1}{\sqrt[3]{2}}\right)$ 内单调减少;在 $\left(\dfrac{1}{\sqrt[3]{2}}, +\infty\right)$ 内单调增加;

(3)在 $\left[\dfrac{\pi}{6}, \dfrac{\pi}{2}\right]$,$\left[\dfrac{5\pi}{6}, \dfrac{3\pi}{2}\right]$ 内单调减少;在 $\left[0, \dfrac{\pi}{6}\right]$,$\left[\dfrac{\pi}{2}, \dfrac{5\pi}{6}\right]$,$\left[\dfrac{3\pi}{2}, 2\pi\right]$ 内单调增加;

(4)在 $(-\infty, -1]$,$[1, +\infty)$ 内单调减少;在 $[-1,1]$ 内单调增加;

(5)在 $\left[-1, -\dfrac{\sqrt{2}}{2}\right]$,$\left[\dfrac{\sqrt{2}}{2}, 1\right]$ 内单调减少;在 $\left[-\dfrac{\sqrt{2}}{2}, \dfrac{\sqrt{2}}{2}\right]$ 内单调增加;

(6)在 $(-\infty, +\infty)$ 内单调增加。

3.~4. 略。

5. (i)当 $a > \dfrac{1}{e}$ 时,方程无根;

(ii)当 $0 < a < \dfrac{1}{e}$ 时,方程有两个根;

(iii)当 $a = \dfrac{1}{e}$ 时,方程有一个根。

6. (1)极大值 $y(-1) = 17$;极小值 $y(3) = -47$;

(2)极小值 $y(e^{-\frac{1}{2}}) = -\dfrac{1}{2}e^{-1}$;

(3)极大值 $y\left(\dfrac{1}{2}\right) = \dfrac{9}{4}\left(\dfrac{1}{2}\right)^{\frac{2}{3}}$;

（4）极大值 $y(1) = \dfrac{\pi}{4} - \dfrac{1}{2}\ln 2$；

（5）极大值 $y(e) = e^{\frac{1}{e}}$；

（6）极小值 $y(0) = 1$。

7. 提示：$\lim\limits_{x\to x_0}\dfrac{f(x)-f(x_0)}{(x-x_0)^2} = 1 > 0$，利用极限的局部保号性。

8. （1）最大值 $y(\pm 2) = 13$，最小值 $y(\pm 1) = 4$；

（2）最大值 $y\left(\dfrac{3}{4}\right) = \dfrac{5}{4}$，最小值 $y(-5) = -5 + \sqrt{6}$；

（3）最大值 $y\left(-\dfrac{\pi}{4}\right) = \dfrac{1}{2}$，最小值 $y(0) = 0$；

（4）最大值 $y(0) = \dfrac{\pi}{4}$，最小值 $y(1) = 0$。

9. $\dfrac{2\sqrt{3}}{3}R$。

习题 3 - 5

1. （1）在 $(-\infty, -3]$，$[2, +\infty)$ 内是凸的；在 $[-3, 2]$ 内是凹的。$(-3, 294)$，$(2, 114)$ 为拐点。

（2）在 $(-\infty, +\infty)$ 内是凹的。

（3）在 $\left[0, \dfrac{1}{4}\right]$ 内是凸的；在 $(-\infty, 0]$，$\left[\dfrac{1}{4}, +\infty\right)$ 内是凹的。$(0, 0)$，$\left(\dfrac{1}{4}, -\dfrac{3}{16\sqrt[3]{16}}\right)$ 为

拐点。

（4）在 $\left(-\infty, -\sqrt{\dfrac{3}{2}}\right]$，$\left[0, \sqrt{\dfrac{3}{2}}\right]$ 内是凸的；在 $\left[-\sqrt{\dfrac{3}{2}}, 0\right]$，$\left[\sqrt{\dfrac{3}{2}}, +\infty\right)$ 内是凹的。

$\left(-\sqrt{\dfrac{3}{2}}, -\sqrt{\dfrac{3}{2}}e^{-\frac{3}{2}}\right)$，$\left(\sqrt{\dfrac{3}{2}}, \sqrt{\dfrac{3}{2}}e^{-\frac{3}{2}}\right)$，$(0, 0)$ 为拐点。

（5）在 $(0, +\infty)$ 内是凹的。

（6）在 $(-\infty, -1)$，$[0, 1)$ 内是凸的；在 $(-1, 0]$，$(1, +\infty)$ 内是凹的。$(0, 0)$ 为拐点。

2. 略。

3. $a = \dfrac{1}{3}$，$b = -1$，$c = \dfrac{8}{3}$。

4. $k = \pm\dfrac{\sqrt{2}}{8}$。

5.~7. 略

习题 3 - 6

1. $K = 0$。

2. $K = \dfrac{4\sqrt{5}}{25}, R = \dfrac{5\sqrt{5}}{4}$。

3. 在$(\pm a, 0)$处曲率最大;在$(0, \pm b)$处曲率最小。

4. $a = 2, b = -3, c = 3$。

5. $\left(\dfrac{\sqrt{2}}{2}, \ln \dfrac{\sqrt{2}}{2}\right)$处曲率半径有最小值$\dfrac{3\sqrt{3}}{2}$。

第 四 章

习题 4-1

1. $\dfrac{1}{12}x^4 + C_1 x + C_2$($C_1, C_2$ 是两个任意常数)。

2. $y = \dfrac{5}{3}x^3$。

3. $y = \ln |x| + 1$。

4. 略。

5. (1) $-\dfrac{1}{x} + C$; (2) $\sqrt{\dfrac{2h}{g}} + C$; (3) $\dfrac{m}{m+n}y^{\frac{m+n}{m}} + C$;

(4) $\dfrac{x^3}{3} - \dfrac{2}{3}x^{\frac{3}{2}} + \dfrac{2}{5}x^{\frac{5}{2}} + C$; (5) $\dfrac{1}{2}x^2 + 3x + 3\ln |x| - \dfrac{1}{x} + C$;

(6) $\dfrac{1}{3}x^3 + \dfrac{3}{2}x^2 + 9x + C$; (7) $\dfrac{1}{2}x^2 - \sqrt{2}x + C$; (8) $-\dfrac{1}{x} + \arctan x + C$;

(9) $\dfrac{1}{\ln 3}3^x + \dfrac{5^x \mathrm{e}^{x+1}}{\ln 5 + 1} + C$; (10) $2x - \dfrac{5\left(\dfrac{2}{3}\right)^x}{\ln 2 - \ln 3} + C$;

(11) $x^3 - 6x + 3\arctan x + \cos x + \mathrm{e}^x + C$;

(12) $\dfrac{1}{2}(x + \sin x) + C$; (13) $\sin x - \cos x + C$; (14) $\dfrac{1}{2}\tan x + C$;

(15) $4\tan x - 9\cot x - x + C$; (16) $-\cot x - \tan x + C$; (17) $\dfrac{1}{2}\sec x + C$;

(18) $\dfrac{1}{2}\tan x + \dfrac{x}{2} + C$; (19) $\dfrac{5}{\sqrt{3}}\arctan \dfrac{x}{\sqrt{3}} - 3\arcsin \dfrac{x}{\sqrt{2}} + C$;

(20) $\ln |\csc x - \cot x| + 2\cos x + C$; (21) $a\,\mathrm{sh}\,x + b\,\mathrm{ch}\,x + C$。

习题 4-2

1. (1) $\dfrac{1}{3}$; (2) $\dfrac{1}{4}$; (3) $\dfrac{1}{2}$; (4) $\dfrac{1}{3}$; (5) $\dfrac{1}{\ln 2}$; (6) $\dfrac{1}{3}$; (7) $-\dfrac{1}{3}$; (8) 2; (9) $-\dfrac{2}{3}$; (10) $-\dfrac{1}{5}$;

(11) $\dfrac{1}{2}$; (12) -1; (13) -1; (14) 1; (15) $-\dfrac{1}{2}$; (16) $-\dfrac{1}{9}$; (17) $\dfrac{1}{3}$; (18) -2。

2. （1） $\dfrac{1}{3}\sin 3x + C$；

（2） $-\dfrac{1}{2}\cos(2x+3) + C$；

（3） $\dfrac{1}{a(1+k)}(ax+b)^{k+1} + C$；

（4） $-\dfrac{3}{4}\sqrt[3]{(3-2x)^2} + C$；

（5） $\dfrac{1}{2}\ln|2x-8| + C$；

（6） $-\dfrac{1}{\beta}\sin(\alpha-\beta x) + C$；

（7） $-\dfrac{1}{\ln 3}3^{-x} + C$；

（8） $\dfrac{1}{12}\ln|1+4x^3| + C$；

（9） $\dfrac{2}{3}(1+x^2)^{\frac{3}{2}} + C$；

（10） $\dfrac{5}{18}(x^3+4)^{\frac{6}{5}} + C$；

（11） $\dfrac{3}{8}(16+x^4)^{\frac{2}{3}} + C$；

（12） $-\dfrac{1}{3}e^{-x^3} + C$；

（13） $-\dfrac{1}{\ln x} + C$；

（14） $\ln|\ln\ln x| + C$；

（15） $\arctan e^x + C$；

（16） $-\dfrac{1}{\arcsin x} + C$；

（17） $-\dfrac{10^{2\arccos x}}{2\ln 10} + C$；

（18） $\dfrac{1}{2\cos^2 x} + C$；

（19） $\dfrac{3}{2}\sqrt[3]{(\sin x - \cos x)^2} + C$；

（20） $\sin x - \dfrac{1}{3}\sin^3 x + C$

（21） $\dfrac{1}{2}\cos x - \dfrac{1}{10}\cos 5x + C$；

（22） $-\dfrac{4}{3}\sin^3\dfrac{x}{2} + 2\sin\dfrac{x}{2} + C$；

（23） $\dfrac{1}{2}\arcsin\dfrac{2}{3}x + \dfrac{1}{4}\sqrt{9-4x^2} + C$；

（24） $\dfrac{1}{2\sqrt{2}}\ln\left|\dfrac{\sqrt{2}x-1}{\sqrt{2}x+1}\right| + C$；

（25） $\dfrac{1}{3}\sec^3 x - \sec x + C$；

（26） $(\arctan\sqrt{x})^2 + C$；

（27） $-\dfrac{1}{x\ln x} + C$；

（28） $\dfrac{1}{2}(\ln\tan x)^2 + C$；

（29） $\arccos\dfrac{1}{|x|} + C$；

（30） $\dfrac{3}{14}(1+x^2)^{\frac{7}{3}} - \dfrac{3}{8}(1+x^2)^{\frac{4}{3}} + C$；

（31） $\dfrac{1}{5}(1+x^3)^{\frac{5}{3}} - \dfrac{1}{2}(1+x^3)^{\frac{2}{3}} + C$；

（32） $\dfrac{1}{2}\ln(e^{2x}+2e^x+2) - \arctan(e^x+1) + C$；

（33） $\ln\left|\dfrac{xe^x}{1+xe^x}\right| + C$；

（34） $-\ln(e^{-x}+\sqrt{1+e^{-2x}}) + C$；

（35） $\dfrac{1}{\sqrt{2}}\arctan\left(\dfrac{x\ln x}{\sqrt{2}}\right) + C$；

（36） $\pm\arcsin\left(\dfrac{\sin x}{\sqrt{2}}\right) + C$。

3. （1）$\arccos \dfrac{1}{|x|} + C$ 或 $\left| \arccos \dfrac{1}{x} \right| + C$ 或 $\arctan \sqrt{x^2 - 1} + C$；

（2）$\dfrac{x}{\sqrt{1 + x^2}} + C$；

（3）$\sqrt{x^2 - 9} - 3\arccos \dfrac{3}{|x|} + C$；

（4）$\dfrac{1}{2}\left(\arctan x - \dfrac{x}{1 + x^2} \right) + C$；

（5）$\dfrac{x}{\sqrt{1 - x^2}} + \dfrac{x}{2}\sqrt{1 - x^2} - \dfrac{3}{2}\arcsin x + C$；

（6）$\dfrac{1}{2}\ln \left| \sqrt{4x^2 + 9} + 2x \right| + C$；

（7）$-\dfrac{(a^2 - x^2)^{\frac{3}{2}}}{3a^2 x^3} + C$；

（8）$-\dfrac{\sqrt{a^2 + x^2}}{a^2 x} + C$。

习题 4 - 3

1. （1）$-x\cos x + \sin x + C$；

（2）$x\ln x - x + C$；

（3）$x\arcsin x + \sqrt{1 - x^2} + C$；

（4）$\dfrac{1}{3}x^3 \arctan x - \dfrac{1}{6}x^2 + \dfrac{1}{6}\ln(1 + x^2) + C$；

（5）$x^2 \sin x + 2x\cos x - 2\sin x + C$；

（6）$\dfrac{1}{3}x^3 \ln x - \dfrac{1}{9}x^3 + C$；

（7）$\dfrac{1}{3}e^{3x}\left(x^2 - \dfrac{2}{3}x + \dfrac{2}{9} \right) + C$；

（8）$-\dfrac{2}{17}e^{-2x}\left(\cos \dfrac{x}{2} + 4\sin \dfrac{x}{2} \right) + C$；

（9）$2x\sin \dfrac{x}{2} + 4\cos \dfrac{x}{2} + C$；

（10）$x(\ln x)^2 - 2x\ln x + 2x + C$；

（11）$x\ln\left(x + \sqrt{x^2 + 1} \right) - \sqrt{x^2 + 1} + C$；

（12）$\dfrac{1}{2}x\left[\sin(\ln x) - \cos(\ln x) \right] + C$；

（13）$\dfrac{1}{4}(2x - 5)\cos 2x + \dfrac{1}{2}\left(x^2 - 5x + \dfrac{13}{2} \right)\sin 2x + C$；

（14）$\ln x\left[\ln(\ln x) - 1 \right] + C$；

（15）$\dfrac{e^{\alpha x}}{\alpha^2 + \beta^2}\left[\alpha\cos \beta x + \beta\sin \beta x \right] + C$；

（16）$\dfrac{1}{4}x^2 + \dfrac{x}{4}\sin 2x + \dfrac{1}{8}\cos 2x + C$；

（17）$x(\arcsin x)^2 + 2\sqrt{1-x^2}\arcsin x - 2x + C$；

（18）$\dfrac{1}{2}\mathrm{e}^x - \dfrac{1}{5}\mathrm{e}^x\sin 2x - \dfrac{1}{10}\mathrm{e}^x\cos 2x + C$；

（19）$\tan x\ln \sin x - x + C$；

（20）$-\dfrac{1}{2}\csc x\cot x + \dfrac{1}{2}\ln |\csc x - \cot x| + C$；

（21）$-\dfrac{1}{2}\left[\dfrac{x}{\sin^2 x} + \cot x\right] + C$；

（22）$\mathrm{e}^{\arcsin x}(\arcsin x - 1) + C$；

（23）$\sqrt{1+x^2}\arctan x - \ln |x + \sqrt{1+x^2}| + C$；

（24）$\dfrac{x}{n+1}\left(\ln x - \dfrac{1}{n+1}\right) + C_。$

2.~3. 略。

习题 4－4

1. （1）$\dfrac{1}{3}x^3 - x^2 + 4x - 8\ln |x+2| + C$；

（2）$\ln |x+2| - \ln |x+3| + C$；

（3）$\dfrac{1}{3}x^3 + \dfrac{1}{2}x^2 + x + 8\ln |x| - 4\ln |x+1| - 3\ln |x-1| + C$；

（4）$x - \dfrac{1}{3}\ln \left|\dfrac{x+1}{\sqrt{x^2-x+1}}\right| + \sqrt{3}\arctan \dfrac{2x-1}{\sqrt{3}} + C$；

（5）$4\ln |x| - \dfrac{7}{4}\ln |2x-1| - \dfrac{9}{4}\ln |2x+1| + C$；

（6）$-\dfrac{1}{4}\ln |1-x^2| - \dfrac{1}{2}\arctan x + C$；

（7）$\dfrac{1}{x+1} + \ln \sqrt{x^2-1} + C$；

（8）$\ln \left|\dfrac{x}{x-1}\right| - \dfrac{1}{x-1} + C$；

（9）$-\dfrac{1}{2}\ln \dfrac{x^2+1}{x^2+x+1} + \dfrac{\sqrt{3}}{3}\arctan \dfrac{2x+1}{\sqrt{3}} + C$；

（10）$\dfrac{1}{4}\ln \dfrac{x^4}{(1+x)^2(1+x^2)} - \dfrac{1}{2}\arctan x + C$；

$(11)\dfrac{\sqrt{2}}{8}\ln\dfrac{x^2+\sqrt{2}x+1}{x^2-\sqrt{2}x+1}+\dfrac{\sqrt{2}}{4}\arctan\ (\sqrt{2}x+1)+\dfrac{\sqrt{2}}{4}\arctan\ (\sqrt{2}x-1)+C;$

$(12)-\dfrac{x+1}{x^2+x+1}-\dfrac{4}{\sqrt{3}}\arctan\dfrac{2x+1}{\sqrt{3}}+C。$

2. $(1)\ln\ |1+\sin x|+C;$ 　　　　　　$(2)-\dfrac{1}{2\sqrt{3}}\arctan\left(\dfrac{\sqrt{3}}{2}\cot x\right)+C;$

$(3)\dfrac{2}{\sqrt{3}}\arctan\dfrac{2\tan\dfrac{x}{2}+1}{\sqrt{3}}+C;$ 　　　$(4)\dfrac{1}{\sqrt{2}}\arctan\dfrac{\tan\dfrac{x}{2}}{\sqrt{2}}+C;$

$(5)\dfrac{1}{4}\tan^2\dfrac{x}{2}+\tan\dfrac{x}{2}+\dfrac{1}{2}\ln\tan\dfrac{x}{2}+C;$ 　$(6)\dfrac{1}{4}\ln\left|\tan\dfrac{x}{2}\right|+\dfrac{1}{8}\tan^2\dfrac{x}{2}+C;$

$(7)\ln\ |x+\sin x|+C;$ 　　　　　　　$(8)-2\cos\dfrac{x}{2}+2\sin\dfrac{x}{2}+C;$

$(9)\sqrt{2}\ln\left|\csc\dfrac{x}{2}-\cot\dfrac{x}{2}\right|+C;$ 　　$(10)\dfrac{\sin x}{2\cos^2 x}-\dfrac{1}{2}\ln\ |\sec x+\tan x|+C;$

$(11)x\tan\dfrac{x}{2}+C;$ 　　　　　　　$(12)\mathrm{e}^{\sin x}(x-\sec x)+C。$

3. $(1)\dfrac{3}{2}\sqrt[3]{(x+1)^2}-3\sqrt[3]{x+1}+3\ln\left|1+\sqrt[3]{x+1}\right|+C;$

$(2)2\sqrt{x}-4\sqrt[4]{x}+4\ln\ (1+\sqrt[4]{x})+C;$

$(3)\dfrac{4}{3}\left[\sqrt[4]{x^3}-\ln\ (1+\sqrt[4]{x^3})\right]+C;$

$(4)2\ \sqrt{x-2}+\sqrt{2}\arctan\dfrac{\sqrt{x-2}}{\sqrt{2}}+C;$

$(5)6\ln\dfrac{\sqrt[6]{x}}{\sqrt[6]{x}+1}+C;$

$(6)\dfrac{1}{2}x^2-\dfrac{2}{3}\sqrt{x^3}+x+C;$

$(7)2\ \sqrt{2x+1}+\ln\left|\dfrac{\sqrt{2x+1}}{\sqrt{2x+1}+1}\right|+C;$

$(8)\dfrac{1}{15}\sqrt[3]{(1-3x)^5}-\dfrac{1}{6}\sqrt[3]{(1-3x)^2}+C;$

$(9)2\arctan\sqrt{x}+C;$

$(10)-2\sqrt{\dfrac{1+x}{x}}-2\ln\ (\sqrt{1+x}-\sqrt{x})+C;$

（11）$\ln \dfrac{\sqrt{1+\mathrm{e}^x}-1}{\sqrt{1+\mathrm{e}^x}+1}+C$ 或 $-2\ln\left(\mathrm{e}^{-\frac{x}{2}}+\sqrt{1+\mathrm{e}^x}\right)+C$

（12）$\dfrac{2}{9}(3x+1)^{\frac{3}{2}}-\dfrac{1}{3}(2x+1)^{\frac{3}{2}}+C_\circ$

4. （1）$\ln|x|-\dfrac{2}{7}\ln|1+x^7|+C$；

（2）$-\dfrac{1}{33}\cdot\dfrac{1}{(x-1)^{99}}-\dfrac{3}{49(x-1)^{98}}-\dfrac{6}{97(x-1)^{97}}-\dfrac{1}{48(x-1)^{96}}+C$；

（3）$\dfrac{2}{5}x^{\frac{5}{2}}+\dfrac{2}{3}x^{\frac{3}{2}}-\dfrac{2}{5}(x+1)^{\frac{5}{2}}+\dfrac{2}{3}(x+1)^{\frac{3}{2}}+C$；

（4）$\dfrac{1}{4\cos^4 x}+\dfrac{1}{\cos^2 x}-\dfrac{1}{2\sin^2 x}+3\ln|\csc 2x-\cot 2x|+C$；

（5）$x\arctan x-\dfrac{1}{2}\ln(1+x^2)-\dfrac{1}{2}(\arctan x)^2+C$；

（6）$2\sqrt{f(\ln x)}+C$；

（7）$-\sec x-\tan x+x+C$；

（8）$\dfrac{1}{\sqrt{6}}\arctan\left(\sqrt{\dfrac{2}{3}}\tan x\right)+C$；

（9）$\dfrac{2}{\sqrt{7}}\arctan\left[\dfrac{2}{\sqrt{7}}\left(\tan x+\dfrac{1}{2}\right)\right]+C$（令 $t=\tan x$）；

（10）$\arcsin x-\dfrac{x}{1+\sqrt{1-x^2}}+C_\circ$

第 五 章

习题 5-1

1. （1）$\displaystyle\int_0^a x\,\mathrm{d}x$ 表示由直线 $y=x$，x 轴及直线 $x=a$ 所围成的面积，显然面积为 $\dfrac{a^2}{2}$；

（2）$\displaystyle\int_0^1\sqrt{1-x^2}\,\mathrm{d}x$ 表示由曲线 $y=\sqrt{1-x^2}$、x 轴及 y 轴所围成的四分之一圆的面积，即圆 $x^2+y^2=1$ 的面积的 $\dfrac{1}{4}$，故为 $\dfrac{\pi}{4}$；

（3）由于 $y=\sin x$ 为奇函数，在关于原点对称的区间 $[-\pi,\pi]$ 上与 x 轴所夹的面积的代数和为零，即

$$\int_{-\pi}^{\pi}\sin x\,\mathrm{d}x=0$$

（4）$\int_{-\frac{\pi}{2}}^{\frac{\pi}{2}} \cos x \mathrm{d}x$ 表示由曲线 $y = \cos x$ 与 x 轴上 $\left[-\dfrac{\pi}{2}, \dfrac{\pi}{2}\right]$ 一段所围成图形的面积。因为 $\cos x$

为偶函数，所以此图形关于 y 轴对称，因此图形面积的一半为 $\int_{0}^{\frac{\pi}{2}} \cos x \mathrm{d}x$，即

$$\int_{-\frac{\pi}{2}}^{\frac{\pi}{2}} \cos x \mathrm{d}x = 2\int_{0}^{\frac{\pi}{2}} \cos x \mathrm{d}x$$

2.（1）$\int_{0}^{1} \dfrac{1}{1+x^2} \mathrm{d}x$；　　　　（2）$\int_{0}^{1} \sqrt{1+x}\,\mathrm{d}x$；　　　　（3）$\int_{0}^{1} \sin \pi x \mathrm{d}x$ 或 $\dfrac{1}{\pi}\int_{0}^{\pi} \sin x \mathrm{d}x$。

3. $x - 2$。

4.（1）对；（2）错；（3）对。

5.（1）$I < 0$；（2）$I > 0$。

6.（1）$\dfrac{1}{2\mathrm{e}} \leqslant I \leqslant 1$；（2）$\dfrac{2}{\sqrt[4]{\mathrm{e}}} \leqslant I \leqslant 2\mathrm{e}^2$。

7. 同积分中值定理的证明。

习题 5 - 2

1.（1）$\sin x^2 \cos x$；　（2）$3x^5 \sqrt{1+x^3}$；　（3）$\dfrac{4x^3 \sin x^4}{\sqrt{1+\mathrm{e}^{x^4}}} - \dfrac{2x\sin x^2}{\sqrt{1+\mathrm{e}^{x^2}}}$。

2. $x_t' = \sin t, y_t' = \cos t, \dfrac{\mathrm{d}y}{\mathrm{d}x} = \dfrac{y_t'}{x_t'} = \cot t$。

3. $\dfrac{\mathrm{d}y}{\mathrm{d}x} = -\dfrac{\cos x}{\mathrm{e}^y}$。

4. $x = 0$ 是函数 $f(x)$ 的极小值点。

5. $\dfrac{1}{12}$。

6.（1）1；（2）$\dfrac{\pi^2}{4}$；（3）0；（4）e^{-2}。

7. $a = \dfrac{1}{3}$。

8. 根据积分中值定理，存在 $\xi \in [a, x]$，使 $\int_{a}^{x} f(t)\mathrm{d}t = f(\xi)(x-a)$。于是有

$$F'(x) = -\frac{1}{(x-a)^2}\int_{a}^{x} f(t)\mathrm{d}t + \frac{1}{x-a}f(x)$$

$$= \frac{1}{x-a}f(x) - \frac{1}{(x-a)^2}f(\xi)(x-a)$$

$$= \frac{1}{x-a}[f(x) - f(\xi)]$$

由 $f'(x) \le 0$ 可知 $f(x)$ 在 $[a,b]$ 上是单调减少的，而 $a \le \xi \le x$，所以 $f(x) - f(\xi) \le 0$。又在 (a,b) 内，$x - a > 0$，所以在 (a,b) 内

$$F'(x) = \frac{1}{x-a}[f(x) - f(\xi)] \le 0$$

9. **提示**：证 $F(x)$ 在 $[a,b]$ 上单调递增，并用零点定理。

10. （1）$a^3 - \frac{1}{2}a^2 + a$；　　　　（2）$\frac{21}{8}$；　　　　（3）$\frac{271}{6}$；

（4）$\frac{\pi}{6}$；　　　　（5）$\frac{\pi}{3}$；　　　　（6）$\frac{\pi}{3a}$；

（7）$\frac{\pi}{6}$；　　　　（8）$1 + \frac{\pi}{4}$；　　　　（9）-1；

（10）$1 - \frac{\pi}{4}$；　　　　（11）4；　　　　（12）$\frac{8}{3}$。

11. $\varphi(x) = \begin{cases} 0, & x < 0 \\ \frac{1}{2}(1 - \cos x), & 0 \le x \le \pi \\ 1, & x \ge \pi \end{cases}$。

12. **提示**：（1）原式 $= \int_0^1 \frac{1}{1+x}\mathrm{d}x = \ln(1+x)\Big|_0^1 = \ln 2$；

　　　　　　（2）原式 $= \int_0^1 \sqrt{x}\,\mathrm{d}x = \frac{2}{3}x^{\frac{3}{2}}\Big|_0^1 = \frac{2}{3}$。

习题 5－3

1. （1）$-\frac{1+\sqrt{3}}{2}$；　　　　（2）$\frac{51}{512}$；　　　　（3）$\frac{1}{4}$；

（4）$\pi - \frac{4}{3}$；　　　　（5）$\frac{\pi}{6} - \frac{\sqrt{3}}{8}$；　　　　（6）$\frac{\pi}{2}$；

（7）$\sqrt{2}(\pi + 2)$；　　　　（8）$1 - \frac{\pi}{4}$；　　　　（9）$\frac{a^4 \pi}{16}$；

（10）$\sqrt{2} - \frac{2\sqrt{3}}{3}$；　　　　（11）$\frac{1}{6}$；　　　　（12）$2\left(1 + \ln\frac{2}{3}\right)$；

（13）$1 - 2\ln 2$；　　　　（14）$a(\sqrt{3} - 1)$；　　　　（15）$1 - \mathrm{e}^{-\frac{1}{2}}$；

（16）$2(\sqrt{3} - 1)$；　　　　（17）$\frac{\pi}{2}$；　　　　（18）$\frac{2}{3}$；

（19）$\frac{4}{3}$；　　　　（20）$2\sqrt{2}$；　　　　（21）$\frac{11}{2}$；

（22）$10 - \frac{8}{3}\sqrt{2}$。

2. (1)0;   (2)$\dfrac{3\pi}{2}$;   (3)$\dfrac{\pi^3}{324}$;   (4)0。

3. 提示:令 $x = a + b - t$。

4. 证明略。

5. 提示:令 $1 - x = t$。

6. 提示:令 $x = \pi - t$。

7. 证明略。

8. $\tan \dfrac{1}{2} - \dfrac{1}{2}e^{-4} + \dfrac{1}{2}$。

9. $\dfrac{x}{1 + \cos^2 x} + \dfrac{\pi^2}{2}$。 提示:利用本节例 6 中的结论。

习题 5 - 4

1. (1)$1 - \dfrac{2}{e}$;(2)$\dfrac{1}{4}(e^2 + 1)$;(3)$\dfrac{1}{2}(e^{\frac{\pi}{2}} - 1)$;(4)$\dfrac{9 - 4\sqrt{3}}{36}\pi + \dfrac{1}{2}\ln \dfrac{3}{2}$;

    (5)$\dfrac{4\pi}{3} - 2\ln(2 + \sqrt{3})$; (6)$\dfrac{1}{2}(e^{\frac{\pi}{2}} - 1)$; (7)$2(1 - \dfrac{1}{e})$; (8)$\dfrac{\sqrt{3}}{12}\pi + \dfrac{1}{2}$;

    (9)$\ln 2 - \dfrac{1}{2}$。

2. 8。

3. 提示:设 $F(u) = \displaystyle\int_0^u f(t)\,\mathrm{d}t$。

习题 5 - 5

1. (1)e^{-1}; (2)π; (3)$1 - \ln 2$; (4)$\ln 2$;(5)1; (6)$\dfrac{1}{2}$。

2. 当 $k > 1$ 时, 反常积分 $\displaystyle\int_2^{+\infty} \dfrac{\mathrm{d}x}{x(\ln x)^k}$ 收敛于 $\dfrac{1}{k - 1}(\ln 2)^{1 - k}$,当 $k \leqslant 1$ 时发散。

3. (1)1;(2)发散;(3)$\dfrac{8}{3}$;(4)$\dfrac{\pi}{2}$。

4. 当 $k < 1$ 时,收敛于 $\dfrac{1}{1 - k}(b - a)^{1 - k}$;当 $k \geqslant 1$ 时发散。

第 六 章

习题 6 - 2

1. (1)$6\pi - \dfrac{4}{3}$;(2)$\dfrac{3}{2} - \ln 2$;(3)$\dfrac{3}{8}\pi a^2$;(4)$\dfrac{1}{4}a^2(e^{2\pi} - e^{-2\pi})$; (5)$\dfrac{\pi}{6} + \dfrac{1 - \sqrt{3}}{2}$。

2. $\dfrac{8}{3}a^2$。

3. $\dfrac{4\sqrt{3}}{3}ab^2$。

5. $160\pi^2$。

6. $7\pi^2 a^3$。

7. $2\pi^2 a^2 b$。

8. $\dfrac{512}{7}\pi$。

9. $\dfrac{1}{4}(1+e^2)$。

10. $\sqrt{6}+\ln(\sqrt{2}+\sqrt{3})$。

11. $\left(\left(\dfrac{2}{3}\pi-\dfrac{\sqrt{3}}{2}\right)a,\dfrac{3}{2}a\right)$。

12. $\dfrac{5}{12}+\ln\dfrac{3}{2}$。

13. $8a$。

14. $2\pi a^2(2-\sqrt{2})$。

15. $y=-\dfrac{5}{3}x^2+2x$。

16. $\dfrac{\pi}{6}(5e^2-12e+3)$。

习题 6-3

1. 0.135 J。

2. $\dfrac{27}{7}kc^{\frac{2}{3}}a^{\frac{7}{3}}$。

3. $800\pi\ln 2$ J。

4. $3\ 822$ J。

5. $\dfrac{4}{3}\pi gr^4$。

6. $\sqrt{2}-1$ cm。

7. $\dfrac{2k\rho m}{R}\sin\dfrac{\varphi}{2}$。

8. $\dfrac{1}{6}agh^2$。

9. 2 m。

附录 Ⅰ　几种常用的曲线

（1）三次抛物线

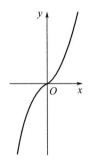

$$y = ax^3$$

（2）半立方抛物线

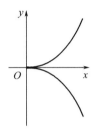

$$y^2 = ax^3$$

（3）概率曲线

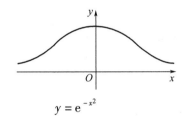

$$y = e^{-x^2}$$

（4）箕舌线

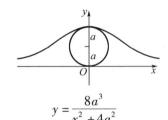

$$y = \frac{8a^3}{x^2 + 4a^2}$$

（5）蔓叶线

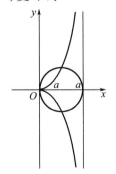

$$y^2(2a - x) = x^3$$

（6）笛卡儿叶形线

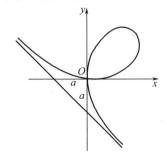

$$x^3 + y^3 - 3axy = 0$$
$$x = \frac{3at}{1 + t^3}, y = \frac{3at^2}{1 + t^3}$$

（7）星形线（内摆线的一种）

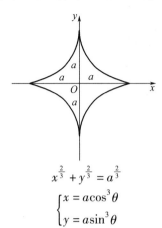

$$x^{\frac{2}{3}} + y^{\frac{2}{3}} = a^{\frac{2}{3}}$$

$$\begin{cases} x = a\cos^3\theta \\ y = a\sin^3\theta \end{cases}$$

（8）摆线

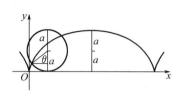

$$\begin{cases} x = a(\theta - \sin\theta) \\ y = a(1 - \cos\theta) \end{cases}$$

（9）心形线（外摆线的一种）

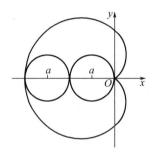

$$x^2 + y^2 + ax = a\sqrt{x^2 + y^2}$$
$$\rho = a(1 - \cos\theta)$$

（10）阿基米德螺线

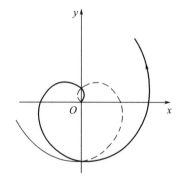

$$\rho = a\theta$$

（11）对数螺线

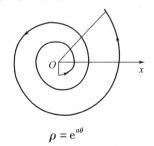

$$\rho = e^{a\theta}$$

（12）双曲螺线

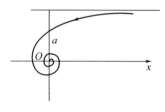

$$\rho\theta = a$$

（13）伯努利双纽线

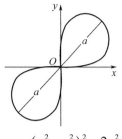

$$(x^2+y^2)^2=2a^2xy$$
$$\rho^2=a^2\sin 2\theta$$

（14）伯努利双纽线

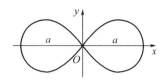

$$(x^2+y^2)^2=a^2(x^2-y^2)$$
$$\rho^2=a^2\cos 2\theta$$

（15）三叶玫瑰线

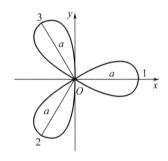

$$\rho=a\cos 3\theta$$

（16）三叶玫瑰线

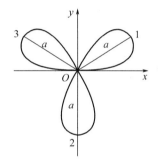

$$\rho=a\sin 3\theta$$

（17）四叶玫瑰线

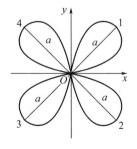

$$\rho=a\sin 2\theta$$

（18）四叶玫瑰线

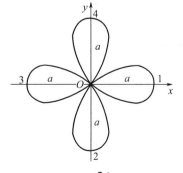

$$\rho=a\cos 2\theta$$

附录Ⅱ 积 分 公 式

(一)含有 $ax - b$ 的积分

1. $\displaystyle\int \frac{\mathrm{d}x}{ax + b} = \frac{1}{a}\ln \mid ax + b \mid + C$

2. $\displaystyle\int (ax + b)^{\mu}\mathrm{d}x = \frac{1}{a(\mu + 1)}(ax + b)^{\mu+1} + C(\mu \neq -1)$

3. $\displaystyle\int \frac{x}{ax + b}\mathrm{d}x = \frac{1}{a^2}(ax + b - b\ln \mid ax + b \mid) + C$

4. $\displaystyle\int \frac{x^2}{ax + b}\mathrm{d}x = \frac{1}{a^3}\Big[\frac{1}{2}(ax + b)^2 - 2b(ax + b) + b^2\ln \mid ax + b \mid\Big] + C$

5. $\displaystyle\int \frac{\mathrm{d}x}{x(ax + b)} = -\frac{1}{b}\ln \left|\frac{ax + b}{x}\right| + C$

6. $\displaystyle\int \frac{\mathrm{d}x}{x^2(ax + b)} = -\frac{1}{bx} + \frac{a}{b^2}\ln \left|\frac{ax + b}{x}\right| + C$

7. $\displaystyle\int \frac{x}{(ax + b)^2}\mathrm{d}x = \frac{1}{a^2}\Big(\ln \mid ax + b \mid + \frac{b}{ax + b}\Big) + C$

8. $\displaystyle\int \frac{x^2}{(ax + b)^2}\mathrm{d}x = \frac{1}{a^3}\Big(ax + b - 2b\ln \mid ax + b \mid - \frac{b^2}{ax + b}\Big) + C$

9. $\displaystyle\int \frac{\mathrm{d}x}{x(ax + b)^2} = \frac{1}{b(ax + b)} - \frac{1}{b^2}\ln \left|\frac{ax + b}{x}\right| + C$

(二)含有 $\sqrt{ax + b}$ 的积分

10. $\displaystyle\int \sqrt{ax + b}\,\mathrm{d}x = \frac{2}{3a}\sqrt{(ax + b)^3} + C$

11. $\displaystyle\int x\sqrt{ax + b}\,\mathrm{d}x = \frac{2}{15a^2}(3ax - 2b)\sqrt{(ax + b)^3} + C$

12. $\displaystyle\int x^2\sqrt{ax + b}\,\mathrm{d}x = \frac{2}{105a^3}(15a^2x^2 - 12abx + 8b^2)\sqrt{(ax + b)^3} + C$

13. $\displaystyle\int \frac{x}{\sqrt{ax + b}}\mathrm{d}x = \frac{2}{3a^2}(ax - 2b)\sqrt{ax + b} + C$

14. $\int \dfrac{x^2}{\sqrt{ax+b}}dx = \dfrac{2}{15a^3}(3a^2x^2 - 4abx + 8b^2)\sqrt{ax+b} + C$

15. $\int \dfrac{dx}{x\sqrt{ax+b}} = \begin{cases} \dfrac{1}{\sqrt{b}}\ln\left|\dfrac{\sqrt{ax+b}-\sqrt{b}}{\sqrt{ax+b}+\sqrt{b}}\right| + C & (b>0) \\[4mm] \dfrac{2}{\sqrt{-b}}\arctan\sqrt{\dfrac{ax+b}{-b}} + C & (b<0) \end{cases}$

16. $\int \dfrac{dx}{x^2\sqrt{ax+b}} = -\dfrac{\sqrt{ax+b}}{bx} - \dfrac{a}{2b}\int \dfrac{dx}{x\sqrt{ax+b}}$

17. $\int \dfrac{\sqrt{ax+b}}{x^2}dx = 2\sqrt{ax+b} + b\int \dfrac{dx}{x\sqrt{ax+b}}$

18. $\int \dfrac{\sqrt{ax+b}}{x^2}dx = -\dfrac{\sqrt{ax+b}}{x} + \dfrac{a}{2}\int \dfrac{dx}{x\sqrt{ax+b}}$

（三）含有 $x^2 \pm a^2$ 的积分

19. $\int \dfrac{dx}{x^2+a^2} = \dfrac{1}{a}\arctan\dfrac{x}{a} + C$

20. $\int \dfrac{dx}{(x^2+a^2)^n} = \dfrac{x}{2(n-1)a^2(x^2+a^2)^{n-1}} + \dfrac{2n-3}{2(n-1)a^2}\int \dfrac{dx}{(x^2+a^2)^{n-1}}$

21. $\int \dfrac{dx}{x^2-a^2} = \dfrac{1}{2a}\ln\left|\dfrac{x-a}{x+a}\right| + C$

（四）含有 $ax^2 + b(a>0)$ 的积分

22. $\int \dfrac{dx}{ax^2+b} = \begin{cases} \dfrac{1}{\sqrt{ab}}\arctan\sqrt{\dfrac{a}{b}}x + C & (b>0) \\[4mm] \dfrac{1}{2\sqrt{-ab}}\ln\left|\dfrac{\sqrt{a}x-\sqrt{-b}}{\sqrt{a}x+\sqrt{-b}}\right| + C & (b<0) \end{cases}$

23. $\int \dfrac{x}{ax^2+b}dx = \dfrac{1}{2a}\ln|ax^2+b| + C$

24. $\int \dfrac{x^2}{ax^2+b}dx = \dfrac{x}{a} - \dfrac{b}{a}\int \dfrac{dx}{ax^2+b}$

25. $\int \dfrac{dx}{x(ax^2+b)} = \dfrac{1}{2b}\ln\dfrac{x^2}{|ax^2+b|} + C$

26. $\int \dfrac{dx}{x^2(ax^2+b)} = -\dfrac{1}{bx} - \dfrac{a}{b}\int \dfrac{dx}{ax^2+b}$

27. $\displaystyle\int \frac{\mathrm{d}x}{x^3(ax^2+b)} = \frac{a}{2b^2}\ln\frac{|\,ax^2+b\,|}{x^2} - \frac{1}{2bx^2} + C$

28. $\displaystyle\int \frac{\mathrm{d}x}{(ax^2+b)^2} = \frac{x}{2b(ax^2+b)} + \frac{1}{2b}\int\frac{\mathrm{d}x}{ax^2+b}$

（五）含有 $ax^2+bx+c\,(a>0)$ 的积分

29. $\displaystyle\int \frac{\mathrm{d}x}{ax^2+bx+c} = \begin{cases} \dfrac{2}{\sqrt{4ac-b^2}}\arctan\dfrac{2ax+b}{\sqrt{4ac-b^2}} + C & (b^2<4ac) \\[4mm] \dfrac{1}{\sqrt{b^2-4ac}}\ln\left|\dfrac{2ax+b-\sqrt{b^2-4ac}}{2ax+b+\sqrt{b^2-4ac}}\right| + C & (b^2>4ac) \end{cases}$

30. $\displaystyle\int \frac{x}{ax^2+bx+c}\mathrm{d}x = \frac{1}{2a}\ln|\,ax^2+bx+c\,| - \frac{b}{2a}\int\frac{\mathrm{d}x}{ax^2+bx+c}$

（六）含有 $\sqrt{x^2+a^2}\,(a>0)$ 的积分

31. $\displaystyle\int \frac{\mathrm{d}x}{\sqrt{x^2+a^2}} = \operatorname{arsh}\frac{x}{a} + C_1 = \ln(x+\sqrt{x^2+a^2}) + C$

32. $\displaystyle\int \frac{\mathrm{d}x}{\sqrt{(x^2+a^2)^3}} = \frac{x}{a^2\sqrt{x^2+a^2}} + C$

33. $\displaystyle\int \frac{x}{\sqrt{x^2+a^2}}\mathrm{d}x = \sqrt{x^2+a^2} + C$

34. $\displaystyle\int \frac{x}{\sqrt{(x^2+a^2)^3}}\mathrm{d}x = -\frac{1}{\sqrt{x^2+a^2}} + C$

35. $\displaystyle\int \frac{x^2}{\sqrt{x^2+a^2}}\mathrm{d}x = \frac{x}{2}\sqrt{x^2+a^2} - \frac{a^2}{2}\ln(x+\sqrt{x^2+a^2}) + C$

36. $\displaystyle\int \frac{x^2}{\sqrt{(x^2+a^2)^3}}\mathrm{d}x = -\frac{x}{x^2+a^2} + \ln(x+\sqrt{x^2+a^2}) + C$

37. $\displaystyle\int \frac{\mathrm{d}x}{x\sqrt{x^2+a^2}} = \frac{1}{a}\ln\frac{\sqrt{x^2+a^2}-a}{|\,x\,|} + C$

38. $\displaystyle\int \frac{\mathrm{d}x}{x^2\sqrt{x^2+a^2}} = -\frac{\sqrt{x^2+a^2}}{a^2x} + C$

39. $\displaystyle\int \sqrt{x^2+a^2}\,\mathrm{d}x = \frac{x}{2}\sqrt{x^2+a^2} + \frac{a^2}{2}\ln(x+\sqrt{x^2+a^2}) + C$

40. $\displaystyle\int \sqrt{(x^2+a^2)^3}\,\mathrm{d}x = \frac{x}{8}(2x^2+5a^2)\sqrt{x^2+a^2} + \frac{3}{8}a^4\ln(x+\sqrt{x^2+a^2}) + C$

41. $\int x \sqrt{x^2 + a^2}\,dx = \dfrac{1}{3} \sqrt{(x^2 + a^2)^3} + C$

42. $\int x^2 \sqrt{x^2 + a^2}\,dx = \dfrac{x}{8}(2x^2 + a^2) \sqrt{x^2 + a^2} - \dfrac{a^4}{8}\ln(x + \sqrt{x^2 + a^2}) + C$

43. $\int \dfrac{\sqrt{x^2 + a^2}}{x}\,dx = \sqrt{x^2 + a^2} + a\ln \dfrac{\sqrt{x^2 + a^2} - a}{|x|} + C$

44. $\int \dfrac{\sqrt{x^2 + a^2}}{x^2}\,dx = -\dfrac{\sqrt{x^2 + a^2}}{x} + \ln(x + \sqrt{x^2 + a^2}) + C$

（七）含有 $\sqrt{x^2 - a^2}\,(a > 0)$ 的积分

45. $\int \dfrac{dx}{\sqrt{x^2 - a^2}} = \dfrac{x}{|x|}\mathrm{arch}\,\dfrac{|x|}{a} + C_1 = \ln|x + \sqrt{x^2 - a^2}| + C$

46. $\int \dfrac{dx}{\sqrt{(x^2 - a^2)^3}} = -\dfrac{x}{a^2 \sqrt{x^2 - a^2}} + C$

47. $\int \dfrac{x}{\sqrt{x^2 - a^2}}\,dx = \sqrt{x^2 - a^2} + C$

48. $\int \dfrac{x}{\sqrt{(x^2 - a^2)^3}}\,dx = -\dfrac{1}{\sqrt{x^2 - a^2}} + C$

49. $\int \dfrac{x^2}{\sqrt{x^2 - a^2}}\,dx = \dfrac{x}{2} \sqrt{x^2 - a^2} + \dfrac{a^2}{2}\ln|x + \sqrt{x^2 - a^2}| + C$

50. $\int \dfrac{x^2}{\sqrt{(x^2 - a^2)^3}}\,dx = -\dfrac{x}{\sqrt{x^2 - a^2}} + \ln|x + \sqrt{x^2 - a^2}| + C$

51. $\int \dfrac{dx}{x \sqrt{x^2 - a^2}} = \dfrac{1}{a}\arccos \dfrac{a}{|x|} + C$

52. $\int \dfrac{dx}{x^2 \sqrt{x^2 - a^2}} = \dfrac{\sqrt{x^2 - a^2}}{a^2 x} + C$

53. $\int \sqrt{x^2 - a^2}\,dx = \dfrac{x}{2} \sqrt{x^2 - a^2} - \dfrac{a^2}{2}\ln|x + \sqrt{x^2 - a^2}| + C$

54. $\int \sqrt{(x^2 - a^2)^3}\,dx = \dfrac{x}{8}(2x^2 - 5a^2) \sqrt{x^2 - a^2} + \dfrac{3}{8}a^4\ln|x + \sqrt{x^2 - a^2}| + C$

55. $\int x \sqrt{x^2 - a^2}\,dx = \dfrac{1}{3} \sqrt{(x^2 - a^2)^3} + C$

56. $\int x^2 \sqrt{x^2 - a^2}\,dx = \dfrac{x}{8}(2x^2 - a^2) \sqrt{x^2 - a^2} - \dfrac{a^4}{8}\ln|x + \sqrt{x^2 - a^2}| + C$

57. $\displaystyle\int \frac{\sqrt{x^2-a^2}}{x}\mathrm{d}x = \sqrt{x^2-a^2} - a\arccos\frac{a}{|x|} + C$

58. $\displaystyle\int \frac{\sqrt{x^2-a^2}}{x^2}\mathrm{d}x = -\frac{\sqrt{x^2-a^2}}{x} + \ln|x+\sqrt{x^2-a^2}| + C$

（八）含有 $\sqrt{a^2-x^2}\,(a>0)$ 的积分

59. $\displaystyle\int \frac{\mathrm{d}x}{\sqrt{a^2-x^2}} = \arcsin\frac{x}{a} + C$

60. $\displaystyle\int \frac{\mathrm{d}x}{\sqrt{(a^2-x^2)^3}} = \frac{x}{a^2\sqrt{a^2-x^2}} + C$

61. $\displaystyle\int \frac{x}{\sqrt{a^2-x^2}}\mathrm{d}x = -\sqrt{a^2-x^2} + C$

62. $\displaystyle\int \frac{x}{\sqrt{(a^2-x^2)^3}}\mathrm{d}x = \frac{1}{\sqrt{a^2-x^2}} + C$

63. $\displaystyle\int \frac{x^2}{\sqrt{a^2-x^2}}\mathrm{d}x = -\frac{x}{2}\sqrt{a^2-x^2} + \frac{a^2}{2}\arcsin\frac{x}{a} + C$

64. $\displaystyle\int \frac{x^2}{\sqrt{(a^2-x^2)^3}}\mathrm{d}x = \frac{x}{\sqrt{a^2-x^2}} - \arcsin\frac{x}{a} + C$

65. $\displaystyle\int \frac{\mathrm{d}x}{x\sqrt{a^2-x^2}} = \frac{1}{a}\ln\frac{a-\sqrt{a^2-x^2}}{|x|} + C$

66. $\displaystyle\frac{\int\mathrm{d}x}{x^2\sqrt{a^2-x^2}} = -\frac{\sqrt{a^2-x^2}}{a^2 x} + C$

67. $\displaystyle\int \sqrt{a^2-x^2}\,\mathrm{d}x = \frac{x}{2}\sqrt{a^2-x^2} + \frac{a^2}{2}\arcsin\frac{x}{a} + C$

68. $\displaystyle\int \sqrt{(a^2-x^2)^3}\,\mathrm{d}x = \frac{x}{8}(5a^2-2x^2)\sqrt{a^2-x^2} + \frac{3}{8}a^4\arcsin\frac{x}{a} + C$

69. $\displaystyle\int x\sqrt{a^2-x^2}\,\mathrm{d}x = -\frac{1}{3}\sqrt{(a^2-x^2)^3} + C$

70. $\displaystyle\int x^2\sqrt{a^2-x^2}\,\mathrm{d}x = \frac{x}{8}(2x^2-a^2)\sqrt{a^2-x^2} + \frac{a^4}{8}\arcsin\frac{x}{a} + C$

71. $\displaystyle\int \frac{\sqrt{a^2-x^2}}{x}\mathrm{d}x = \sqrt{a^2-x^2} + a\ln\frac{a-\sqrt{a^2-x^2}}{|x|} + C$

72. $\displaystyle\int \frac{\sqrt{a^2-x^2}}{x^2}\mathrm{d}x = -\frac{\sqrt{a^2-x^2}}{x} - \arcsin\frac{x}{a} + C$

（九）含有 $\sqrt{\pm ax^2 + bx + c}\,(a > 0)$ 的积分

73. $\displaystyle\int \frac{\mathrm{d}x}{\sqrt{ax^2 + bx + c}} = \frac{1}{\sqrt{a}}\ln|2ax + b + 2\sqrt{a}\,\sqrt{ax^2 + bx + c}| + C$

74. $\displaystyle\int \sqrt{ax^2 + bx + c}\,\mathrm{d}x = \frac{2ax + b}{4a}\sqrt{ax^2 + bx + c} +$

$$\frac{4ac - b^2}{8\sqrt{a^3}}\ln|2ax + b + 2\sqrt{a}\,\sqrt{ax^2 + bx + c}| + C$$

75. $\displaystyle\int \frac{x}{\sqrt{ax^2 + bx + c}}\,\mathrm{d}x = \frac{1}{a}\sqrt{ax^2 + bx + c} -$

$$\frac{b}{2\sqrt{a^3}}\ln|2ax + b + 2\sqrt{a}\,\sqrt{ax^2 + bx + c}| + C$$

76. $\displaystyle\int \frac{\mathrm{d}x}{\sqrt{c + bx - ax^2}} = -\frac{1}{\sqrt{a}}\arcsin\frac{2ax - b}{b^2 + 4ac} + C$

77. $\displaystyle\int \sqrt{c + bx - ax^2}\,\mathrm{d}x = \frac{2ax - b}{4a}\sqrt{c + bx - ax^2} +$

$$\frac{b^2 + 4ac}{8\sqrt{a^3}}\arcsin\frac{2ax - b}{b^2 + 4ac} + C$$

78. $\displaystyle\int \frac{x}{\sqrt{c + bx - ax^2}}\,\mathrm{d}x = -\frac{1}{a}\sqrt{c + bx - ax^2} + \frac{b}{2\sqrt{a^3}}\arcsin\frac{2ax - b}{\sqrt{b^2 + 4ac}} + C$

（十）含有 $\sqrt{\pm\dfrac{x - a}{x - b}}$ 或 $\sqrt{(x - a)(b - x)}$ 的积分

79. $\displaystyle\int \sqrt{\frac{x - a}{x - b}}\,\mathrm{d}x = (x - b)\sqrt{\frac{x - a}{x - b}} + (b - a)\ln(\sqrt{|x - a|} + \sqrt{|x - b|}) + C$

80. $\displaystyle\int \sqrt{\frac{x - a}{b - x}}\,\mathrm{d}x = (x - b)\sqrt{\frac{x - a}{b - x}} + (b - a)\arcsin\sqrt{\frac{x - a}{b - a}} + C$

81. $\displaystyle\int \frac{\mathrm{d}x}{\sqrt{(x - a)(b - x)}} = 2\arcsin\sqrt{\frac{x - a}{b - a}} + C\,(a < b)$

82. $\displaystyle\int \sqrt{(x - a)(b - x)}\,\mathrm{d}x = \frac{2x - a - b}{4}\sqrt{(x - a)(b - x)} +$

$$\frac{(b - a)^2}{4}\arcsin\sqrt{\frac{x - a}{b - a}} + C\,(a < b)$$

（十一）含有三角函数的积分

83. $\displaystyle\int \sin x\,\mathrm{d}x = -\cos x + C$

84. $\displaystyle\int \cos x \mathrm{d}x = \sin x + C$

85. $\displaystyle\int \tan x \mathrm{d}x = -\ln |\cos x| + C$

86. $\displaystyle\int \cot x \mathrm{d}x = \ln |\sin x| + C$

87. $\displaystyle\int \sec x \mathrm{d}x = \ln \left| \tan\left(\frac{\pi}{4} + \frac{x}{2}\right) \right| + C = \ln |\sec x + \tan x| + C$

88. $\displaystyle\int \csc x \mathrm{d}x = \ln \left| \tan\frac{x}{2} \right| + C = \ln |\csc x - \cot x| + C$

89. $\displaystyle\int \sec^2 x \mathrm{d}x = \tan x + C$

90. $\displaystyle\int \csc^2 x \mathrm{d}x = -\cot x + C$

91. $\displaystyle\int \sec x\tan x \mathrm{d}x = \sec x + C$

92. $\displaystyle\int \csc x\cot x \mathrm{d}x = -\csc x + C$

93. $\displaystyle\int \sin^2 x \mathrm{d}x = \frac{x}{2} - \frac{1}{4}\sin 2x + C$

94. $\displaystyle\int \cos^2 x \mathrm{d}x = \frac{x}{2} + \frac{1}{4}\sin 2x + C$

95. $\displaystyle\int \sin^n x \mathrm{d}x = -\frac{1}{n}\sin^{n-1} x\cos x + \frac{n-1}{n}\int \sin^{n-2} x \mathrm{d}x$

96. $\displaystyle\int \cos^n x \mathrm{d}x = \frac{1}{n}\cos^{n-1} x\sin x + \frac{n-1}{n}\int \cos^{n-2} x \mathrm{d}x$

97. $\displaystyle\int \frac{\mathrm{d}x}{\sin^n x} = -\frac{1}{n-1} \cdot \frac{\cos x}{\sin^{n-1} x} + \frac{n-2}{n-1}\int \frac{\mathrm{d}x}{\sin^{n-2} x}$

98. $\displaystyle\int \frac{\mathrm{d}x}{\cos^n x} = \frac{1}{n-1} \cdot \frac{\sin x}{\cos^{n-1} x} + \frac{n-2}{n-1}\int \frac{\mathrm{d}x}{\cos^{n-2} x}$

99. $\displaystyle\int \cos^m x\sin^n x \mathrm{d}x = \frac{1}{m+n}\cos^{m-1} x\sin^{n+1} x + \frac{m-1}{m+n}\int \cos^{m-2} x\sin^n x \mathrm{d}x$

$\displaystyle \qquad = -\frac{1}{m+n}\cos^{m+1} x\sin^{n-1} x + \frac{n-1}{m+n}\int \cos^m x\sin^{n-2} x \mathrm{d}x$

100. $\displaystyle\int \sin ax\cos bx \mathrm{d}x = -\frac{1}{2(a+b)}\cos (a+b)x - \frac{1}{2(a-b)}\cos (a-b)x + C$

101. $\displaystyle\int \sin ax\sin bx \mathrm{d}x = -\frac{1}{2(a+b)}\sin (a+b)x + \frac{1}{2(a-b)}\sin (a-b)x + C$

102. $\displaystyle\int \cos ax\cos bx\mathrm{d}x = \frac{1}{2(a+b)}\sin(a+b)x + \frac{1}{2(a-b)}\sin(a-b)x + C$

103. $\displaystyle\int \frac{\mathrm{d}x}{a+b\sin x} = \frac{2}{\sqrt{a^2-b^2}}\arctan\frac{a\tan\dfrac{x}{2}+b}{\sqrt{a^2-b^2}} + C\,(a^2>b^2)$

104. $\displaystyle\int \frac{\mathrm{d}x}{a+b\sin x} = \frac{1}{\sqrt{b^2-a^2}}\ln\left|\frac{a\tan\dfrac{x}{2}+b-\sqrt{b^2-a^2}}{a\tan\dfrac{x}{2}+b+\sqrt{b^2-a^2}}\right| + C\,(a^2<b^2)$

105. $\displaystyle\int \frac{\mathrm{d}x}{a+b\cos x} = \frac{2}{a+b}\sqrt{\frac{a+b}{a-b}}\arctan\left(\sqrt{\frac{a-b}{a+b}}\tan\frac{x}{2}\right) + C\,(a^2>b^2)$

106. $\displaystyle\int \frac{\mathrm{d}x}{a+b\cos x} = \frac{1}{a+b}\sqrt{\frac{a+b}{b-a}}\ln\left|\frac{\tan\dfrac{x}{2}+\sqrt{\dfrac{a+b}{b-a}}}{\tan\dfrac{x}{2}-\sqrt{\dfrac{a+b}{b-a}}}\right| + C\,(a^2<b^2)$

107. $\displaystyle\int \frac{\mathrm{d}x}{a^2\cos^2 x + b^2\sin^2 x} = \frac{1}{ab}\arctan\left(\frac{b}{a}\tan x\right) + C$

108. $\displaystyle\int \frac{\mathrm{d}x}{a^2\cos^2 x - b^2\sin^2 x} = \frac{1}{2ab}\ln\left|\frac{b\tan x + a}{b\tan x - a}\right| + C$

109. $\displaystyle\int x\sin ax\mathrm{d}x = \frac{1}{a^2}\sin ax - \frac{1}{a}x\cos ax + C$

110. $\displaystyle\int x^2\sin ax\mathrm{d}x = -\frac{1}{a}x^2\cos ax + \frac{2}{a^2}x\sin ax + \frac{2}{a^3}\cos ax + C$

111. $\displaystyle\int x\cos ax\mathrm{d}x = \frac{1}{a^2}\cos ax + \frac{1}{a}x\sin ax + C$

112. $\displaystyle\int x^2\cos ax\mathrm{d}x = \frac{1}{a}x^2\sin ax + \frac{2}{a^2}x\cos ax - \frac{2}{a^3}\sin ax + C$

（十二）含有反三角函数的积分（其中 $a>0$）

113. $\displaystyle\int \arcsin\frac{x}{a}\mathrm{d}x = x\arcsin\frac{x}{a} + \sqrt{a^2-x^2} + C$

114. $\displaystyle\int x\arcsin\frac{x}{a}\mathrm{d}x = \left(\frac{x^2}{2}-\frac{a^2}{4}\right)\arcsin\frac{x}{a} + \frac{x}{4}\sqrt{a^2-x^2} + C$

115. $\displaystyle\int x^2\arcsin\frac{x}{a}\mathrm{d}x = \frac{x^3}{3}\arcsin\frac{x}{a} + \frac{1}{9}(x^2+2a^2)\sqrt{a^2-x^2} + C$

116. $\displaystyle\int \arccos\frac{x}{a}\mathrm{d}x = x\arccos\frac{x}{a} - \sqrt{a^2-x^2} + C$

117. $\int x \arccos \dfrac{x}{a} \mathrm{d}x = \left(\dfrac{x^2}{a} - \dfrac{a^2}{4} \right) \arccos \dfrac{x}{a} - \dfrac{x}{4} \sqrt{a^2 - x^2} + C$

118. $\int x^2 \arccos \dfrac{x}{a} \mathrm{d}x = \dfrac{x^3}{3} \arccos \dfrac{x}{a} - \dfrac{1}{9}(x^2 + 2a^2) \sqrt{a^2 - x^2} + C$

119. $\int \arctan \dfrac{x}{a} \mathrm{d}x = x \arctan \dfrac{x}{a} - \dfrac{a}{2} \ln (a^2 + x^2) + C$

120. $\int x \arctan \dfrac{x}{a} \mathrm{d}x = \dfrac{1}{2}(a^2 + x^2) \arctan \dfrac{x}{a} - \dfrac{a}{2}x + C$

121. $\int x^2 \arctan \dfrac{x}{a} \mathrm{d}x = \dfrac{x^3}{3} \arctan \dfrac{x}{a} - \dfrac{a}{6}x^2 + \dfrac{a^3}{6} \ln (a^2 + x^2) + C$

（十三）含有指数函数的积分

122. $\int a^x \mathrm{d}x = \dfrac{1}{\ln a} a^x + C$

123. $\int \mathrm{e}^{ax} \mathrm{d}x = \dfrac{1}{a} \mathrm{e}^{ax} + C$

124. $\int x \mathrm{e}^{ax} \mathrm{d}x = \dfrac{1}{a^2}(ax - 1) \mathrm{e}^{ax} + C$

125. $\int x^n \mathrm{e}^{ax} \mathrm{d}x = \dfrac{1}{a} x^n \mathrm{e}^{ax} - \dfrac{n}{a} \int x^{n-1} \mathrm{e}^{ax} \mathrm{d}x$

126. $\int x a^x \mathrm{d}x = \dfrac{x}{\ln a} a^x - \dfrac{1}{(\ln a)^2} a^x + C$

127. $\int x^n a^x \mathrm{d}x = \dfrac{1}{\ln a} x^n a^x - \dfrac{n}{\ln a} \int x^{n-1} a^x \mathrm{d}x$

128. $\int \mathrm{e}^{ax} \sin bx \mathrm{d}x = \dfrac{1}{a^2 + b^2} \mathrm{e}^{ax}(a \sin bx - b \cos bx) + C$

129. $\int \mathrm{e}^{ax} \cos bx \mathrm{d}x = \dfrac{1}{a^2 + b^2} \mathrm{e}^{ax}(b \sin bx + a \cos bx) + C$

130. $\int \mathrm{e}^{ax} \sin^n bx \mathrm{d}x = \dfrac{1}{a^2 + b^2 n^2} \mathrm{e}^{ax} \sin^{n-1} bx(a \sin bx - nb \cos bx) +$
$\dfrac{n(n-1)b^2}{a^2 + b^2 n^2} \int \mathrm{e}^{ax} \sin^{n-2} bx \mathrm{d}x$

131. $\int \mathrm{e}^{ax} \cos^n bx \mathrm{d}x = \dfrac{1}{a^2 + b^2 n^2} \mathrm{e}^{ax} \cos^{n-1} bx(a \cos bx + nb \sin bx) +$
$\dfrac{n(n-1)b^2}{a^2 + b^2 n^2} \int \mathrm{e}^{ax} \sin^{n-2} bx \mathrm{d}x$

（十四）含有对数函数的积分

132. $\displaystyle\int \ln x \mathrm{d}x = x\ln x - x + C$

133. $\displaystyle\int \frac{\mathrm{d}x}{x\ln x} = \ln |\ln x| + C$

134. $\displaystyle\int x^n \ln x \mathrm{d}x = \frac{1}{n+1}x^{n+1}\left(\ln x - \frac{1}{n+1}\right) + C$

135. $\displaystyle\int (\ln x)^n \mathrm{d}x = x(\ln x)^n - n\int (\ln x)^{n-1}\mathrm{d}x$

136. $\displaystyle\int x^m (\ln x)^n \mathrm{d}x = \frac{1}{m+1}x^{m+1}(\ln x)^n - \frac{n}{m+1}\int x^m (\ln x)^{n-1}\mathrm{d}x$

（十五）含有双曲函数的积分

137. $\displaystyle\int \mathrm{sh}\, x \mathrm{d}x = \mathrm{ch}\, x + C$

138. $\displaystyle\int \mathrm{ch}\, x \mathrm{d}x = \mathrm{sh}\, x + C$

139. $\displaystyle\int \mathrm{th} x \mathrm{d}x = \ln \mathrm{ch}\, x + C$

140. $\displaystyle\int \mathrm{sh}^2 x \mathrm{d}x = -\frac{x}{2} + \frac{1}{4}\mathrm{sh}\, 2x + C$

141. $\displaystyle\int \mathrm{ch}^2 x \mathrm{d}x = \frac{x}{2} + \frac{1}{4}\mathrm{sh}\, 2x + C$

（十六）定积分

142. $\displaystyle\int_{-\pi}^{\pi} \cos nx \mathrm{d}x = \int_{-\pi}^{\pi} \sin nx \mathrm{d}x = 0$

143. $\displaystyle\int_{-\pi}^{\pi} \cos mx \sin nx \mathrm{d}x = 0$

144. $\displaystyle\int_{-\pi}^{\pi} \cos mx \cos nx \mathrm{d}x = \begin{cases} 0, & m \neq n \\ \pi, & m = n \end{cases}$

145. $\displaystyle\int_{-\pi}^{\pi} \sin mx \sin nx \mathrm{d}x = \begin{cases} 0, & m \neq n \\ \pi, & m = n \end{cases}$

146. $\displaystyle\int_{0}^{\pi} \sin mx \sin nx \mathrm{d}x = \int_{0}^{\pi} \cos nx \cos mx \mathrm{d}x = \begin{cases} 0, & m \neq n \\ \pi/2, & m = n \end{cases}$

147. $I_n = \int_0^{\frac{\pi}{2}} \sin^n x \mathrm{d}x = \int_0^{\frac{\pi}{2}} \cos^n x \mathrm{d}x$

$I_n = \dfrac{n-1}{n} I_{n-2}$

$$= \begin{cases} \dfrac{n-1}{n} \cdot \dfrac{n-3}{n-2} \cdot \cdots \cdot \dfrac{4}{5} \cdot \dfrac{2}{3}(n \text{ 为大于 1 的正奇数}), I_1 = 1 \\[3mm] \dfrac{n-1}{n} \cdot \dfrac{n-3}{n-2} \cdot \cdots \cdot \dfrac{3}{4} \cdot \dfrac{1}{2} \cdot \dfrac{\pi}{2}(n \text{ 为正偶数}), I_0 = \dfrac{\pi}{2} \end{cases}$$